高等职业教育系列教材

电力电子技术项目化教程

主　编　张志娟
副主编　阮娟娟　仝彩霞　徐国芃　水　琳
参　编　梁常梅　卫　翔　苏龙噶　徐丽丽
主　审　张宏明　朱丽娜

机 械 工 业 出 版 社

本书采用项目化编写思路,从电力电子技术在生产、生活中的实际应用入手,由实际应用电路引出学习知识点,包括调光灯电路、交-直型电力机车传动调速系统、逆变式直流弧焊机、三相异步电动机的三相交流调压软起动装置、变速恒频风力发电机变流装置5个项目,系统性讲解了电力电子器件的结构、原理、工作特性、参数、型号与器件的保护;各种变流电路的电路结构、工作原理、波形分析及部分相关物理量的计算。各项目配有MATLAB仿真实践与微课视频,实现了从理论到实践、课堂教学与在线学习的结合,帮助学生高效而扎实地掌握电力电子技术有关知识。

本书可作为高职高专院校电气自动化技术、供配电技术、电力系统及其自动化技术、风力发电工程技术、光伏发电技术等专业的教材,也可作为相关行业工程技术人员的参考书。

书中的微课视频可通过扫码方式进行观看。本书配有免费电子资源,包括电子课件、二维码形式的微课视频57个以及习题答案,可扫描封底"IT"字样的二维码并输入本书书号中的5位数字(65124),获取下载链接,如有疑问或需求可加微信号:jsj15910938545,或电话联系编辑(010-88379739)。

图书在版编目(CIP)数据

电力电子技术项目化教程/张志娟主编 . —北京:机械工业出版社,2020.5(2024.8重印)
高等职业教育系列教材
ISBN 978-7-111-65124-6

Ⅰ. ①电⋯ Ⅱ. ①张⋯ Ⅲ. ①电力电子技术-高等职业教育-教材
Ⅳ. ①TM76

中国版本图书馆 CIP 数据核字(2020)第 047354 号

机械工业出版社(北京市百万庄大街22号 邮政编码100037)
策划编辑:王 颖 责任编辑:李文轶 王 颖
责任校对:陈 越 责任印制:单爱军
北京虎彩文化传播有限公司印刷
2024 年 8 月第 1 版第 7 次印刷
184mm×260mm · 13 印张 · 321 千字
标准书号:ISBN 978-7-111-65124-6
定价:49.00 元

电话服务   网络服务
客服电话:010-88361066   机 工 官 网:www.cmpbook.com
          010-88379833   机 工 官 博:weibo.com/cmp1952
          010-68326294   金 书 网:www.golden-book.com
封底无防伪标均为盗版   机工教育服务网:www.cmpedu.com

前　言

能源是人类永恒的需要，电能是人类优质的能源。随着用电设备和技术的不断发展、与电力电子技术的不断成熟，越来越多的电能在进行能量转换之前需要进行多次电力电子变换，以实现用电设施的高效率运行和电能最大程度的节约。当前我国能源行业所进行的供给侧结构性改革和能源转型变革，以及电网电能质量的保障和可再生能源的发电都离不开电力电子技术的支持，电力电子技术将长期成为电能应用中的热门技术。

电力电子技术课程是高职高专院校电气自动化技术、供配电技术、风力发电工程技术、光伏发电技术、电力系统自动化技术等专业的基础课。本书针对这些专业，基于专业的就业方向与职业特点，具有良好的适用性。

本书由实际应用案例引出相关知识点，遵循由浅入深、由易入难的规律。注意内容衔接的合理性，把握住适当的难度，便于高职学生掌握电力电子技术的基本知识。

本书分为 5 个项目，基础知识合理地分配在各个项目中，从某一电力电子典型应用电路入手进行项目的介绍，学生学完一个项目后即知该应用电路的基本原理，可以直观地感受到电路的作用，便于提升学习兴趣、掌握项目的理论知识。本书中的 MATLAB 仿真实验内容，只需计算机就可以展开，通过理论、实验、练习等环节便于学生掌握有关知识，提高知识的应用能力。

本书是机械工业出版社组织出版的"高等职业教育系列教材"之一，绪论和项目 1 的理论部分由张志娟、水琳编写，项目 2 的理论部分由张志娟、梁常梅编写，项目 3 的理论部分由张志娟、仝彩霞编写，项目 4 的理论部分由徐国芃、张志娟编写，项目 5 的理论部分由阮娟娟、张志娟编写；本书的实验部分由仝彩霞、张志娟编写；本书的微课部分：项目 1 由水琳录制，项目 2 由梁常梅录制、项目 3 由仝彩霞录制、项目 4 由张志娟录制、项目 5 由阮娟娟录制。徐丽丽、苏龙嘎参与了项目 1、2、3 的课件制作，卫翔参加了全书的校稿工作。全书由张志娟统稿，由张宏明、朱丽娜担任主审。

书中的微课视频可通过扫描进行观看。本书配有免费电子资源，包括电子课件、二维码形式的微课视频 57 个以及习题答案，可扫描封底"IT"字样的二维码并输入本书书号中的 5 位数字（65124），获取下载链接，有疑问或需求可加微信号（jsj15910938545），或电话联系编辑（010-88379739）。

由于时间仓促及编者水平所限，书中难免存在疏漏、不妥之处，恳请广大读者批评指正。

编　者

目　　录

绪　　论

0.1　电力电子技术的概念

电力电子技术最早产生于 20 世纪 50 年代，是一门利用电力电子器件实现电能中关于电压、电流、频率、波形等的转换和控制的技术，电力电子技术横跨电力、电子和控制三大电气工程技术，是电气工程领域最为活跃的一个分支。

电力电子技术和电子技术的关系如图 0-1 所示，电子技术包括两大分支：信息电子技术和电力电子技术。模拟电子技术和数字电子技术都属于信息电子技术，主要用来进行信息处理，向小功率方向发展，而电力电子技术是应用于电力领域的电子技术，主要用于电力变换，电力电子技术所变换的"电力"，主要向大功率方向发展，功率可以大到数百 MW 甚至 GW，但也可以处理小功率电能，处理的功率可以小到数 W 甚至 1W 以下。

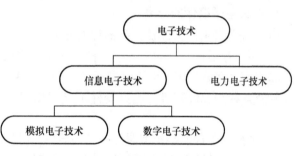

图 0-1　电力电子技术与电子技术的关系框图

0.2　电力电子器件

电力电子技术有两大分支：电力电子器件和电力电子变流技术。

电力电子器件（Power Electronic Device）是以开关模式工作的，可直接用于主电路中，通过一定规律的开通和关断控制来实现电能的变换或控制的电子器件。这里的主电路（Main Power Circuit）是指电气设备或电力系统中，直接承担电能的变换或控制任务的电路。

1. 电力电子器件与处理信息的电子器件的比较

1）电力电子器件处理电功率的能力远大于处理信息的电子器件。电力电子器件处理电功率的能力，即承受电压和电流的能力，一般小至毫瓦级，大至兆瓦级，大多远大于处理信息的电子器件。

2）电力电子器件一般工作在开关状态。电力电子器件导通时阻抗很小，接近于短路，管压降接近于零。电力电子器件电流由外电路决定，阻断时阻抗很大，接近于断路，电流几乎为零，且其两端电压由外电路决定。电力电子器件的动态特性也就是开关特性和参数，也是电力电子器件特性重要的方面，做电路分析时，为简单起见往往用理想开关来代替。

3）电力电子器件往往需要由信息电子电路来控制。在主电路和控制电路之间，需要一定的中间电路对控制电路的信号进行放大，这就是电力电子器件的驱动电路，一般为信息电子电路。

4）电力电子器件自身的功率损耗远大于信息电子器件，一般都要安装散热器。为避免因损耗散发的热量导致器件温度过高而损坏，不仅在电力电子器件封装上讲究散热设计，在其工作时一般也要安装散热器。

2. 电力电子器件的损耗

电力电子器件在使用过程中的主要损耗有：通态损耗、断态损耗、开关损耗（包括关断损耗、开通损耗）。在导通时，器件有一定的通态压降，形成通态损耗。阻断时，器件上有微小的断态漏电流流过，形成断态损耗。在器件开通或关断的转换过程中，产生开通损耗和关断损耗，总称为开关损耗。对某些器件来讲，驱动电路向其注入的功率也是造成器件发热的原因之一。通常电力电子器件的断态漏电流极小，因而通态损耗是器件功率损耗的主要成因。器件开关频率较高时，开关损耗会随之增大而可能成为器件功率损耗的主要因素。

3. 电力电子器件的分类

（1）按照开通和关断被控制的程度分类

1）不可控器件。一般为二端器件，一端为阳极，另一端为阴极，具有单向导电性，当阳极和阴极之间施加正向电压时导通，否则处于关断状态。常见的有功率二极管、快速恢复二极管及肖特基二极管等。这类器件不能用控制信号来控制其通断，因此也就不需要驱动电路。

2）半控型器件。半控型器件是三端器件，除阳极和阴极外，还有一个门极，具有单相导电性。要想其导通，除在阳极和阴极之间施加正向电压外还需要给门极施以控制信号，该类器件可以通过控制信号控制其导通而不能控制其关断。半控型器件主要包括晶闸管、双向晶闸管、逆导晶闸管等。

3）全控型器件。全控型器件与半控型器件一样，有阳极、阴极和门极三个端子，所不同的是，全控型器件通过控制信号既可控制其导通又可控制其关断，又称自关断器件。这一类器件主要包括功率晶体管（GTR）、门极关断（GTO）晶闸管、功率场效应晶体管（MOS-FET）、绝缘栅双极型晶体管（IGBT）等。

（2）按照电力电子器件驱动信号的性质分类

1）电流驱动型。该类电力电子器件通过从控制端注入或者抽出电流来实现导通或者关断的控制，需要控制电路有负载，输出功率较大，工作频率不高但容量较大。属于电流驱动型的电力电子器件有晶闸管、功率晶体管（GTR）和门极关断（GTO）晶闸管等。

2）电压驱动型。该类电力电气器件仅通过在控制端和公共端之间施加一定的电压信号就可实现导通或者关断的控制。电压驱动型器件又称为场控型器件，其驱动电路简单，输出功率小，工作频率高，性能稳定，为电力电子器件发展的主要方向。

0.3 电力电子变流技术

电力电子变流技术是电力电子技术的核心，研究如何利用电力电子器件构成电路进行电能的变换和控制。

电能分两种形式：直流和交流，从公用电网得到的是交流电，从蓄电池和干电池得到的是直流电。所谓的电能变换，既包括相关电能参数的变换，也包括电能形式的变换，既可以是交流和直流之间的变换，也可以是一种直流变成另一种直流，或者一种交流变成另一种交流电。

电能变换的基本形式有：

（1）整流：交流→直流（AC→DC 变换）

整流就是将交流电能转换为大小固定或可调的直流电能的电能变换形式，实现这种变换的电路称为整流电路，可以由电力二极管组成不可控整流电路，也可以由晶闸管或其他全控型器件组成可控整流电路。

（2）逆变：直流→交流（DC→AC 变换）

逆变是指把直流电变换成频率固定或可调的交流电，根据交流侧负载性质的不同，可分为有源逆变和无源逆变。

（3）直流斩波：直流→直流（DC→DC 变换）

把一种直流电变换成大小可调或恒定的直流电即为直流-直流变换，又称为直流斩波变换，按输出电压与输入电压的大小关系可分为降压变换、升压变换和升降压变换。

（4）交流调压调频：交流→交流（AC→AC 变换）

该变换指的是把频率、电压固定或变化的交流电直接变换成频率、电压可调或固定的交流电，通常有交流调压器（交流调功器）和交流变频器。

电力变换的种类见下表。

表　电力变换的种类

输入＼输出	直流	交流
交流	整流	交流电力控制
直流	直流斩波	逆变

实际电路可能同时包含两种以上变换。

0.4　电力电子系统的组成

电力电子系统由控制电路、驱动电路、保护电路和以电力电子器件为核心的主电路组成，各部分的构成原理如图 0-2 所示。

在实际电路中，电力电子系统主电路用于完成电能变换。主电路中的电压和电流都比较大，为了实现特定的变换功能，主电路中的电力电子器件需要以一定的规律和速度来导通和关断。控制电路就是给主电路中的电力电子器件提供触发信号的电路。控制电路提供特定规律的触发信号，主电路才能够实现特定的电能变换功能。控制电路中的电压和电流都比较小。

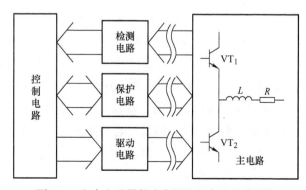

图 0-2　电力电子器件在实际应用中的系统组成

由于主电路有可能经受外部的电压冲击或发生短路故障，主电路中的电力电子器件较昂贵且承受过电压和过电流的能力较低，因而要在主电路中附加必要的保护环节来保护这些电力电子器件。保护环节包括过电流保护和过电压保护两种电路。

检测电路的作用在于检测主电路或应用现场的信号将采集到的信号与设定值进行比较后调节控制电路的输出，从而使电力电子系统的工作满足系统设定的工作要求。

0.5 电力电子技术的应用

现在工农业等各个领域都离不开电能，离不开对表征电能的电压、电流、频率、波形和相位等基本参数的控制和转换，通过电力电子技术可以对这些参数进行精确地控制和高效的处理，所以电子技术是实现电气工程现代化的重要基础。

电力电子技术应用范围十分广泛，国防、工业、交通运输、能源、通信系统、电力系统、计算机系统、新能源系统以及家用电器等无不渗透着电力电子技术的发展成果。

1. 电力电子技术在电力系统中的应用

在电力系统的发电、输电和配电环节中都离不开电力电子器件和电力电子技术。电力系统的发电环节不但涉及发电机励磁，还涉及发电机组的多种设备，电力电子技术的发展极大地改善这些设备的运行特性。

在输电环节中，电力电子器件大量应用于高压输电系统，大幅度改善了电力网运行的稳定性，加强了供电可靠性和提高了电能质量，使电能质量控制既满足对电压、频率、谐波和小对称度的要求，又实现了各种瞬态的波动和干扰的有效抑制。

2. 电力电子技术在工业中的应用

在工业中大量应用交直流电动机进行电力拖动，直流电动机有良好的调速性能，给其供电的可控整流电源或直流斩波电源都是电力电子装置。近年来电力电子变频技术的迅速发展，使交流电机的调速性能可与直流电机媲美，交流调速技术大量应用并占据主导地位。电化学工业大量使用直流电源，如电解铝、电解食盐水等都需要大容量整流电源。电力电子技术还大量用于冶金工业中的高频或中频感应加热电源、淬火电源及直流电弧炉电源等。

3. 电力电子技术在家用电器中的应用

电力电子技术在家用电器中随处可见，如节能灯即是一种电力电子照明电源。节能灯具有光效高（是白炽灯的 5 倍），节能效果明显，寿命长（是白炽灯的 8 倍），体积小，使用方便。对同一瓦数的节能灯和白炽灯相比较，一盏节能灯比白炽灯节能 80%，寿命为白炽灯的 8 倍，热辐射仅为白炽灯的 20%，目前基本取代传统的白炽灯和荧光灯。又如变频空调、电视机、音响设备、计算机等电子设备的电源部分也都用到电力电子技术。此外，有些洗衣机、电冰箱、微波炉等电器也应用了电力电子技术。

4. 电力电子技术在交通运输领域中的应用

电气化铁道中广泛采用电力电子技术，如电气机车中，直流机车采用整流装置供电；交流机车采用变频装置供电。如直流斩波器广泛应用于铁道车辆，磁悬浮列车中，电力电子技术更是一项关键的技术。

新型环保绿色电动汽车和混合动力电动汽车得到较大发展。靠汽油引擎运行的汽车会排出大量二氧化碳和其他废气，严重污染环境。绿色电动车的电动机是以蓄电池为能源，靠电力电子装置进行电力变换和驱动控制，其蓄电池的充电也离不开电力电子技术。未来航海、航空也离不开电力电子技术。

5. 电力电子技术在新能源开发和利用方面的应用

传统的发电方式是火力、水力以及后来兴起的核能发电。能源危机后，各种新能源、可再生能源及新型发电方式越来越受到重视。其中太阳能发电、风能发电的发展较快，但太阳能、风能发电受到环境条件的制约，发出的电能质量较差，利用电力电子技术可以改善电能质量并实现新能源发电系统与电力系统联网。

当前，电力电子技术贯穿在电能的获取、传输、变换和利用的每个环节，使用电效率、节能效益、供电质量大大提高。电力电子技术的应用在电气自动化中发挥越来越重要的作用，从根本上提高了电能的应用效率。

20 世纪 90 年代发达国家学者统计过：超过 60%的电能在使用的过程中至少经过一次电力电子变换。当今，电力电子技术在各行各业中的应用越来越广泛，从人类对宇宙和大自然的探索，到国民经济的各个领域，再到我们的衣食住行，到处都能感受到电力电子技术的存在和影响。电力电子技术是一门把"粗电"变为"精电"的技术。在人类当代的科学技术体系中，如果把处理信息的计算机比作人脑，把运动控制比作人的肌肉和四肢，那么电力电子技术就相当于人的消化系统，电力电子技术在当今科技发展中具有重要的作用。

0.6　练习题与思考题

一、填空题

1. 电力电子电路的根本任务是实现电能变换和控制，电能变换的基本形式有：_____变换、_____变换、_____变换、_____变换四种。

2. 电力电子器件是以_____模式工作的，所以通常被称为电力电子开关器件。

3. 电力电子器件按照开通和关断的控制方式可分为_____、_____和_____型。按照驱动信号性质的不同可以分为_____型和_____型。

4. 电力电子技术是依靠电力电子器件组成各种电力变换电路，实现电能的高效率转换与控制的一门学科，它包括_____、_____和_____三个组成部分。

二、问答题

1. 电能变换电路有哪几种形式？各自的功能是什么？

2. 简述电力电子技术的主要应用领域，针对本专业，其应用领域有哪些？

项目1 认识调光灯电路

1.1 知识点引入

1-1 项目导入

【项目描述】

电力电子技术在家用电器中具有非常广泛的应用，如目前采用变频技术的洗衣机、空调、调光灯等，其中调光灯算是最早运用电力电子技术的家用电器，调光灯可以任意调整灯光的亮度。

关于灯光亮度控制方法，目前主要有两种：一种是机械加减法，即对于具有多个灯的灯具，可通过控制灯具的亮灯数量，达到发光总强度的增大或减弱；对于单灯，则可采用遮光板或可变光阑来改变灯具的透光量。另一种方法是电气控制法，即使用各种不同的调光器，改变灯具的工作电压或电流，从而调整灯具的发光强度。这两种方法各有特点，第一种方法的优点在于不会影响色温，但调整不够方便。第二种方法则操作简单，且易于实现自动及程控操作，而其缺点是在改变发光强度的同时，色温和显色性有较大变化。

本项目将介绍旋钮式调光台灯电路，它是电气控制调光的典型应用实例，也是入门了解电力电子基本应用电路时便于理解的简单例子。图 1-1a 所示是常见的旋钮式调光台灯，旋动调光旋钮便可以调节灯泡的亮度，图 1-1b 所示为其电路原理图。

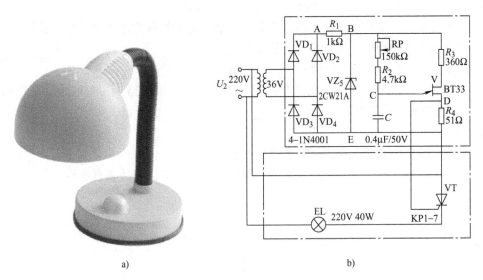

图 1-1 调光台灯

a）调光台灯 b）调光台灯电路原理图

调光灯电路由主电路（如图 1-1b 中下方虚线框中所示）和触发电路（如图 1-1b 中上方

虚线框中所示）两部分构成。主电路由交流电源、灯泡以及晶闸管阳极和阴极串联而成，是电力电子整流电路中结构最为简单的一种，叫作单相半波可控整流电路；触发电路主要由电源（降压变压器）、二极管整流桥、稳压二极管、滑动变阻器、电容、单结晶体管等组成，主要用来控制主电路中晶闸管的导通和关断。

【相关知识点】

图 1-1b 所示的调光灯的工作原理是通过触发电路来控制主电路中晶闸管的导通角，从而调节主电路输出给负载灯泡的电压和电流，实现灯泡发光强度的调节。在调光灯主电路中，实现调光的关键器件是晶闸管 VT，因此本项目首先介绍晶闸管的系统知识，再讲解单相半波可控整流电路及单结晶体管触发电路的一般原理，通过这些知识点能够分析调光灯的具体工作原理。

本项目中主要学习的知识点如下：
- 知识点 1：认识晶闸管。
- 知识点 2：单相半波可控整流电路。
- 知识点 3：单结晶体管触发电路。
- 扩展知识点：门极关断晶闸管。

【学习目标】

1）掌握晶闸管及门极关断（GTO）晶闸管的结构、工作原理、工作特性与参数等基本知识。

2）能够用万用表测试晶闸管的好坏、判断晶闸管的极性，能够根据实际电路需要选择晶闸管的型号。

3）掌握单相半波可控整流电路及单结晶体管触发电路的结构、工作原理及有关参数的计算，能够分析调光灯电路的工作原理，能够根据现象判断并排除电路故障。

1.2 知识点 1：晶闸管

1.2.1 晶闸管的结构与外形

晶闸管（Thyristor）是晶体闸流管的简称，过去又被称为可控硅。1957 年美国通用电气公司开发出世界上第一款晶闸管产品，并于 1958 年将其商业化。它能在高电压、大电流条件下工作，被广泛应用于可控整流、交流调压、无触点电子开关、逆变及变频等电子电路中。

1-2　晶闸管的结构
与工作原理

1. 晶闸管的结构

晶闸管内部为 PNPN 四层半导体结构，形成三个 PN 结，引出三个极，依次为阳极 A、阴极 K、门极（控制极）G。晶闸管的电气符号和内部结构如图 1-2a、b 所示。因为晶闸管内部的结构特点，它还可以等效为一个 PNP 晶体管和一个 NPN 晶体管的结合，如图 1-2c 所示，其等效电路如图 1-2d 所示。

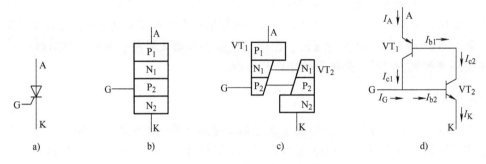

图 1-2 晶闸管结构及等效电路图

a) 晶闸管的电气符号 b) 晶闸管的内部结构图 c) 晶闸管的 PNP 和 NPN 双晶体管模型图 d) 晶闸管的等效电路

2. 晶闸管的外形

晶闸管的外形即它的封装形式主要有塑封式、螺栓式和平板式，均引出阳极 A、阴极 K 和门极 G 三个连接端。螺栓式封装的晶闸管外形如图 1-3a 所示，通常螺栓是其阳极，做成螺栓形状是为了能与散热器紧密连接且安装方便，另一侧较粗的端子为阴极，较细的为门极。平板式封装的晶闸管外形如图 1-3b 所示，可由两个散热器将其夹在中间，两个平面分别是阳极

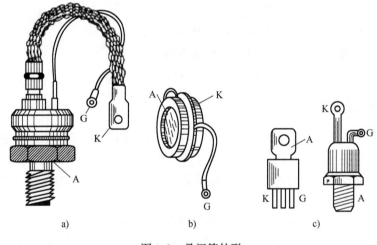

图 1-3 晶闸管外形
a) 螺栓式 b) 平板式 c) 塑封式

和阴极，引出的细长端子为门极。塑封式晶闸管外形如图 1-3c 所示，具有集成性好、占用空间小、散热性能好的优点，还可以扩展散热板。

1.2.2 晶闸管的工作原理

如果在晶闸管上取一倾斜的截面，晶闸管则可以看作由 $P_1N_1P_2$ 和 $N_1P_2N_2$ 构成的两个晶体管 VT_1、VT_2 组合而成，如图 1-2c 所示。这样一来，晶闸管导通的工作原理就可以用双晶体管模型来解释，其等效电路如图 1-2d 所示。当晶闸管的阳极和阴极之间承受反向电压使得 $U_{AK} < 0$ 时，晶闸管无法导通。当晶闸管的阳极和阴极之间承受正向电压使得 $U_{AK} > 0$ 时，由外电路向门极注入电流 I_G，也就是注入驱动电流，则 I_G 流入晶体管 VT_2 的基极，即在晶体管 VT_2 中产生集电极电流 I_{c2}，它构成晶体管 VT_1 的基极电流 I_{b1}，从而将原有的集电极电流 I_{c2}（也就是晶体管 VT_1 的基极电流 I_{b1}）放大成集电极电流 I_{c1}，这恰巧又进一步增大了晶体管 VT_2 的基极电流，经过如此反复，晶闸管内部会形成强烈的正反馈效果，形成正反馈电路，最后晶体管 VT_1 和 VT_2

进入完全饱和状态，最终使晶闸管导通。此时如果撤掉外加电路注入的门极电流I_G，晶闸管由于内部已经形成了强烈的正反馈电路而使晶闸管仍然维持导通状态，而此时若要使晶闸管关断，必须去掉阳极 A 上所加的正向电压，或者给阳极 A 施加反向电压，或者设法使流过晶闸管的电流降低到接近于零的某一数值以下，才能使晶闸管关断。

以上晶闸管的驱动过程称为触发，而用于产生注入门极的触发电流I_G的电路称为触发电路。因为通过晶闸管门极只能控制其开通，不能控制其关断，所以晶闸管是一种半控制型的电力电子器件。

使晶闸管导通或者关断的条件即晶闸管的工作原理，可以通过实验对其进行了解（参见 1.6 小节任务 1），现将晶闸管的工作原理总结如下：

1）当晶闸管阳极 A 与阴极 K 间接入反向电压时，不论门极是否有触发电流，晶闸管都不会导通。

2）当晶闸管阳极 A 与阴极 K 间接入正向电压时，仅在门极 G 有触发电流的情况下晶闸管才可能导通，即晶闸管要想导通，必须同时具备的两个条件（充分必要条件）：

● 给晶闸管的阳极 A 与阴极 K 之间施加足够的正向电压。

● 给晶闸管的门极 G 施加适当的正向电压，作为晶闸管导通的触发信号（实际应用中，通常在门极上施加触发脉冲信号）。

3）晶闸管一旦导通，门极 G 就失去控制作用，此时无论门极 G 电流是否还在，晶闸管都保持导通。

4）若需要晶闸管关断，只能利用外加电压或者电路使晶闸管电流降到接近于零的某一数值以下，才能关断。

1.2.3 晶闸管的伏安特性

1-3 晶闸管的伏安特性与参数

晶闸管的伏安特性是指晶闸管的阳极 A 与阴极 K 间电压U_A和阳极电流I_A之间的关系，要想正确的使用晶闸管必须要熟悉它的伏安特性，图 1-4 所示为晶闸管的伏安特性曲线，包括正向特性（第 I 象限）和反向特性（第 III 象限）。

图 1-4 所示第 I 象限为正向伏安特性，当门极触发电流I_G取不同大小时，得到不同的正向伏安特性曲线。当$I_G = 0$、晶闸管两端施加正向电压时，晶闸管处于正向阻断状态，只有很小的正向漏电流流过。随着晶闸管两端的正向电压U_A从零逐渐增大，正向漏电流逐渐增大，当U_A增大到正向转折电压U_{BO}时，则漏电流急速增加，使晶闸管开通（由高阻区经过虚线负阻区到达低阻区），此时晶闸管两端电压迅速下降，大小等于其自身的管压降，即使通过较大的阳极电流，晶闸管本身的压降也很小，在 1V 左右。该特性和二极管的正向特性相仿。若增大门极电流I_G的幅值，则正向转折电压会降低，改变I_G值的大小，使I_G逐渐增大，则得到一簇晶闸管的伏安特性曲线，如图 1-4 第 I 象限所示。

图 1-4 所示第 III 象限为反向伏安特性，它与整流二极管的反向伏安特性相似。处于反向阻断状态时，只有很小的反向漏电流，当反向电压超过反向击穿电压U_{RO}时，反向漏电流急剧增大，造成晶闸管反向击穿而损坏。

晶闸管的门极触发电流是从门极流入晶闸管，从阴极流出的。阴极是晶闸管主电路与控制电路的公共端，门极触发电流也往往是通过触发电路在门极和阴极之间施加触发电压而产生的。从晶闸管的结构图可以看出，门极和阴极之间是一个 PN 结，其伏安特性称为门极伏安特性。为了保证可靠、安全的触发，门极触发电路所提供的触发电压、触发电流和功率都应限制在晶闸管门极伏安特性曲线中的可靠触发区内。

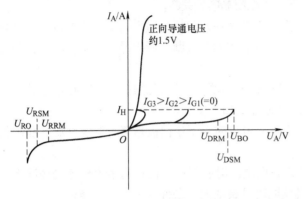

I_A 为晶闸管阳极电流

U_A 为晶闸管阳极、阴极间电压

I_H 为维持电流

I_G 为门极触发电流

U_{DRM} 为正向断态重复峰值电压

U_{RRM} 为反向断态重复峰值电压

U_{DSM} 为正向断态不重复峰值电流

U_{RSM} 为反向断态不重复峰值电压

U_{BO} 为正向转折电压

U_{RO} 为反向击穿电压

图 1-4 晶闸管的伏安特性曲线

1.2.4 晶闸管的主要参数与型号

晶闸管的各项主要参数在晶闸管生产后，由厂家经过严格测试而确定，作为使用者来说，只需要能够根据自己的实际用途，选择正确地晶闸管即可。

晶闸管在反向稳定状态下，一定是处于阻断状态，而在正向工作时不但可能处于导通状态，也有可能是阻断状态，所以在提到晶闸管参数时，断态和通态都是为了区分正向的不同状态，因此"正向"二字可省去，表 1-1 中列出了部分晶闸管的主要参数。

表 1-1 晶闸管的主要参数

型号	通态平均电流/A	通态电压/V	断态重复峰值电流/mA	断态重复峰值电压/V	门极触发电流/mA	门极触发电压/V	断态电压临界上升率	推荐用散热器	安装力/kN	冷却方式
KP15	5	≤2.2	≤8	100～2000	<60	<3		SZ14		自然冷却
KP10	10	≤2.2	≤10	100～2000	<100	<3	250～800	SZ15		自然冷却
KP20	20	≤2.2	≤10	100～2000	<150	<3		SZ16		自然冷却
KP30	30	≤2.4	≤20	100～2400	<200	<3	50～1000	SZ16		强迫风冷、水冷
KP50	50	≤2.4	≤20	100～2400	<250	<3		SL17		强迫风冷、水冷
KP100	100	≤2.6	≤40	100～3000	<250	<3.5		SL17		强迫风冷、水冷
KP200	200	≤2.6	≤0	100～3000	<350	<3.5		LI18	11	强迫风冷、水冷
KP300	300	≤2.6	≤50	100～3000	<350	<3.5		LI8B	15	强迫风冷、水冷
KP500	500	≤2.6	≤60	100～3000	<350	<4	100～1000	SF15	19	强迫风冷、水冷
KP800	800	≤2.6	≤80	100～3000	<350	<4		SF16	24	强迫风冷、水冷
KP1000	1000	≤2.6		100～3000				SS13		
KP1500	1000	≤2.6	≤80	100～3000	<350	<4		SF16	30	强迫风冷、水冷

注：一般由厂家通过实验测试出晶闸管的正向断态重复峰值电压和反向断态重复峰值电压，然后取二者较小的值作为晶闸管的断态正反向重复峰值电压。

1. 电压参数

（1）断态重复峰值电压U_{DRM}

断态重复峰值电压是当晶闸管门极 G 断开时，晶闸管处于额定结温时，允许重复加在晶闸管上的正向峰值电压，用U_{DRM}表示，如图 1-4 所示，它是由伏安特性中的正向转折电压U_{BO}减去一定裕量得到晶闸管断态不重复峰值电压U_{DSM}后，再乘以 90% 而得到的，至于断态不重复峰值电压U_{DSM}与正向转折电压U_{BO}的差值，由生产厂家设定。晶闸管只有在承受正向电压时才分为断态和通态，所以一般正向断态重复峰值电压简称为断态重复峰值电压。

（2）反向重复峰值电压U_{RRM}

反向重复峰值电压是当门极 G 开路、晶闸管处于额定结温时，允许重复加在晶闸管上的反向峰值电压，用U_{RRM}表示，如图 1-4 所示。它是由伏安特性中的反向转折电压U_{RO}减去一定裕量得到晶闸管的反向不重复峰值电压U_{RSM}后，再乘以 90% 而得到的。至于反向不重复峰值电压U_{RSM}与反向转折电压U_{RO}的差值，由生产厂家设定。一般晶闸管若承受反向电压，它一定是阻断的。因此参数中"阻断"两字可省去。

（3）通态电压U_{TN}（额定电压）

通态电压是指晶闸管通以某一规定倍数的额定通态平均电流时的瞬时峰值电压。

通常将U_{DRM}和U_{RRM}中的较小值按百位取整后作为该晶闸管的额定电压U_{TN}。而在晶闸管的选用过程中，考虑到环境温度的变化、散热条件的不同、负载的情况等条件都会对晶闸管产生影响，所以通常额定电压要留有一定裕量，在选择晶闸管时，应当取晶闸管的额定电压为实际工作时可能承受的最大电压的 2～3 倍，即

$$U_{TN} \geqslant (2 \sim 3) U_{TM} \tag{1-1}$$

其中U_{TM}为晶闸管在实际电路中可能承受的最大电压。在晶闸管的铭牌上，额定电压是以电压等级的形式给出的，通常标准电压等级规定为：电压在 1000V 以下，每 100V 为一级；1000～3000V，每 200V 为一级。晶闸管标准电压等级见表 1-2。

表 1-2　晶闸管标准电压等级

级别	断态重复峰值电压/V	级别	断态重复峰值电压/V	级别	断态重复峰值电压/V
1	100	8	800	20	2000
2	200	9	900	22	2200
3	300	10	1000	24	2400
4	400	12	1200	26	2600
5	500	14	1400	28	2800
6	600	16	1600	30	3000
7	700	18	1800		

（4）通态平均电压U_T

在规定的环境温度为 40℃和标准散热条件下，器件中通过额定电流后，阳极 A 和阴极 K 间电压降的平均值，称为通态平均电压（一般称管压降），其通态平均电压分组见表 1-3。从减小损耗和器件发热来看，应选择U_T值较小的晶闸管。

表 1-3　晶闸管通态平均电压分组

组别	A	B	C	D	E
通态平均电压/V	$U_T \leqslant 0.4$	$0.4 < U_T \leqslant 0.5$	$0.5 < U_T \leqslant 0.6$	$0.6 < U_T \leqslant 0.7$	$0.7 < U_T \leqslant 0.8$
组别	F	G	H	I	
通态平均电压/V	$0.8 < U_T \leqslant 0.9$	$0.9 < U_T \leqslant 1.0$	$1.0 < U_T \leqslant 1.1$	$1.1 < U_T \leqslant 1.2$	

2. 电流参数

（1）额定电流 $I_{T(AV)}$

晶闸管额定电流又称为通态平均电流。它是指在规定的环境温度为 40℃ 和标准散热条件下，电阻性负载电路中晶闸管导通角不小于 170°、结温不超过额定值且稳定时，所允许通过的工频正弦半波电流的平均值。将该电流按晶闸管标准电流系列的取值（见表 1-1），称为晶闸管的额定电流。由于整流设备的输出端所接负载常用平均电流来表示，所以晶闸管额定电流的标定与其他电器设备不同，采用的是平均电流，而不是有效值。

其中晶闸管结温指的是晶闸管损耗的发热效应，表征热效应的电流是以有效值（I_{TN}）表示的，其两者的关系为

$$I_{TN} = 1.57 I_{T(AV)} \tag{1-2}$$

如：额定电流为 100A 的晶闸管，其允许通过的电流有效值为 157A。

由于电路不同、负载不同、导通角不同，流过晶闸管的电流波形不一样，从而平均值和有效值的关系也不一样，实际应用中晶闸管的额定电流确定原则：晶闸管在额定电流下工作时其电流有效值大于其所在电路中可能流过的最大电流的有效值，同时取 1.5 ~ 2 倍的余量，即

$$1.57 I_{T(AV)} = I_T \geqslant (1.5 \sim 2) I_{TM} \tag{1-3}$$

所以

$$I_{T(AV)} \geqslant (1.5 \sim 2) \frac{I_{TM}}{1.57} \tag{1-4}$$

【例 1-1】　若测得并计算出来的晶闸管的 U_{DRM} 为 845V，U_{RRM} 为 977V，则晶闸管的额定电压为多少？

解：

由于 U_{DRM} 为断态重复峰值电压，U_{RRM} 为反向重复峰值电压，故额定电压应选择两者中的较小的电压值再取整，为 800V。根据晶闸管标准电压等级表（见表 1-2）选用 8 级晶闸管。

【例 1-2】　一个晶闸管接在 220V 交流电路中，通过晶闸管电流的有效值为 50A，试计算晶闸管的额定电压和额定电流并选择其型号。

解：

1）晶闸管额定电压为

$$U_{TN} \geqslant (2 \sim 3) U_{TM} = (2 \sim 3) \sqrt{2} \times 220V \approx 622 \sim 933V \tag{1-5}$$

可选额定电压范围为 700V、800V、900V；对应 7 级、8 级、9 级（见表 1-2）。

在此选择 800V 额定电压，对应晶闸管电压等级为 8 级。

2）晶闸管的额定电流为

$$I_{T(AV)} \geqslant (1.5 \sim 2) \frac{I_{TM}}{1.57} = (1.5 \sim 2) \times \frac{50}{1.57} A \approx 48 \sim 64A \tag{1-6}$$

由于额定电流在 48～64A，可选择 50A 为额定电流，根据表 1-1，对应通态平均电流为 50A 的标准，最终可以选择 KP50－8 型号的晶闸管。

（2）维持电流 I_H

在室温下门极 G 断开时，器件从较大的通态电流降到只能保持导通的最小阳极电流称为维持电流 I_H。维持电流与器件容量、结温等因素有关，额定电流大的晶闸管维持电流也大，当同一晶闸管结温降低时维持电流增大，维持电流大的晶闸管更容易关断。即使是同一型号的晶闸管其维持电流也会有所不同。

（3）擎住电流 I_L

在晶闸管门极施加触发电压，当器件从阻断状态刚转为导通状态就去除触发电压，此时要保持器件持续导通所需要的最小阳极电流，称之为擎住电流 I_L。对同一个晶闸管来说，通常擎住电流比维持电流大 2～4 倍。

（4）断态重复峰值电流 I_{DRM} 和反向重复峰值电流 I_{RRM}

I_{DRM} 和 I_{RRM} 分别是对应于晶闸管承受断态重复峰值电压 U_{DRM} 和反向重复峰值电压 U_{RRM} 时的峰值电流。其值不应超过表 1-1 中所示对应范围。

（5）浪涌电流 I_{TSM}

I_{TSM} 是一种由于电路异常情况（如故障）引起的并使结温超过额定结温的不重复性最大正向过载电流，用峰值表示。浪涌电流有上下两个级，这些不重复电流定额可用于设计保护电路。

3. 晶闸管的门极参数

（1）门极触发电流 I_{GT}

室温下，在晶闸管的阳极和阴极之间加上 6V 的正向阳极电压，晶闸管由断态转为通态所必需的最小门极电流，称为门极触发电流 I_{GT}。为了保证晶闸管的可靠导通，常常采用的实际门极触发电流 I_{GT} 比规定的门极触发电流大。

（2）门极触发电压 U_{GT}

产生门极触发电流所必需的最小门极电压，称为门极触发电压 U_{GT}。

门极触发电流和电压都是有一定范围的。如果这两项参数太小，器件工作中容易受干扰，容易造成误触发；如果这两项参数太大，又会造成触发困难。所以对同型号和系列的晶闸管只能规定门极触发电流、门极触发电压的上、下限。例如型号为 KP100 的 100A 晶闸管，其门极触发电流的范围不超过 250mA，门极触发电压的范围不超过 3.5V。

4. 晶闸管的动态参数

（1）断态电压临界上升率 du/dt

晶闸管在额定结温和门极开路的情况下，器件呈现阻断状态时，其第二个 PN 结相当于一个电容。如果突然施加正向阳极电压，就会有充电电流流过结面。这个充电电流流过第三个 PN 结时，会产生相当于触发电流的电流。如果此时加在阳极的电压变化较快，这个电流就会很大，就会使得器件误导通，所以必须给晶闸管规定一个允许的最大断态电压上升率，也就是断态电压临界上升率 du/dt（见表 1-1）。

（2）通态电流临界上升率 di/dt

通态电流临界上升率是晶闸管在规定条件下，能承受而无有害影响的最大通态电流上升率。如果阳极电流上升太快，则晶闸管刚一开通时，会有很大的电流集中在门极附近的小区域内，造成第二个 PN 结局部过热而使晶闸管损坏。因此，在实际使用时要采取保护措施，使其被限制在允许值内。

5. 晶闸管的型号

根据国家标准规定，普通晶闸管的型号及含义如下：

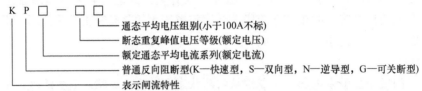

【例1-3】 根据图 1-1b 调光灯电路中的参数，确定本项目中晶闸管的型号。

解：

第一步：调光灯电路中的主电路即单相半波可控整流电路中的晶闸管可能承受的最大正反向电压。

$$U_{TM} = \sqrt{2}\,U_2 = \sqrt{2} \times 220V \approx 311V \tag{1-7}$$

第二步：考虑 2~3 倍的裕量得到晶闸管的额定电压。

$$U_{TN} = (2 \sim 3)U_{TM} = (2 \sim 3) \times 311V \approx 622 \sim 933V \tag{1-8}$$

第三步：确定所需晶闸管的额定电压等级。

因为电路无储能元器件，因此选择电压等级为 7 的晶闸管就可以满足正常工作的需要了。

第四步：根据白炽灯的额定值计算出其阻值的大小。

$$R_d = \frac{220^2}{40}\Omega = 1210\Omega \tag{1-9}$$

第五步：确定流过晶闸管电流的最大平均电流。

给出单相半波可控整流电路输出电流平均值的公式为 $I_d = 0.45\dfrac{U_2}{R_d} \cdot \dfrac{1 + \cos\alpha}{2}$，当 $\alpha = 0°$ 时，电路的输出电流最大：

$$I_d = 0.45\frac{U_2}{R_d} = 0.45 \times \frac{220}{1210}A = 0.08A \tag{1-10}$$

第六步：计算晶闸管的额定电流。

电流的有效值是平均值的 1.57 倍，在 1.5~2 倍的裕量下可以得到晶闸管的额定电流为

$$I_{TN} = (1.5 \sim 2)I_{TM}/1.57 = (1.5 \sim 2) \times I_d A \approx 0.12 \sim 0.16A \tag{1-11}$$

第七步：确定晶闸管的额定电流 $I_{T(AV)}$ 时因为电路无储能元器件，因此选择额定电流为 1A 的晶闸管就可以满足正常工作的需要了。

由以上分析可以确定晶闸管的型号为：KP1-7。

1.3 知识点2：单相半波可控整流电路

调光灯电路的主电路是一个单相半波可控整流电路。整流电路是应用最早的电力电子电路之一，它的作用是将交流电转变为直流电给直流负载供电。整流电路按所使用的电力电子器件可控性的不同可以分为不可控型、半控型和全控型整流电路三种；按照电路结构分为桥

式电路和零式电路两种；按照交流输入相数分为单相电路和多相电路；按照变压器二次电流方向分为单相或双向，又分为单拍电路和双拍电路。

1.3.1 带电阻性负载的单相半波可控整流电路

1. 电路结构

单相半波可控整流电路由交流电源（变压器）、晶闸管、负载串联组成，由于调光灯为阻性负载，故下面分析电阻性负载（电压与电流成正比）的情况，电路结构如图1-5所示。对于单相半波可控整流电路来说，负载两端电压u_d和晶闸管两端电压u_T的波形分析在电路调试及运行过程中是非常重要的。

图1-5所示为单相半波可控整流电路（该电路是从图1-1b中分解出来的），其中整流变压器T（调光灯电路也可直接由电网供电，不采用整流变压器）具有变换电压和隔离的作用，其频率为50Hz，一次和二次电压瞬时值分别用u_1和u_2表示，有效值用U_1和U_2表示。当接通电源后，便可在负载两端得到脉动的直流电压u_d，波形可以用示波器进行测量。

1-4 带电阻性负载的单相半波可控整流电路

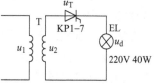

图1-5 调光灯主电路
（单相半波可控整流电路）

2. 工作原理及波形

当电路中晶闸管VT处于断态时，电路中没有电流，负载（灯）两端电压u_d为零，变压器T的二次电压u_2全部施加到晶闸管VT两端。而电路中晶闸管VT只能在变压器二次电压u_2处于正向半波时且给门极施加触发脉冲时才能进入通态。

这里先引入几个名词术语和概念：

● 触发延迟角α：也叫控制角或触发角，是指晶闸管从承受正向电压开始到触发脉冲出现之间的电角度。

● 导通角θ：是指晶闸管在一个周期内处于导通状态的电角度。

● 移相：是指改变触发脉冲出现的时刻，即改变触发延迟角α的大小。

● 移相范围：是指一个周期内触发脉冲的移动范围，它决定了输出电压的变化范围。

下面通过工作波形的分析介绍当触发延迟角取不同大小时，电路的工作情况：

（1）$\alpha = 0°$时的波形

当$\alpha = 0°$时，输出电压u_d波形、触发脉冲u_g波形、晶闸管两端电压u_T波形如图1-6所示。

图1-6c所示为$\alpha = 0°$时晶闸管两端电压的理论波形图。若在电源电压u_2通过正半周区间内的过零点，即$\alpha = 0°$时刻给晶闸管门极施加触发脉冲，此时晶闸管VT

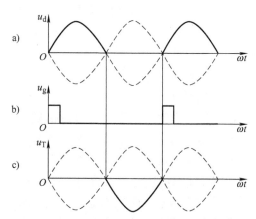

图1-6 $\alpha = 0°$时输出电压和晶闸管两端电压的理论波形
a）负载两端电压波形　b）晶闸管门极触发脉冲信号
c）晶闸管两端电压波形

既有正向电压又有适当大小的触发脉冲，即导通。负载上得到的输出电压u_d的波形与电源电压u_2的波形相同；随着ωt增加，当电源电压u_2过零时，晶闸管两端电压也随之变为零而关断，负载与电源之间形成开路，负载上得到的输出电压u_d为零，此时u_T与u_2相同。

在电源电压u_2负半周内，晶闸管承受反向电压不能导通，直到第二周期$\alpha=0°$触发电路再次施加触发脉冲时，晶闸管再次导通。在晶闸管导通期间，忽略晶闸管的管压降，$u_T=0$，在晶闸管截止期间，晶闸管将承受交流电源的全部反向电压。

（2）$\alpha=30°$时的波形

当$\alpha=30°$时，波形如图1-7所示。$\alpha=30°$，即将晶闸管中脉冲信号触发的相位从0°改为30°。

在第一个周期的起点即电源电压的零点到$\alpha=30°$之间的区间，晶闸管承受正向电压，但没有触发脉冲，晶闸管依然处于断态，u_T与u_2相同，负载上得到的输出电压u_d为零。

在$\alpha=30°$时，晶闸管承受正向电压，此时加入触发脉冲使晶闸管导通，负载上得到的u_d的波形与电源电压u_2相同。

同样，随着ωt的增加，当电源电压u_2过零时，晶闸管因没有正向电压而关断，负载上得到的输出电压u_d为零。

（3）α为其他角度时的波形

继续改变触发脉冲出现的时刻，也就是改变α的大小，得到α等于60°、90°、120°时负载两端电压以及晶闸管两端电压的波形，分别如图1-8、图1-9、图1-10所示。改变触发时刻，负载两端电压及其电流随之改变，u_d为极性不变但是瞬时值会变化的脉动直流，其波形只会在u_2的正半周内出现，故称为"半波"整流。

3. 基本物理量计算

在研究整流电路时经常需要计算电路中负载的平均电压、平均电流以及其各自的有效值和功率因数等，接下来介绍单相半波可控整流电路中这几个参数的计算方法。

（1）输出电压平均值U_d与输出电流平均值I_d

根据输出电压的波形，对输出电压的瞬时值进行积分求平均值

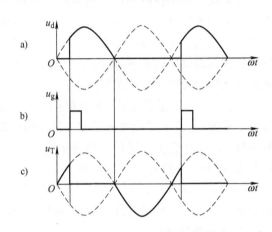

图1-7　$\alpha=30°$时输出电压和晶闸管两端电压的理论波形
a）负载两端电压波形　b）晶闸管门极触发脉冲信号
c）晶闸管两端电压波形

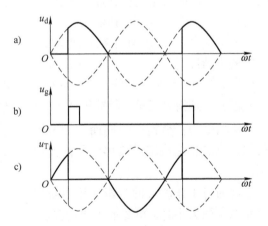

图1-8　$\alpha=60°$时输出电压和晶闸管两端电压的理论波形
a）负载两端电压波形　b）晶闸管门极触发脉冲信号
c）晶闸管两端电压波形

$$U_d = \frac{1}{2\pi}\int_a^\pi \sqrt{2}\,U_2\sin\omega t\,\mathrm{d}(\omega t) = 0.45\,U_2\frac{1+\cos a}{2} \tag{1-12}$$

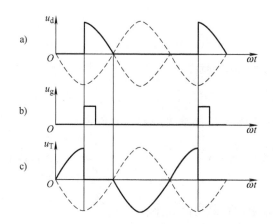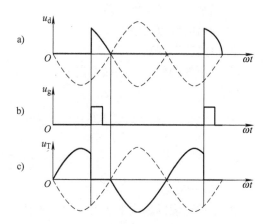

图 1-9　$\alpha = 90°$时输出电压和晶闸管两端　　　　图 1-10　$\alpha = 120°$时输出电压和晶闸管两端
　　　　电压的理论波形　　　　　　　　　　　　　　　　电压的理论波形
a) 负载两端电压波形　b) 晶闸管门极触发脉冲信号　　a) 负载两端电压波形　b) 晶闸管门极触发脉冲信号
　　　c) 晶闸管两端电压波形　　　　　　　　　　　　　　c) 晶闸管两端电压波形

$$I_d = \frac{U_d}{R_d} = 0.45 \frac{U_2}{R_d} \frac{1 + \cos a}{2} \tag{1-13}$$

可见，输出电压平均值U_d的大小与整流变压器二次交流电压U_2和触发延迟角 α 有关。当U_2给定后，U_d仅与 α 有关，当 $\alpha = 0°$时，则$U_d = 0.45 U_2$，为最大输出直流平均电压。当$\alpha = 180°$时，$U_d = 0$。因此该电路晶闸管触发脉冲的移相范围为$0° \sim 180°$，只要在这个范围内控制触发脉冲送出的时刻，U_d就可以在$0 \sim 0.45 U_2$之间连续可调。

（2）负载电压有效值 U 与电流有效值 I

根据有效值的定义，负载电压有效值 U 应是u_d波形的方均根值，即

$$U = \sqrt{\frac{1}{2\pi} \int_a^\pi (\sqrt{2}\, U_2 \sin\omega t)^2 \mathrm{d}(\omega t)} = U_2 \sqrt{\frac{\pi - a}{2\pi} + \frac{\sin 2a}{4\pi}} \tag{1-14}$$

负载电流有效值为

$$I = \frac{U_2}{R_d} \sqrt{\frac{\pi - a}{2\pi} + \frac{\sin 2a}{4\pi}} \tag{1-15}$$

（3）晶闸管电流有效值I_T及变压器二次电流有效值I_2

选择晶闸管、变压器容量、导线截面积等时，需要考虑发热问题，为此需要计算流过它们的电流有效值。单相半波可控直流电流电路中，流过负载、晶闸管和变压器二次电流有效值相等，即

$$I = I_T = I_2 = \frac{U_2}{R_d} \sqrt{\frac{1}{4\pi} \sin 2a + \frac{\pi - a}{2\pi}} \tag{1-16}$$

（4）功率因数 $\cos\varphi$

$$\cos\varphi = \frac{P}{S} = \frac{UI}{U_2 I} = \sqrt{\frac{\pi - a}{2\pi} + \frac{\sin 2a}{4\pi}} \tag{1-17}$$

【例1-4】　单相半波可控整流电路，电阻性负载，电源电压U_2为220V，要求直流输出平均电压为50V，直流输出平均电流为20A，试计算：

① 晶闸管的触发延迟角 α。

② 输出电流有效值。

③ 电路功率因数。

④ 晶闸管的额定电压和额定电流，并选择晶闸管的型号。

解:

① 由 $U_d = 0.45\,U_2\dfrac{1+\cos\alpha}{2}$ 计算输出电压 U_d 为 50V 时的晶闸管触发延迟角 α:

$$\cos\alpha = \frac{2\times 50}{0.45\times 220} - 1 \approx 0 \tag{1-18}$$

求得 $\alpha = 90°$。

② 根据题设的输出电压及电流平均值，可以求出负载电阻大小:

$$R_d = \frac{U_d}{I_d} = \frac{50}{20}\Omega = 2.5\Omega \tag{1-19}$$

当 $\alpha = 90°$ 时，输出电流有效值为

$$I = \frac{U_2}{R_d}\sqrt{\frac{\pi-\alpha}{2\pi}+\frac{\sin 2\alpha}{4\pi}}\,\mathrm{A} = 44\mathrm{A} \tag{1-20}$$

③ 电路功率因数为

$$\cos\varphi = \frac{P}{S} = \frac{UI}{U_2 I} = \sqrt{\frac{\pi-\alpha}{2\pi}+\frac{\sin 2\alpha}{4\pi}} \tag{1-21}$$

得出计算结果为 0.5。

④ 晶闸管的额定电流为

$$I_{T(AV)} \geqslant \frac{(1.5\sim 2)I_T}{1.57}\mathrm{A} = 42\sim 56.1\mathrm{A} \tag{1-22}$$

其中晶闸管电流有效值等于输出电流有效值即 $I_T = I$，根据晶闸管型号表所提供的额定电流大小，可选为 50A。

晶闸管的额定电压为

$$U_{TN} = (2\sim 3)U_{TM} = (2\sim 3)\sqrt{2}\times 220\mathrm{V} = 622\sim 933\mathrm{V} \tag{1-23}$$

按电压等级可取额定电压为 700V，即 7 级。

因此，选择晶闸管型号为 KP50 – 7。

1.3.2 带阻感性负载的单相半波可控整流电路

1-5 带阻感性负载的单相半波可控整流电路

当直流负载的感抗 ωL_d 和电阻 R_d 的大小相比不可忽略时，这种负载称为电感性负载。如:工业用电机的励磁线圈、输出串接电抗器的负载等。电感性负载与电阻性负载相比较有很大不同，即电阻性负载电压和电流成正比，而电感性负载会阻碍电流变化故其电流的相位要滞后于电压。为了便于分析，在电路中把电感 L_d 与电阻 R_d 分开，如图 1-11 所示，也就是将图 1-5 中的电阻性负载用一个电感与另一个电阻的串联电路替换。

电感线圈是储能元件，当电流 i_d 流过线圈时，该线圈就储存有磁场能量，电流 i_d 愈大，线圈储存的磁场能量也就愈大，当 i_d 减小时，电感线圈就要将所储存的磁场能量释放出来，

试图维持原有的电流方向和电流大小，所以电感本身是不消耗能量的。

电感能量的存放无法突变，可见当流过电感线圈L_d的电流i_d增大时，L_d两端就要产生感应电动势ε，而为了计算方便，将感应电动势ε的值取为与电压相同的值，即

$$u_L = L_d \frac{d\,i_d}{dt} \qquad (1\text{-}24)$$

其方向应阻止i_d的增大，反之，i_d要减小时，L_d两端感应的电动势应阻碍的i_d减小，电感电流的计算：

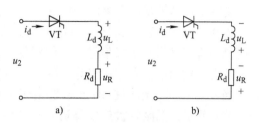

图1-11 电感线圈对电流变化的阻碍作用
a）电流i_d增大时L_d两端感应电动势方向
b）电流i_d减小时L_d两端感应电动势方向

$$i_d = -\frac{\sqrt{2}\,U_2}{Z}\sin(\alpha - \phi)\,e^{-\frac{R}{\omega L}(\omega t - \alpha)} + \frac{\sqrt{2}\,U_2}{Z}\sin(\omega t - \phi) \qquad (1\text{-}25)$$

$$Z = \sqrt{R^2 + (\omega L)^2}, \ \phi = \arctan\frac{\omega L}{R} \qquad (1\text{-}26)$$

图1-11中显示了电流变化时电感中感应出的电动势的极性，当电流增加时，电感中感应出的电动势的极性与电流方向相反以阻碍电流的增加（如图1-11a所示），当电流减小时，电感中感应出的电动势的极性相反而与电流的方向相同以阻止电流减小（如图1-11b所示）。这使得流过电感的电流不能发生突变，这就是阻感性负载的特点，也是理解整流电路带阻感性负载工作的关键之一。

实际上单相半波可控整流电路在带有电感性负载时，一般在负载两端并联有续流二极管。下面从无二极管和并联续流二极管的两种情况来进行分析。

1. 无续流二极管

（1）电路连接

当电感性负载两端不并联续流二极管时电路如图1-11所示。

（2）工作原理

带阻感性负载的单相半波可控整流电路中当晶闸管VT处于断态时，电路中电流为零，负载上的电压也为零，u_2全部加在VT两端。在触发时刻，VT导通，u_2加到负载两端，因电感L_d的存在使电流不能突变，电流从0开始逐渐增加，同时L_d的感应电动势试图阻止电流增加，这时交流电源一方面供给电阻R_d消耗的能量，另一方面供给电感L_d储能，电感L_d以磁场的形式储存能量。到u_2波形由正变负的过零点处，电流已经处于减小的过程中，但尚未降到零，因此VT仍处于导通状态，负载两端的电压仍然为u_2。为阻碍电路电流的减小，电感感应出相反的电动势，释放所储存的能量。一方面供给导电电路消耗的能量；另一方面供给变压器二次绕组所消耗的能量，至某一时刻，电感能量释放完毕，电流降至零，随即VT关断并立即承受反压。因为电感的存在延迟了VT的关断时刻，使负载电压波形出现负的部分，与带电阻负载时的情况相比，其输出电压的平均值U_d下降。

（3）波形分析

如图1-12所示为电感性负载无续流二极管时在某一触发延迟角α时输出的电压、电流

的理论波形，从波形图上可以看出：

当 $0 \leqslant \omega t < \alpha$ 时，晶闸管阳极电压大于零，此时晶闸管门极没有触发信号，晶闸管处于正向阻断状态，输出电压和电流都等于零。

当 $\omega t = \alpha$ 时，给门极加上触发信号 u_g，如图 1-12b 所示，晶闸管被触发导通，电源电压 u_2 施加在负载上，输出电压 $u_d = u_2$。由于电感的存在，在 u_d 的作用下，负载电流 i_d 只能从零按指数规律逐渐上升如图 1-12d 所示。

当 $\omega t = \pi$ 时，交流电压过零，而由于电感的存在，流过晶闸管的阳极电流仍大于零，晶闸管会继续导通，此时电感储存的能量一部分被电路中的电阻消耗掉，同时另一部分送回电网，电感的能量全部释放完后，晶闸管在电源电压 u_2 的反压作用下截止。直到下一个周期的正半周，即 $2\pi + \alpha$ 时刻，晶闸管再次被触发导通。如此循环，其输出电压、电流波形如图 1-12 所示。

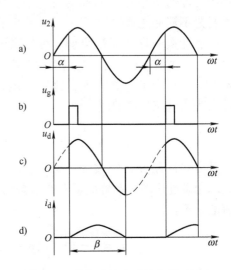

图 1-12　单相半波电感性负载时输出电压及电流波形

a）输入电压波形　b）门极触发脉冲信号
c）负载两端电压波形　d）负载电流波形

结论：由于电感的存在，使得晶闸管的导通角增大，在电源电压由正到负过零时也不会关断，使负载电压波形出现部分负值，其结果使输出电压平均值 U_d 减小。电感越大，维持导电时间越长，输出电压负值部分占的比例愈大，U_d 减少愈多。当电感 L_d 非常大时（满足 $\omega L_d \gg R_d$，通常 $\omega L_d \gg 10 R_d$ 即可），对于不同的触发延迟角 α，导通角 θ 将接近 $2\pi - 2\alpha$，这时负载上得到的电压波形当中，正的部分面积和负的部分面积接近于相等，输出电压平均值 $U_d \approx 0$。可见，不管如何调节触发延迟角 α，U_d 值总是很小，电流平均值 I_d 也很小，没有实用价值，在实际电路中往往要在负载两端并联续流二极管。

2. 并联续流二极管

（1）电路结构

为了使电源电压过零变负时能及时地关断晶闸管，使电源电压瞬时值 u_2 波形不出现负值，又能给电感线圈 L_d 提供续流的旁路，可以在整流输出端并联二极管，如图 1-13 所示。该二极管作用是给电感负载在晶闸管关断时提供续流回路。

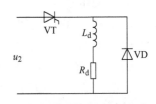

图 1-13　电感性负载接续流二极管时的电路

（2）工作原理

跟不接续流二极管时相比较，在 u_2 正半周时两者工作情况是一样的，当 u_2 过零变负时，二极管 VD 承受正向电压而导通，此时 u_d 的大小等于二极管的管压降，可以视为零。负值的 u_2 通过二极管 VD 向晶闸管 VT 施加反向电压使晶闸管 VT 关断，电感储存的能量通过由 L_d、R_d、VD 组成的回路释放，使 i_d 在该回路中继续流通，这个过程通常称为续流，因此二极管 VD 被称为续流二极管。

（3）波形分析

图 1-14 所示为电感性负载接
续流二极管在某一触发延迟角 α
时输出电压、电流的理论波形。
从波形图上可以看出：

在电源电压正半周（0 ~ π 区
间），晶闸管承受正向电压，触发
脉冲在 α 时刻触发晶闸管导通，
负载上有输出电压和电流。在此
期间续流二极管 VD 承受反向电压
而关断。

在电源电压负半周（π ~ 2π
区间），电感的感应电压使续流二
极管 VD 承受正向电压而导通续
流，此时电源电压 $u_2 < 0$，u_2 通过
续流二极管使晶闸管承受反向电
压而关断，负载两端的输出电压
仅为续流二极管的管压，压降降
近似为零。

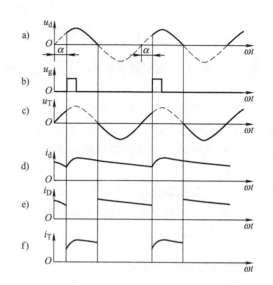

图 1-14 电感性负载接续流二极管时输出电压及电流波形
a）输出电压 u_d 波形 b）触发脉冲 u_g 波形 c）晶闸管两端电压 u_T 波形
d）输出电流 i_d 波形 e）续流二极管电流 i_D 波形 f）晶闸管电流 i_T 波形

可以看出输出电压的波形与单相半波可控整流电路带电阻性负载时的输出电压波形是一
致的，但输出电流波形是不一样的。若 L_d 足够大，$\omega L \gg R_d$，在 VT 关断期间，VD 可持续导
通，使电流连续，且电流波形接近一条水平线，其导通角为 π − α。总的来说，续流二极管
的作用是为了提高输出电压。负载电流波形连续且近似为一条直线，如果电感无穷大，则负
载电流为一直线。流过晶闸管和续流二极管的电流波形是矩形波。

（4）基本物理量计算

输出电压平均值 U_d 与输出电流平均值 I_d 为

$$U_d = 0.45 \, U_2 \frac{1 + \cos\alpha}{2} \tag{1-27}$$

$$I_d = \frac{U_d}{R_d} = 0.45 \, \frac{U_2}{R_d} \frac{1 + \cos\alpha}{2} \tag{1-28}$$

流过晶闸管电流的平均值 I_{dT} 和有效值 I_T 为

$$I_{dT} = \frac{\pi - \alpha}{2\pi} I_d \tag{1-29}$$

$$I_T = \sqrt{\frac{1}{2\pi} \int_\alpha^\pi I_d^2 \mathrm{d}(\omega t)} = \sqrt{\frac{\pi - \alpha}{2\pi}} \, I_d \tag{1-30}$$

流过续流二极管电流的平均值 I_{dD} 和有效值 I_D 为

$$I_{dD} = \frac{\pi + \alpha}{2\pi} I_d \tag{1-31}$$

$$I_D = \sqrt{\frac{\pi + \alpha}{2\pi}} I_d \tag{1-32}$$

晶闸管和续流二极管承受的最大正反向电压都为电源电压的峰值，即

$$U_{TM} = U_{DM} = \sqrt{2}\, U_2 \tag{1-33}$$

1.4 知识点3：单结晶体管触发电路

根据前几个知识点知道晶闸管导通的条件，除了阳极和阴极之间承受正向阳极电压外，还必须在门极上施加适当的正向触发电压与电流。为门极提供触发电压与电流的电路称为触发电路或门极驱动电路。由晶闸管门极驱动电路决定每个周期晶闸管的导通时刻，进而实现相应的变流功能。

采用良好的门极驱动电路，可以使电力电子器件工作在较理想的开关状态，缩短开关时间，减小开关损耗。正确设计、选择与使用触发电路，可以充分发挥器件的性能，对装置的运行效率、可靠性和安全性都有重要的意义。

1.4.1 对触发电路的要求

不同型号的晶闸管或不同的晶闸管应用电路对晶闸管触发电路会有不同的要求。由触发电路产生符合需要的门极触发信号，保证晶闸管在需要的时刻由阻断转为导通。晶闸管的触发电路还包括移相控制环节和脉冲放大、输出环节。触发信号可以是直流信号、交流信号或者是脉冲信号。一般常用脉冲形式的触发信号，对于触发电路所产生的触发信号一般有以下要求。

(1) 触发信号应有足够的功率（触发电压和电流）

一般要求触发电压为4~10V，触发电流为几十到几百毫安。由于晶闸管门极参数随温度变化很大，对于户外寒冷场合，为使所有器件可靠触发，晶闸管脉冲电流的幅度应增大为最大触发电流的3~5倍。

(2) 触发脉冲应有一定的脉冲宽度，脉冲前沿尽可能陡峭

这样器件在触发导通后，阳极电流能迅速上升超过擎住电流而维持导通。普通晶闸管的导通时间约为6μs，故触发脉冲的宽度至少应在6μs以上。

(3) 触发脉冲必须与晶闸管的阳极电压同步，脉冲移相范围必须满足电路要求

对于前面所介绍的单相半波可控整流电路来说，为保证控制的规律性，使主电路每个电源周期输出波形稳定，要求触发电路在主电路的每个电源周期以相同触发延迟角 α 所对应的时刻去触发晶闸管使其导通，这就要求触发脉冲的频率与电源频率一致，触发脉冲前沿与电源电压的相位保持固定的关系，这就叫作触发电路与主电路的同步。

(4) 具有良好的抗干扰能力及与主电路的电气隔离

为了防止主电路的高电压窜入低压触发电路，必须将触发电路与主电路进行隔离。在本项目中，因调光灯电路简单，脉冲输出是直接连接到晶闸管的门极的，而一般应采用光隔离或脉冲变压器的电磁隔离方法。

1.4.2 单结晶体管

1. 单结晶体管的结构

单结晶体管的结构、等效电路、电气符号及外形如图1-15所示，它是在一块高电阻率

的 N 型硅片上引出两个欧姆接触极，分别为第一基极b_1和第二基极b_2，两个基极之间的电阻一般为 $2\sim12k\Omega$。在两个基极间靠近b_1处用合金法或扩散法渗入 P 型杂质，形成一个 PN 结，并引出一个电极，称为发射极 e。由于单结晶体管的结构相当于一个二极管，但引出两个基极，所以又被称为双基极二极管。

1-6　单结晶体管

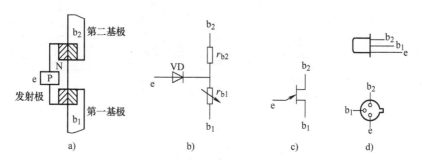

图 1-15　单结晶体管

a）结构　b）等效电路　c）电气符号　d）外形引脚排列

单结晶体管的等效电路如图 1-15b 所示，两个基极之间的电阻为$r_{bb}=r_{b1}+r_{b2}$。在正常工作时，r_{b1}随发射极电流大小变化而变化，相当于一个可变电阻。PN 结可等效为二极管，它的正向导通压降常为 0.7V。单结晶体管的符号如图 1-15c 所示。触发电路常用的国产单结晶体管型号主要有 BT31、BT33、BT35，其外形与引脚排列如图 1-15d 所示。其实物图、引脚如图 1-16 所示。

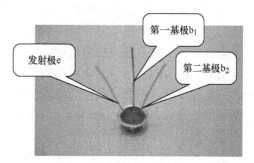

图 1-16　单结晶体管实物及引脚

2. 单结晶体管伏安特性

当两基极b_1和b_2间加直流电压U_{bb}时，发射极电流I_e与发射极正向电压U_e之间的关系曲线称为单结晶体管的伏安特性，即$I_e=f(U_e)$的函数曲线。单结晶体管伏安特性试验电路图及得出的特性曲线如图 1-17 所示。

当开关 S 断开时，I_{bb}为零，将滑动变阻器R_{RP}的滑动触点由最下端逐渐向上移动，使单结晶体管的发射极电压U_e从零逐渐增加时，得到如图 1-17b 中①所示伏安特性曲线，该曲线与二极管伏安特性曲线相似。

当开关 S 闭合时，得到单结晶体管的伏安特性曲线分为三个区域：

（1）截止区 aP 段

当开关 S 闭合，电压U_{bb}通过单结晶体管等效电路中的r_{b1}和r_{b2}分压，得 A 点电位U_A，可表示为

$$U_A=\frac{r_{b1}U_{bb}}{r_{b1}+r_{b2}}=\eta U_{bb} \tag{1-34}$$

式中，η 为分压比，是单结晶体管的主要参数，η 一般为 $0.3\sim0.9$。

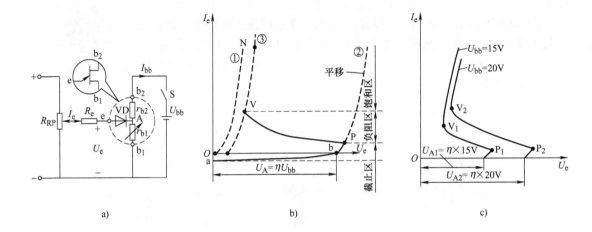

图 1-17 单结晶体管伏安特性

a) 单结晶体管实验电路　b) 单结晶体管伏安特性　c) 特性曲线族

调节R_{RP}使U_e从零逐渐增加，当$U_e < U_A$（$U_e < \eta U_{bb}$）时，单结晶体管的 PN 结反向偏置，只有很小的反向漏电流。当U_e增加到与U_A相等时，$I_e = 0$，即如图 1-17b 所示特性曲线与横坐标交点 b 处。进一步增加U_e，PN 结开始正偏，出现正向漏电流，直到当发射极电位U_e增加到高出ηU_{bb}一个 PN 结正向压降U_D时，即$U_e = U_P = \eta U_{bb} + U_D$时，等效二极管 VD 才导通，此时单结晶体管由截止状态进入到导通状态，并将该转折点称为峰点 P。P 点所对应的电压称为峰点电压U_P，所对应的电流称为峰点电流I_P。

（2）负阻区 PV 段

当$U_e > U_P$时，等效二极管 VD 导通，I_e增大，这时大量的空穴载流子从发射极注入到b_1的硅片，使r_{b1}阻值迅速减小，导致U_A下降，因而U_e也下降。U_A的下降，使 PN 结承受更大的正偏，引起更多的空穴载流子注入到硅片中，使r_{b1}阻值进一步减小，形成更大的发射极电流I_e，这是一个强烈的增强式正反馈过程。当I_e增大到一定程度，b_1硅片中载流子的浓度趋于饱和，r_{b1}阻值已减小至最小值，A 点的分压U_A最小，因而U_e也最小，得图 1-17b 所示曲线上的 V 点。

V 点称为谷点，谷点所对应的电压和电流称为谷点电压U_V和谷点电流I_V。这一区间特性曲线的动态电阻为负值，因此称为负阻区。

（3）饱和区 VN 段

当b_1硅片中载流子饱和后，欲使I_e继续增大，必须增大电压U_e，单结晶体管处于饱和导通状态。改变U_{bb}，特性曲线中U_P也随之改变，从而可获得一组单结晶体管伏安特性曲线，如图 1-17c 所示。

3. 单结晶体管的主要参数

单结晶体管的主要参数有基极间电阻r_{bb}、分压比η、峰点电流I_P、谷点电压U_V、谷点电流I_V及耗散功率等。国产单结晶体管的型号主要有 BT31、BT33、BT35 等，BT 表示特种半导体管的意思，其主要参数见表 1-4。

表 1-4 单结晶体管的主要参数

参数名称		分压比 η	基极间电阻 R_{bb}/kΩ	峰点电流 I_p/μA	谷点电流 I_V/mA	谷点电压 U_V/V	饱和电压 U_{es}/V	最大反压 U_{bbmax}/V	耗散功率 P_{max}/mW
测试条件		$U_{bb}=20V$	$U_{bb}=20V$ $I_e=0$	$U_{bb}=0V$	$U_{bb}=0V$	$U_{bb}=0V$	$U_{bb}=0V$ $I_e=I_{emax}$		
BT33	A	0.45~0.9	2~4.5	<4	>1.5	<3.5	<4	≥30	300
	B							≥60	
	C	0.3~0.9	4.5~12			<4	<4.5	≥30	
	D							≥60	
BT35	A	0.45~0.9	2~4.5			<3.5	<4	≥30	500
	B					>3.5		≥60	
	C	0.3~0.9	4.5~12			>4	<4.5	≥30	
	D							≥60	

1.4.3 单结晶体管触发电路

单相半波可控整流调光灯电路的触发电路如图 1-18a 所示（该电路是从图 1-1b 中分解出来的）。该触发电路可以分为同步电路和张弛振荡电路两部分。电路的工作波形如图 1-18b 所示，图中显示了电路中 A 点、B 点、C 点、D 点及主电路输出电压的波形，单结晶体管触发电路的调试以及在今后的使用过程中的检修主要是通过这几个点的典型波形来判断个元器件是否正常。我们将通过理论波形与实测波形的比较来进行分析。

1-7 单结晶体管触发电路

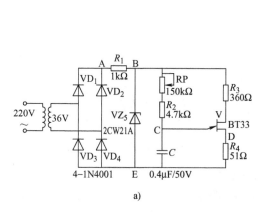

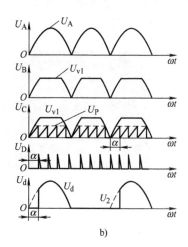

图 1-18 单结晶体管触发电路
a）电路结构　b）工作波形

1. 同步电路

触发信号和电源电压在频率和相位上相互协调的关系叫同步。例如，在单相半波可控整流电路中，触发脉冲应出现在电源电压正半周期范围内，而且每个周期的 α 相同，以确保电路输出波形不变，输出电压稳定。

同步电路由同步变压器、桥式整流电路 $VD_1 \sim VD_4$、电阻R_1及稳压二极管组成。同步变压器一次侧与晶闸管整流电路接在同一相电源上，交流电压经同步变压器降压、单相桥式整流后再经过稳压管稳压削波，形成梯形波电压，作为触发电路的供电电压。梯形波电压零点与晶闸管阳极电压过零点一致，从而实现触发电路与整流主电路的同步。

（1）桥式整流后脉动电压的波形（图1-18中A点的波形）

将示波器 Y_1 探头的测试端接于A点，接地端接于E点，调节旋钮"t/div"和"v/div"，使示波器稳定显示至少一个周期的完整波形，测得波形如图1-19a所示。A点波形为 $VD_1 \sim VD_4$ 四个二极管构成的桥式整流电路输出波形，图1-19b为理论波形，可对照进行比较。

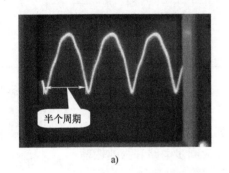 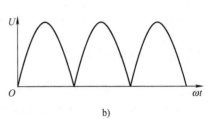

a)   b)

图1-19　桥式整流后电压波形

a）实测波形　b）理论波形

（2）削波后梯形波电压波形（图1-18图中B点的波形）

将 Y_1 探头的测试端接于B点，测得B点的波形如图1-20a所示，该点波形是经稳压管削波后得到的梯形波，图1-20b为理论波形，可对照进行比较。

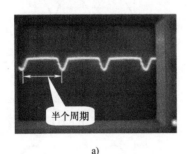 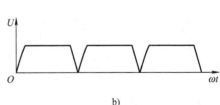

a)   b)

图1-20　削波后电压波形

a）实测波形　b）理论波形

2. 单结晶体管张弛振荡电路（单结晶体管自激振荡电路）

利用单结晶体管的负阻特性和电容的充放电，可以组成单结晶体管张弛振荡电路。单结晶体管张弛振荡电路的电路图和波形图如图1-21所示。设电源没有接通，电容电压为零。当电路接通以后，单结晶体管是截止的，电源经电阻 R_2、R_{RP} 对电容 C 进行充电，电容电压从零起按指数充电规律上升，充电时间常数为 τ_{EC}；当电容两端电压达到单结晶体管的峰点电压U_P时，单结晶体管导通，电容开始放电，由于放电回路的电阻很小，因此放电很快，放电电流在电阻R_4上产生了尖脉冲。随着电容放电，电容电压降低，当电容电压降到谷点电压U_V以下，单结晶体管截止，接着电源又重新对电容进行充电，此过程重复下去，在电容C两端会产生一个锯齿波，在电阻R_4两端将产生一个尖脉冲波。如图1-21b所示。

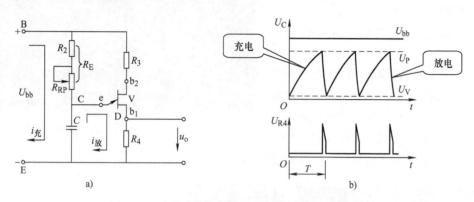

图1-21　单结晶体管张弛振荡电路电路图和波形图

a）电路图　b）波形图

3. 脉冲移相与形成

脉冲移相与形成电路实际上就是上述的张弛振荡电路。脉冲移相由电阻R_E和电容C组成，脉冲形成由单结晶体管、温补电阻R_3、输出电阻R_4组成。

改变张弛振荡电路中电容C的充电电阻的阻值，就可以改变充电的时间常数，图中用电位器R_{RP}来实现这一变化，如图1-22b所示：$R_{RP}\uparrow\to\tau_{EC}\uparrow\to$出现第一个脉冲的时间后移$\to\alpha\uparrow\to U_d\downarrow$。

（1）电容电压的波形（图1-18中C点波形）

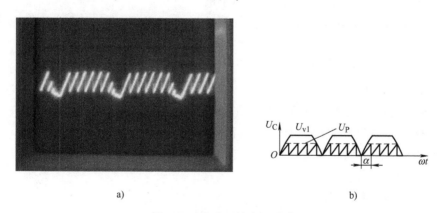

图1-22　电容两端电压波形

a）实测波形　b）理论波形

将Y_1探头的测试端接于C点，测得C点的波形如图1-22a所示。由于电容每半个周期在电源电压过零点时从零开始充电，当电容两端的电压上升到单结晶体管峰点电压时，单结晶体管导通，触发电路送出脉冲，电容的容量和充电电阻R_E的大小决定了电容两端的电压从零上升到单结晶体管峰点电压的时间，在电源电压过零时刻，无法使电容两端电压上升到单结晶体管峰点电压,所以无法实现在电源电压过零点即 $\alpha = 0°$ 时送出触发脉冲。图 1-22b 为理论波形,可对照进行比较。

调节电位器"RP"的旋钮,观察 C 点的波形的变化范围。图 1-23 所示为调节电位器后得到的波形。

(2)输出脉冲的波形(图 1-18 中 D 点波形)

将 Y_1 探头的测试端接于 D 点,测得 D 点的波形如图 1-24a 所示。单结晶体管导通后,电容通过单结晶体管迅速向输出电阻 R_4 放电,在 R_4 上得到很窄的尖脉冲,如图 1-24b 所示为其理论波形,可对照进行比较。

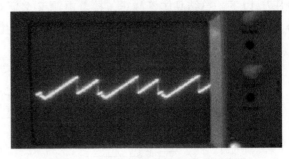

图 1-23 改变 R_{RP} 后电容两端电压波形

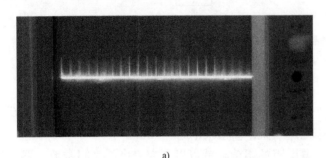

a)

b)

图 1-24 输出脉冲波形
a)实测波形 b)理论波形

调节电位器"RP"的旋钮,观察 D 点波形的变化范围。图 1-25 所示为调节电位器后得到的波形。

4. 触发电路各元器件的选择

(1)充电电阻 R_2 的选择

改变充电电阻 R_2 的大小,就可以改变张弛振荡电路的频率,但是频率的调节有一定的范围,如果充电电阻 R_2 选择不当,将使单结晶体管自激振荡电路无法形成振荡。

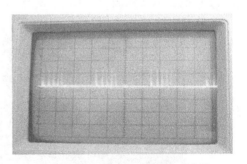

图 1-25 调节 R_{RP} 后输出脉冲波形

充电电阻 R_2 的取值范围为

$$\frac{U - U_V}{I_V} < R_2 < \frac{U - U_P}{I_P} \tag{1-35}$$

其中:

1)U:加于图 1-21 中 BE 两端的触发电路电源电压。

2)U_V:单结晶体管的谷点电压。

3)I_V:单结晶体管的谷点电流。

4）U_P：单结晶体管的峰点电压。

5）I_P：单结晶体管的峰点电流。

（2）电阻R_3的选择

电阻R_3是用来补偿温度对峰点电压U_P的影响，通常取值范围为：$200 \sim 600\Omega$。

（3）输出电阻R_4的选择

输出电阻R_4的大小将影响输出脉冲的宽度与幅值，通常取值范围为：$50 \sim 100\Omega$。

（4）电容C的选择

电容C的大小与脉冲宽窄和R_E的大小有关，通常取值范围为：$0.1 \sim 1\mu\mathrm{F}$。

1.5 扩展知识点：门极关断晶闸管

1-8 门极关断晶闸管

门极关断（GTO）晶闸管又叫可关断晶闸管（为了表述方便，下文用 GTO 指代门极关断晶闸管。），是晶闸管的一个衍生器件。是一种可以通过给门极施加负的脉冲电流而使其关断的一种全控型器件。在大功率直流调速装置中常使用 GTO 器件，如电力机车整流主电路主要器件就是 GTO，通过控制几个 GTO，来调节整流输出电压。

1.5.1 GTO 的结构及工作原理

1. GTO 的结构

它和普通晶闸管一样，也是 PNPN 四层结构，外部引出三个极，分别为阳极、阴极、门极。GTO 不同于普通晶闸管之处在于它既可用门极正向触发信号使其触发导通，又可向门极加负向触发电压使其关断。GTO 的工作条件同普通晶闸管，但应用场合主要在兆瓦级以上的大功率场合。

GTO 的外形和图形符号如图 1-26 所示，其内部结构如图 1-27 所示。GTO 是多元的功率集成器件，它内部包含了数十个甚至是数百个共阳极的 GTO 元，这些小的 GTO 元的阴极和门极则在器件内部并联在一起，且每个 GTO 元阴极和门极距离很短，有效地减小了横向电阻，因此可以从门极抽出电流而使它关断。

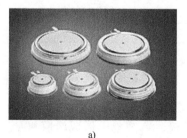

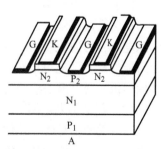

图 1-26　GTO 的外形及图形符号

a）GTO 的外形　b）GTO 的图形符号

图 1-27　GTO 的内部结构

2. GTO 的工作原理

GTO 有 3 个引出电极（见图 1-26b），分别用阳极 A、阴极 K、门极 G 表示。GTO 的触发导通原理与普通晶闸管相似，阳极和阴极间加正压时，若门极无电压，则 GTO 阳极电压低于转折电压时不会导通；若门极加正压，则 GTO 在阳极电压小于转折电压时被门极触发导通。GTO 的关断过程是在门极加一定的负压，抽出电流，使阴极导通区由接近门极的边缘向阴极中心区收缩，可一直收缩到载流子扩散长度的数量级。因为 GTO 的阴极条宽度小，抽流时，P_2 区横向电阻引起的横向压降小于门、阴极的反向击穿电压。此时，由于 GTO 不能维持内部电流的正反馈，通态电流开始下降，此过程经过一定时间，最后使 GTO 达到关断。也就是说 GTO 的导通关断条件分别为：阳极加正向电压，门极加正触发信号后，使 GTO 导通；门极加上足够大的负电压，可以使 GTO 关断。

1.5.2　GTO 的特性及主要参数

GTO 的触发导通过程与普通晶闸管相似，但影响它关断的因素却很多，GTO 的门极关断技术是其正常工作的基础。理想的门极驱动信号（电流、电压）波形如图 1-28 所示，其中实线为电流波形，虚线为电压波形。

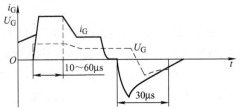

图 1-28　GTO 门极驱动信号波形

触发 GTO 导通时，门极电流脉冲应前沿陡、宽度大、幅度高、后沿缓。这是因为上升陡峭的门极电流脉冲可以使所有的 GTO 元几乎同时导通，而脉冲后沿太陡容易产生振荡。

门极关断电流脉冲的波形前沿要陡、宽度足够、幅度较高、后沿平缓。这是因为后关断脉冲前沿陡可缩短关断时间，而后沿坡度太陡则可能产生正向门极电流，使 GTO 导通。

GTO 门极驱动电路包括开通电路、关断电路和反偏电路。如图 1-29 所示为一双电源供电的门极驱动电路。该电路由门极导通电路、门极关断电路和门极反偏电路组成。该电路可用于三相 GTO 逆变电路。

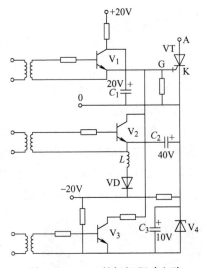

图 1-29　GTO 的门极驱动电路

（1）门极导通电路

在无导通信号时，晶体管未导通，电容 C_1 被充电到电源电压，约为 20V。当导通信号到来时，V_1 导通，产生门极电流。已充电的电容 C_1 可加快 V_1 的导通，从而增加门极导通电流前沿的陡度。此时，电容 C_2 被充电。

（2）门极关断电路

当有关断信号时，晶体管 V_2 导通，C_2 经 GTO 的阴极、门极、V_2 放电，形成峰值 90V、前沿陡度大、宽度大的门极关断电流。

（3）门极反偏电路

电容 C_3 由 −20V 电源充电、稳压管钳位，其两端得到上正下负、数值为 10V 的电压。当晶体管 V_3 导通时，此电压作为反偏电压加在 GTO 的门极上。

1.6 任务1：晶闸管的测试及导通关断实验

1.6.1 任务目的

1）观察晶闸管结构，掌握晶闸管好坏及极性的判断方法。
2）验证晶闸管的导通及关断条件。

1.6.2 相关原理

晶闸管是 PNPN 四层半导体结构，它有阳极、阴极和门极三个极：晶闸管在工作过程中，它的阳极（A）、阴极（K）、电源和负载连接，组成晶闸管的主电路，晶闸管的门极 G 和阴极 K 与控制晶闸管的装置连接，组成晶闸管的控制电路。

晶闸管为半控型电力电子器件，它的工作条件如下：

1）晶闸管承受反向阳极电压时，不管门极承受何种电压，晶闸管都处于反向阻断状态。
2）晶闸管承受正向阳极电压时，仅在门极承受正向电压的情况下晶闸管才导通。
3）晶闸管导通后，门极失去作用。
4）晶闸管在导通情况下，当主回路电压（或电流）减小到接近于零时，晶闸管关断。

1.6.3 需用设备

1）0～30V 直流稳压电源。
2）自制晶闸管导通与关断实验板。
3）指针式万用表与数字式万用表各一块。
4）1.5V×3 节干电池。
5）好、坏晶闸管各一只。

1.6.4 晶闸管极性的判定

1. 用指针式万用表判别晶闸管的电极

螺栓型和平板型晶闸管的 3 个电极外部造型区别比较大，根据外形很容易将它们区分开来，螺栓型晶闸管的螺栓是它的阳极、粗辫子线是它的阴极、细辫子线是它的门极。平板型晶闸管的大平面是阳极、小平面是阴极、细辫子线是门极。而小电流的塑封型晶闸管 3 个电极的引脚在外形上是一样的，对于这种类型的晶闸管电极的判定可以用万用表的欧姆挡来检测。

根据晶闸管的结构（见图 1-2），阴极与门极之间有一个 PN 结，而阳极与门极之间有两个反极性串联的 PN 结。用 $R×100$ 挡可先判断门极 G。黑表笔（该端连接内部电池的正极）接某一电极，红表笔依次触碰另外两个电极，假如有一次阻值很小，几百欧，另一次阻值很大，几千欧，说明黑表笔接的是门极。在阻值小的那次测量过程中，接红表笔的是阴极 K；阻值大的那一次，红表笔接的是阳极 A。若两次测出的阻值都很大，说明表笔接的不是门极，应更换电极引脚重新测试。按照上述步骤进行测量，并将测量结果填入表 1-5 中。

表 1-5　测量阻值记录表

测量参数 测量次序	R_1	R_2
1		
2		

2. 用数字式万用表判别晶闸管的电极

将数字式万用表置于二极管测试档，用红表笔接某一电极引脚，黑表笔分别接触另外两个电极引脚。如果其中有一次显示电压为零点几伏，说明这时红表笔接的是门极 G，黑表笔接的是阴极 K，剩下的一个则是阳极 A。假如两次都显示溢出符号"1"，说明红表笔接的不是门极 G，需更换其他电极引脚重新测试。用这个方法就能够判别出单向晶闸管的三个电极引脚。

1.6.5　晶闸管好坏的判别

根据 PN 结的单向导电原理，对于晶闸管的 3 个电极，测试晶闸管 3 个电极之间的阻值，可初步判断晶闸管的好坏。

如图 1-30 所示，置于万用表的 R × 1 位置，用表笔测量 G、K 之间的正反向电阻，阻值应为几欧到几十欧。一般黑表笔接 G，红表笔接 K 时阻值较小。由于晶闸管芯片一般采用短路发射极结构（即相当于在门极与阴极之间并联了一个小电阻），所以正反向阻值差别不大，即使测出正反向阻值相等也是正常的。接着将万用表调至 R × 10k 档，测量 G、A 与 K、A 之间的阻值，无论黑表笔与红表笔怎样调换测量，阻值均应为无穷大，否则，说明晶闸管已经损坏。

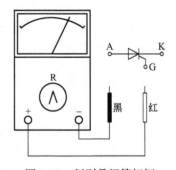

图 1-30　判别晶闸管好坏

用万用表测量二极之间的正反向电阻，将所测量结果填入表 1-6 内，并鉴别晶闸管的好坏。

表 1-6　晶闸管测试

测量参数 被测晶闸管	R_{AK}	R_{KA}	R_{GK}	R_{KG}	R_{GA}	R_{AG}	结论
KP_1（晶闸管 1）							
KP_2（晶闸管 2）							

1.6.6　晶闸管触发能力的测试

1. 用指针式万用表检测

检测电路如图 1-31 所示。外接一个 4.5V 电池组，将电压提高到 6~7.5V（万用表内装电池不同）。将万用表置于 0.25~1A 档，为保护表头，可串联一只 $R = 4.5V/I$ 档的电阻（其中：I 档为所选择万用表量程的电流值）。

电路接好后，在 S 处于断开位置时，万用表指针不动；然后闭合 S（S 可用导线代替），使门极加上正向触发电压，此时，万用表指针应明显向右偏，并停在某一电流位置，表明晶闸管已经导通。接着断开开关 S，万用表指针应不动，说明晶闸管触发性能良好。

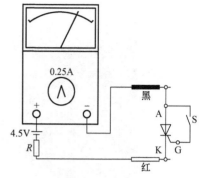

图 1-31 用万用表检测
晶闸管的触发能力

2. 用数字式万用表电阻档检测

1）将数字式万用表置于电阻 20kΩ 档，红表笔接阳极 A，黑表笔接阴极 K，把门极 G 悬空，此时晶闸管截止，万用表显示溢出符号"1"，如图 1-32a 所示。

2）然后在红表笔与阳极 A 保持接触的同时，用它的笔尖接触一下门极 G（将 A 极与 G 极短接一下），给晶闸管加上正向触发电压，晶闸管立即导通，显示值减小到几百欧至几千欧，如图 1-32b 所示。若显示值不变，说明晶闸管已损坏。

注意：数字式万用表的电阻挡测试电压很低，电流也很小，测试时提供的阳极电压和触发电压较低，一旦把门极 G 的触发电压撤除，晶闸管将无法维持导通状态，万用表又恢复到显示溢出符号"1"，这属于正常现象。

a)   b)

图 1-32 用数字式万用表电阻档检测晶闸管的触发能力

3. 用数字式万用表 h_{FE} 测试档检测

1）将数字式万用表拨至 h_{FE} 测试的 NPN 档，此时 h_{FE} 插座上的 C 插孔带正电，E 插孔带负电，对于 DT830 型数字式万用表而言，CE 插孔之间的电压为 2.8V。把单向晶闸管的阳极 A 插入 C 插孔、阴极 K 插入 E 插孔，门极 G 悬空。此时晶闸管截止，万用表显示"000"。

2）用镊子把门极 G 的引脚与插入 E 插孔的阳极 A 引脚短路一下，万用表显示值马上从"000"开始迅速增加，直到显示溢出符号"1"，如图 1-33 所示。这是因为门极 G 接正电压后，单向晶闸管被迅速触发导通，阳极电流从零急剧增大，使 h_{FE} 测试档过载，所以万用表的显示值从"000"变为溢出符号"1"。

3）撤除门极 G 与阳极 A 引脚的短路状态，万用表仍显示溢出符号"1"，说明晶闸管在撤去触发电压后仍然保持导通状态。

注意事项：

1）如果使用 PNP 档来测试单向晶闸管，阳极 A 应插入 E 插孔，阴极 K 插入 C 插孔，以确保所加的为正向电压。

2）晶闸管导通时，阳极电流可达几十毫安。检测时应尽量缩短测试时间，以节省表内 9V 叠层电池的消耗。

 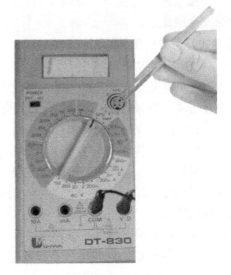

图 1-33 用数字万用表 h_{FE} 测试档检测晶闸管的触发能力

1.6.7 晶闸管的导通关断实验

晶闸管的导通和关断实验电路如图 1-34 所示，实验步骤如下：

1. 晶闸管的导通实验

第一步：按图 1-34 接线。将 S_1 和 S_2 断开，闭合 S_4，对晶闸管加 30V 正向阳极电压。

第二步：让门极开路或接 $-4.5V$ 电压，观察灯泡是否亮，即晶闸管是否导通。

第三步：给晶闸管加 30V 反向阳极电压，观察灯泡是否亮。

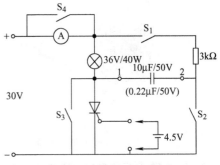

图 1-34 晶闸管导通与关断实验电路图

第四步：使门极开路、接 $-4.5V$ 电压或接 4.5V 电压，观看灯泡是否亮。

第五步：灯泡亮后去掉门极电压看灯泡是否继续亮。

第六步：加 $-4.5V$ 的反向门极电压，看灯泡是否继续亮。

2. 晶闸管的关断试验

第一步：接通 30V 电源，再接通 4.5V 正向门极电压使晶闸管导通，灯泡亮，然后断开门极电压。

第二步：去掉 30V 阳极电压，观察灯泡是否仍然亮。

第三步：接通 30V 正向阳极电压及正向门极电压使灯点亮，而后闭合 S_1，断开门极电压。然后接通 S_2，看灯泡是否熄灭。

第四步：在 1、2 端换接上 $0.22\mu F/50V$ 的电容再重复第三步的实验，观察灯泡是否熄灭。

第五步：把晶闸管导通，断开门极电压，然后闭合 S_3，再立即打开 S_3，观察灯泡是否熄灭。

第六步：断开 S_4，再使晶闸管导通，断开门极电压。逐渐减小阳极电压，当电流表指针由某值突降到零时该值就是被测晶闸管的维持电流。此时若再升高阳极电源电压，灯泡也不再发亮，说明晶闸管已经关断。

将实验现象与结论列于表 1-7。

表 1-7 晶闸管导通和关断实验

实验顺序		实验前灯的情况	实验时晶闸管条件		实验后灯的情况	结论
			阳极电压 U_A	门极电压 U_G		
导通实验	1					
	2					
	3					
	4					
	5					
	6					
关断实验	1					
	2					
	3					
	4					
	5					
	6					

实验结论：

1）晶闸管导通条件：阳极加正向电压、门极加适当正向电压。

2）关断条件：流过晶闸管的电流小于维持电流。

1.7　任务 2：单相半波可控整流电路的建模与仿真

1.7.1　任务目的

1）学会使用 MATLAB 环境下 Simulink 中的各种模块，以建立电力电子电路的仿真模型。

2）通过实验进一步熟悉晶闸管的特性。

3）通过实验进一步熟悉单相半波可控整流电路的电路结构及工作原理。

4）根据仿真电路模型的实验结果，观察电路的实际运行状态，熟悉各种故障所对应的现象，掌握电路故障分析与排除的方法。

1.7.2　MATLAB 介绍

1. MATLAB 软件及 Simulink/Sim Power Systems 模块组简介

MATLAB 由美国 Math Works 公司于 1984 年开始推出，是一种计算

1-9　MATLAB 及元件库介绍

软件,历经升级,到2000年已经有了6.0版,2004年升级到7.0版本,此后已升级到9.0以上版本。1993年MATLAB中出现了Simulink平台,这是基于框图的仿真平台,在Simulink平台上,拖拉和连接典型模块(像搭建实物实验电路一样)就可以建立电路的仿真模型,并对模型进行运行仿真以及分析。

随着Simulink平台的不断发展,其模块库中出现了运用于各领域的仿真模块组,从Simulink4.1版开始,Simulink平台模块库中有了电力系统(Sim Power Systems)模块组,运用Simulink模块库中的Simulink模块组以及Sim Power Systems模块组可完成电力电子电路、电机控制系统和电力系统的仿真。

MATLAB的启动界面如图1-35所示,单击MATLAB工具栏中仿真模块库 ■ 快捷按钮便可打开Simulink模块库窗口(在界面右侧的Command Window中输入Simulink命令后再按<回车>键也可以打开Simulink模块库窗口),如图1-36所示。在图1-36所示的界面左侧可以看到,整个Simulink模块库是由很多模块组构成的,在该模块库下包含有电力电子仿真所用到的Simulink模块组和Sim Power Systems模块组。

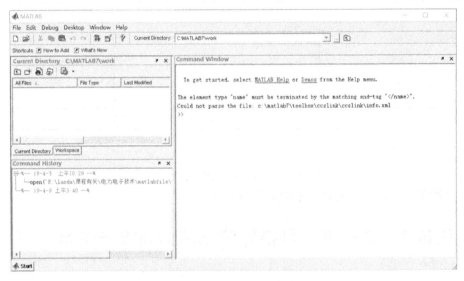

图1-35　MATLAB 7.0启动界面

2. 电力电子仿真实验中常用仿真元件

仿真实验时需要从各模块组中选择出电路模型以搭建所需的元件,然后在模型编辑窗口中将各元件按照需要进行连接从而搭建出所需电路的仿真模型。电力电子仿真实验所需要的元件主要从Simulink模块组以及Sim Power Systems模块组中提取,这些模块组也常常被称为元件库,而这两个模块组又分别包含多个子模块组或者称为子元件库。在进行电力电子仿真时可以在Simulink模块库中找到相应元件,将其拖拉至模型编辑窗口或者,将其复制后在模型编辑窗口粘贴,而后连接线路并设置各元件的参数即完成建模。下面以晶闸管为例,来说明Simulink模块库中元件的仿真模型及其参数设置。

晶闸管英文名称为Thyristor,在Simulink模块库中的提取路径为:Simulink\Sim Power System\Power Electronics\Thyristor。

晶闸管组件的符号和仿真模型如图1-37所示。晶闸管的仿真模型有三个端子,分别是阳

极（a）、阴极（k）与门极（g）。当在晶闸管的
参数设置对话框中勾选"Show measurement
port"选项时便会在模型外部显示第四个输出
端（m），这是晶闸管检测输出向量 $[I_{ak}\ U_{ak}]$
的端子，可连接仪表以检测流经晶闸管的电流
（I_{ak}）与晶闸管的正向压降（U_{ak}）。

图1-38 所示为晶闸管仿真模型在元件库中
的位置，建模时将其拖拽至模型窗口中，或复
制后粘贴在模型窗口中即可。

在模型结构图中，当双击模型时，则弹出
晶闸管参数设置对话框，如图1-39 所示。图中
各参数含义如下：

"Resistance R$_{on}$（Ohms）"：晶闸管导通电
阻 $R_{on}(\Omega)$。

"Inductance L$_{on}$（H）"：晶闸管元件内电感
$L_{on}(H)$。电感参数与电阻参数不能同时设为0。

"Forward voltage V$_f$（V）"：晶闸管元件的
正向管压降 $U_f(V)$。

"Initial current I$_c$（A）"：初始电流 $I_c(A)$。

"Snubber resistance R$_s$（ohms）"：缓冲电阻 $R_s(\Omega)$。

"Snubber capacitance C$_s$（F）"：缓冲电容 $C_s(F)$。可对 R_s 与
C_s 设置不同的数值以改变或者取消吸收电路。

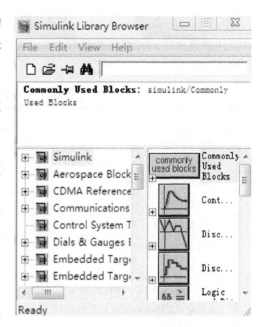

图1-36　Simulink 模块库

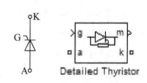

图1-37　晶闸管组件的
符号和仿真模型

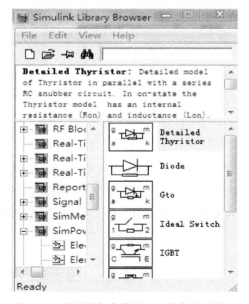

图1-38　晶闸管仿真模型在元件库中的位置

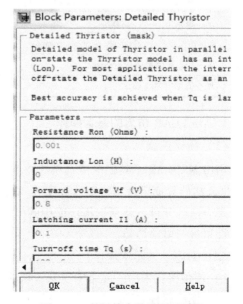

图1-39　晶闸管参数设置对话框

"Show measurement port"：是否显示检测端（m）选项。

常用仿真元件的提取路径见表1-8，也可以在 Simulink 模块库的搜索栏输入元件的英文名称来进行搜索。

表1-8　常用仿真元件提取路径

序号	元　　件	路　　径
1	晶闸管 Thyristor	Sim Power Systems/Power Electronics/Thyristor
2	二极管 Diode	Sim power systems/power Electronics/Diode
3	功率场效应晶体管 Mosfet	Sim power systems/power Electronics/Mosfet
4	绝缘栅双极型晶体管 IGBT	Sim power systems/power Electronics/IGBT
5	单相交流电源 AC Voltage Source	Sim Power Systems/Electrical Sources/AC Voltage Source
6	三相电源 Three-Phase Source	Sim power systems/Electronic sources/Three-Phase Source
7	直流电压源 DC Voltage Source	Sim power systems/Electrical Sources/DC Voltage Source
8	脉冲发生器 Pulse Generator	Simulink/Sources/Pulse Generator
9	单相负载并联模块 Parallel RLC Branch	Sim power systems/Elements/Parallel RLC Branch
10	单相负载串联模块 Series RLC Branch	Sim power systems/Elements/Series RLC Branch
11	电压表 Voltage Measurement	Sim Power Systems/Measurements/Voltage Measurement
12	电流表 Current Measurement	Sim Power Systems/Measurements/Current Measurement
13	示波器 Scope	Simulink/Sinks/Scope
14	信号选择器 Selector	Simulink/Signal Routing/Selector
15	信号合并器 Mux	Simulink/Signal Routing/Mux
16	信号分路器 Demux	Simulink/Signal Routing/Demux
17	三相电压-电流测量单元 Three-phase V-I measurement	Measurements/Three-phase V-I measurement
18	三相晶闸管整流桥 6-pulse thyristor 6 ridge	Extra library/three-phase library/6-pulse thyristor 6 ridge
19	通用整流桥 Unversal bridge	Sim power systems/Power electronics/Unversal bridge
20	6 脉冲发生器 synchronized 6-pulse generator	Extralibrary/control blocks/synchronized 6-pulse generator
21	触发角设定常数模块 constans	Simulink/sources/constans
22	增益值设定模块 Gain	Simulink/Commonly used Blocks/Gain

3. MATLAB 仿真的基本操作

（1）新建模型

单击 MATLAB 工具栏中仿真模块库 [图标] 快捷按钮进入 Simulink，再选择 File→New→Model，进入初始界面后就可以新建如图1-40所示的一个空白的模型编辑窗口，然后从模块库中选择合适的元件，将所选模块库中的模块拖入模块编辑窗口或将其复制后粘贴至模型编辑窗口即可进行电路搭建。

（2）对模块的基本操作

1）调整模块大小。先选中模块，模块四角出现小方块后单击一个角上的小方块，并按住鼠标，拖拽鼠标。

2）旋转模块。选中模块，选择菜单命令 Format→Rotate block，模块将按顺时针方向旋

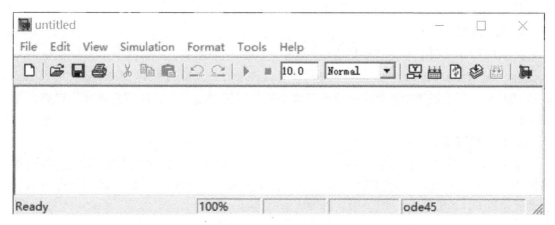

图 1-40　模型编辑窗口

转 90°；选择 Format→Flip block，模块将旋转 180°。或选中模块后使用快捷键 Ctrl + R（旋转 90°）、Ctrl + F（旋转 180°）。

3）模块的内部复制。按住 Ctrl 键，再单击模块。拖拽模块到合适的位置，放开鼠标键，则模块就完成了内部复制。

4）删除模块。删除模块有三种方法：选中模块，然后按 Delete 键；选中模块，选择 Edit→Clear 命令或者用鼠标右键选择模块；选择所出现的菜单中的 Cut 命令，可以将模块删去并保存到剪贴板中。

5）模块名的编辑。

① 修改模块名：单击模块下面或旁边的模块名，出现虚线编辑框就可对模块名进行修改。

② 模块名字体设置：选定模块，选择菜单中的 Format Font，打开字体对话框设置字体。

③ 模块名的显示和隐藏：选定模块，选择菜单中的 Format Hide/Show name，可以隐藏或显示模块名。

④ 模块名的翻转：选定模块，选择菜单中的 Format Flip name，可以翻转模块名。

（3）参数设置与仿真运行

在仿真模型中，双击仿真元件即可弹出元件的参数设置对话框，根据仿真需要进行元件各参数的设置。参数设置完成后还要进行仿真算法的设置，电力电子仿真一般选择 ode23tb 算法，相对误差（relative tolerance）设为"1e-3"，仿真时间（仿真结束时间 – 仿真开始时间）不宜设置过长，通常为 1s 左右。仿真参数设置好后，单击 ok 按钮使参数应用到模型中，这样就为仿真做好了准备。通过工具栏 Start Simulation 命令▶就可以开始仿真了，选择 Stop Simulation 命令■可终止仿真。

1.7.3　单相半波可控整流电路（电阻性负载）建模与仿真

1. 实验原理

复习本项目 1.3 节单相半波可控整流电路结构及工作原理及基本物理量的计算等内容，并区分单相半波可控整流电路中带纯电阻负载、带阻

1-10　MATLAB
仿真模型建立

感负载、带阻感负载反并联续流二极管三种负载情形下的工作波形。

2. 元件提取

在 MATLAB 界面下单击菜单栏 File→New→Model，即新建一个仿真模型，命名为 dian-lu1。单击 MATLAB 工具栏或新建模型界面的工具栏中的仿真模块库 ▦ 快捷按钮，进入 Sim-ulink 模块库，提取单相半波可控整流电路模型搭建所需要的元件，所需元件的提取路径见表 1-8。

3. 仿真模型建立

根据单相半波可控整流电路的电路结构，将所提取的元件进行适当连接，建立电路的仿真模型，如图 1-41 所示。本实验要求通过示波器测量观察电源电压 U_2、晶闸管电流 I_{VT}、晶闸管电压 U_{VT}、负载电压 U_d、触发脉冲 I_g 的波形。

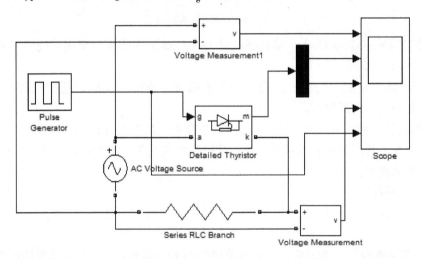

图 1-41　单相半波可控整流电路（电阻性负载）的 MATLAB 仿真模型

4. 模型参数设置

（1）交流电源

双击交流电源模型，弹出交流电源参数设置对话框，将交流电源峰值（Peak amplitude）设置为 220V，初始相位（Phase）设置为 0°，频率（Frequency）设置为 50Hz，采样时间（sample time）设置为 0，如图 1-42 所示。

1-11　MATLAB 仿真参数设置与仿真运行

（2）晶闸管

晶闸管的参数设置采用默认设置，如图 1-39 所示。

（3）同步脉冲信号发生器

如图 1-43 所示，同步脉冲信号的幅值（Amplitude）设置为 3，周期（Period）设置为 0.02s，脉冲宽度（Pulse Width）设置为占整个周期的 10%，脉冲延迟时间（Phase delay）根据触发角的大小进行设置，因一个周期的时间为 0.02s，每个电角度持续的时间为 0.02/360，所以当触发角大小为 α 时，脉冲延迟时间应为："$\alpha \times 0.02/360$"（可在参数设置对话框中直接输入算式）。

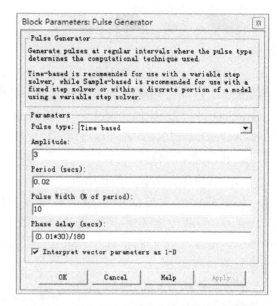

图 1-42　交流电源参数设置对话框　　　　图 1-43　同步脉冲信号发生器参数设置对话框

（4）负载

负载参数设置对话框如图 1-44 所示，三个参数栏从上到下依次为电阻、电感、电容。若电感值为零，则在第二栏输入"0"，若电容值为零，则在第三栏输入"inf"，仿真时可根据需要具体进行设置。

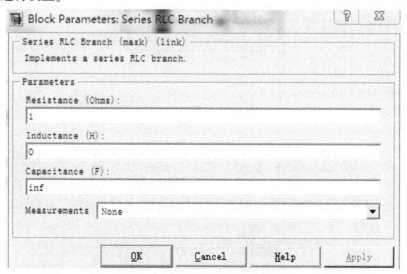

图 1-44　负载参数设置对话框

（5）示波器

示波器的参数设置对话框如图 1-45 所示。示波器的通道数（Number of axes）默认为 1，实验当中有 5 个需要显示的物理量，因此这里设置为 5，其他参数采用默认设置。示波器 5 个通道信号从上到下依次是：电源电压 U_2、晶闸管电流 I_{VT}、晶闸管电压 U_{VT}、负载电压 U_d、触发脉冲 U_g 波形。

（6）变步长仿真参数

如图 1-46 所示，电源频率为 50Hz，则一个周期为 0.02s，因此将仿真起始时间（start time）设置为 0，仿真结束时间（stop time）设置为 0.08，这样可观察四个周期的波形，算法（solver option）选择为"ode15s"，相对误差（relative tolerance）设置为"1e-3"。

5. 仿真结果与分析

（1）带电阻性负载的仿真结果

将负载设置为电阻性负载，即 $R = 1\Omega$，$L = 0\text{H}$，$C =$"inf"，得到不同触发角下的波形：触发延迟角 $\alpha = 30°$ 时的仿真结果如图 1-47 所示。

触发延迟角 $\alpha = 60°$ 时的仿真结果如图 1-48 所示。

触发延迟角 $\alpha = 90°$ 时的仿真结果如图 1-49 所示。

触发延迟角 $\alpha = 120°$ 时的仿真结果如图 1-50 所示。

（2）带阻感性负载、带阻感性负载接续流二极管的仿真结果

将负载设置为电感性负载，即 $R = 1\Omega$，$L = 0.005\text{H}$，$C =$"inf"，得到不同触发延迟角下的波形：

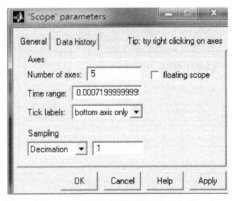

图 1-45 示波器参数设置对话框

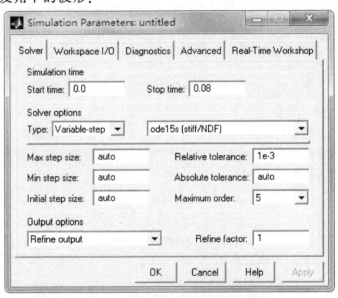

图 1-46 变步长仿真参数设置对话框

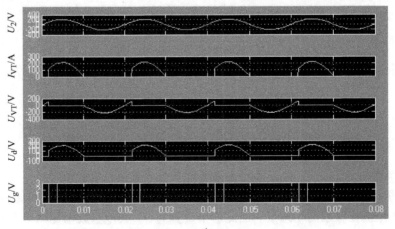

图 1-47 $\alpha = 30°$ 单相半波可控整流电路仿真结果（电阻性负载）

42

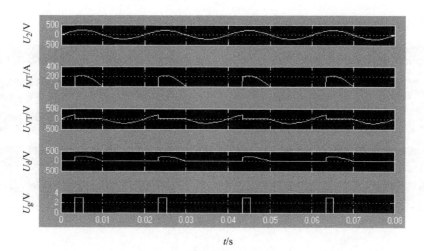

图1-48　α=60°单相半波可控整流电路仿真结果（电阻性负载）

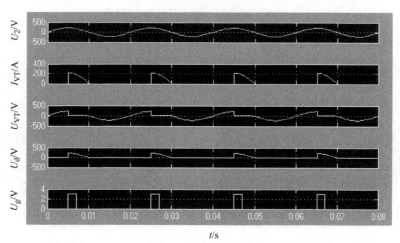

图1-49　α=90°单相半波可控整流电路仿真结果（电阻性负载）

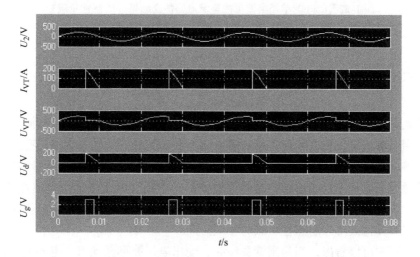

图1-50　α=120°单相半波可控整流电路仿真结果（电阻性负载）

触发延迟角 $\alpha = 30°$ 时的仿真结果如图 1-51 所示。

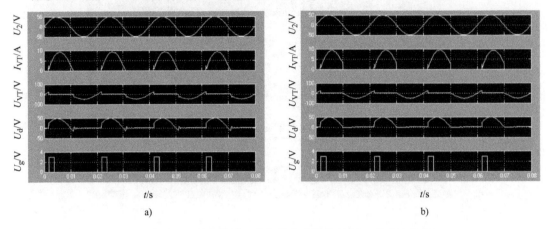

图 1-51　$\alpha = 30°$ 单相半波可控整流电路仿真结果（阻感性负载）

a）不带续流二极管　b）反并联续流二极管

触发延迟角 $\alpha = 60°$ 时的仿真结果如图 1-52 所示。

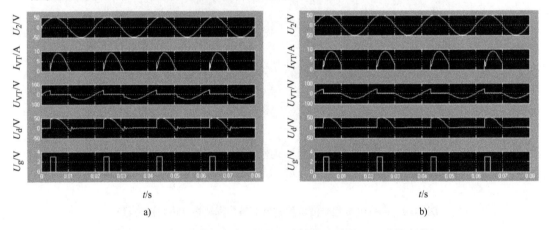

图 1-52　$\alpha = 60°$ 单相半波可控整流电路仿真结果（阻感性负载）

a）不带续流二极管　b）反并联续流二极管

触发延迟角 $\alpha = 90°$ 时的仿真结果如图 1-53 所示。

触发延迟角 $\alpha = 120°$ 时的仿真结果如图 1-54 所示。

6. 小结

单相半波可控整流电路接电阻性负载时电压与电流成正比，两者波形相同，电阻对电流没有阻碍作用，输出电压没有负值，且负载电流、晶闸管和变压器二次电流有效值相等。单相半波可控整流电路带阻感性负载时，电压与电流波形不再一样，电压波形出现负的部分，每次晶闸管导通电流从零开始增长，当晶闸管关断时电流又降至零，与电阻性负载时相比，电流波形中大小的变化是平滑的，当在负载两端反并联续流二极管后输出电压波形当中负的部分不再出现，其他波形与阻感性负载时相同。

从仿真波形中可以看出，当晶闸管关断时，输出电压波形呈现出一定的波动，这是由于电路中的电感及电容共同作用产生的震荡，当负载中的电感大小不同时，震荡的程度会有所

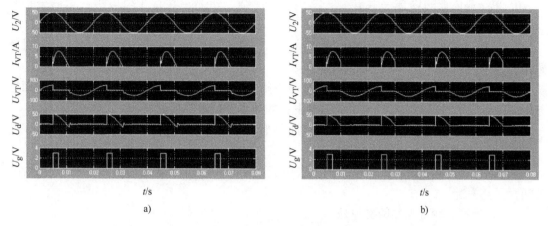

图 1-53　α = 90°单相半波可控整流电路仿真结果（阻感性负载）

a) 不带续流二极管　b) 反并联续流二极管

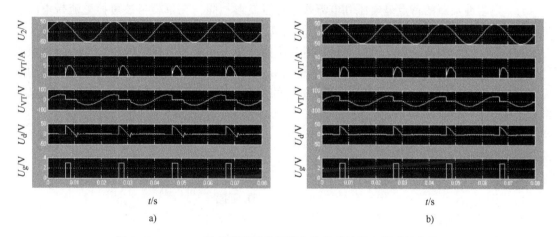

图 1-54　α = 120°单相半波可控整流电路仿真结果（阻感性负载）

a) 不带续流二极管　b) 反并联续流二极管

不同，可以自行修改负载参数，比较输出波形的变化。

1.8　练习题与思考题

一、填空题

1. 普通晶闸管内部有_____个 PN 结，外部有三个电极，分别是_____极、_____极和_____极。

2. 晶闸管在其阳极与阴极之间加上_____电压的同时，门极上加上_____电压，晶闸管就导通。

3. 晶闸管的工作状态有正向_____状态，正向_____状态和反向_____状态。

4. 某半导体器件的型号为 KP50 - 7 的，其中 KP 表示该器件的名称为_____，50 表示_____，7 表示_____。

5. 只有当阳极电流小于_____电流时，晶闸管才会由导通转为截止。

6. 单结晶体管的内部一共有_____个 PN 结，外部一共有 3 个电极，它们分别是_____极、_____极和_____极。

7. 当单结晶体管的发射极电压高于_____电压时就导通；低于_____电压时就截止。

8. 触发电路送出的触发脉冲信号必须与晶闸管阳极电压_____，保证在晶闸管阳极电压每个正半周内以相同的_____被触发，才能得到稳定的直流电压。

9. 从晶闸管开始承受正向电压起到晶闸管导通之间的电角度称为_____角，用_____表示。

10. 晶闸管在触发开通过程中，当阳极电流小于_____电流之前，如去掉触发脉冲，晶闸管又会关断。

11. 晶闸管对触发脉冲的要求是_____、_____和_____。

12. 锯齿波触发电路的主要环节是由_____、_____、_____、_____、_____等环节组成。

13. 电阻性负载的特点是电压和电流成正比且波形相同，在单相半波可控整流带电阻性负载电路中，晶闸管触发延迟角 α 的最大移相范围是_____。

14. 阻感性负载的特点是流过电感的电流不能突变，在单相半波可控整流带阻感性负载并联续流二极管的电路中，晶闸管触发延迟角 α 的最大移相范围是_____，其承受的最大正反向电压均为_____，续流二极管承受的最大反向电压为_____（设 U_2 为相电压有效值）。

二、选择题

1. 晶闸管内部有（　　）PN 结。

A. 一个　　　　　　　　　　　　　B. 二个

C. 三个　　　　　　　　　　　　　D. 四个

2. 普通晶闸管的额定电流是用电流的（　　）来表示的。

A. 有效值　　　　　　　　　　　　B. 最大值

C. 平均值　　　　　　　　　　　　D. 瞬时值

3. 如某晶闸管的正向断态重复峰值电压为 745V，反向重复峰值电压为 825V，则该晶闸管的额定电压应为（　　）。

A. 700V　　　　　　　　　　　　　B. 750V

C. 800V　　　　　　　　　　　　　D. 850V

4. 下列哪一种方法不能关断晶闸管？（　　）

A. 给阳极施加反向电压

B. 去掉注入门极的触发电流

C. 使流过晶闸管的阳极电流降低到接近于零

D. 去掉阳极所加的正向电压

5. 晶闸管稳定导通的条件是（　　）。

A. 晶闸管阳极电流大于晶闸管的擎住电流

B. 晶闸管阳极电流小于晶闸管的擎住电流

C. 晶闸管阳极电流大于晶闸管的维持电流

D. 晶闸管阳极电流小于晶闸管的维持电流

6. 当晶闸管承受反向阳极电压时，不论门极加何种极性触发电压，晶闸管都将工作在（　　）。

A. 导通状态 　　　　　　　　　　　B. 关断状态

C. 饱和状态 　　　　　　　　　　　D. 不定

7. 晶闸管的伏安特性是指（　　）。

A. 阳极电压与门极电流的关系 　　　B. 门极电压与门极电流的关系

C. 阳极电压与阳极电流的关系 　　　D. 门极电压与阳极电流的关系

8. 已经导通的晶闸管的可被关断的条件是流过晶闸管的电流（　　）。

A. 减小至维持电流以下 　　　　　　B. 减小至擎住电流以下

C. 减小至门极触发电流以下 　　　　D. 减小至 5A 以下

9. 晶闸管通态平均电流 $I_{T(AV)}$ 与其对应有效值 I 的比值为（　　）。

A. 1.57 　　　　　　　　　　　　　B. 1/1.57

C. 1.75 　　　　　　　　　　　　　D. 1/1.17

10. 在型号 KP10 - 12G 中，数字 10 表示（　　）。

A. 额定电压 10V 　　　　　　　　　B. 额定电流 10A

C. 额定电压 1000V 　　　　　　　　D. 额定电流 100A

11. 取正向断态重复峰值电压和反向断态重复峰值电压中较小的一个，并作为标准电压等级后，定为该晶闸管的（　　）。

A. 转折电压 　　　　　　　　　　　B. 反向击穿电压

C. 阈值电压 　　　　　　　　　　　D. 额定电压

12. 单相半波可控整流电路是一种（　　）。

A. AC - DC 变换器 　　　　　　　　B. DC - AC 变换器

C. AC - AC 变换器 　　　　　　　　D. DC - DC 变换器

13. 单相半波可控整流带电阻性负载电路中，触发延迟角 α 的最大移相范围是（　　）。

A. 90° 　　　　　　　　　　　　　　B. 120°

C. 150° 　　　　　　　　　　　　　D. 180°

14. 在单相半波可控整流电路中，晶闸管承受的最大正反向电压为（　　）。

A. $\frac{1}{2}\sqrt{2}U_2$ 　　　　　　　　　　B. $\sqrt{2}U_2$

C. $2\sqrt{2}U_2$ 　　　　　　　　　　D. $\sqrt{6}U_2$

15. 在每个周期中晶闸管从开始承受正向电压其到晶闸管导通所经过的电角度称为晶闸管的（　　）。

A. 导通角 　　　　　　　　　　　　B. 移相范围

C. 触发延迟角 　　　　　　　　　　D. 移相

16. 单结晶体管触发电路中并联在稳压二极管左侧的是一个（　　）。

A. 单相桥式可控整流电路 　　　　　B. 单相桥式不可控整流电路

C. 单相半波可控整流电路 　　　　　D. 单相半波不可控整流电路

17. 在调光灯电路中，控制电路中单结晶体管触发电路所产生的触发脉冲必须与主电路电源电压保持相同的频率，且在每个周期的同一相位出现，也就是触发电路必须和主电路保持（　　）。

    A. 同步

    B. 谐振

    C. 振荡

    D. 一致

18. 单相半波可控整流电路带大电感负载并反并联续流二极管，设触发延迟角为 α，则续流二极管的导通角为（　　）。

    A. $2\pi + \alpha$

    B. $2\pi - \alpha$

    C. $\pi + \alpha$

    D. $\pi - \alpha$

19. 在整流电路的负载两端并联一个二极管，称为（　　）。

    A. 稳压二极管

    B. 电力二极管

    C. 整流二极管

    D. 续流二极管

20. 单相半波可控整流电路带阻感性负载时，在负载两端并联续流二极管的作用是（　　）。

    A. 使 α 的移相范围加大

    B. 使 U_d 不再出现负的部分

    C. 保护晶闸管不被击穿

    D. 减小晶闸管承受的最大反向电压

三、问答题

1. 晶闸管导通条件是什么？怎么样使晶闸管由导通变为关断？

2. 晶闸管导通后，门极改加适当大小的反向电压，会发生什么情况？

3. 门极断路时，晶闸管承受正向阳极电压，它会导通吗？若真的导通，是什么情况？

4. 有些晶闸管触发导通后，触发脉冲结束时又关断是什么原因？

5. 晶闸管在使用时突然损坏，有哪些可能的原因？

6. 简述如何用万用表鉴别晶闸管的好坏。

7. 简述如何用万用表判断晶闸管的极性。

8. 什么是整流？它是利用半导体二极管和晶闸管的哪些特性来实现的？

9. 单结晶体管自激振荡电路的振荡频率是由什么决定的？为了获得较高的频率，应调整哪些参数？

10. 说明型号 KP100 - 8E 代表的含义。

四、计算与作图题

1. 型号为 KP100 - 3、维持电流 $I_\mathrm{H} = 3\mathrm{mA}$ 的晶闸管，使用图 1-55 所示的三个电路是否合理？为什么（不考虑电压、电流裕量）？

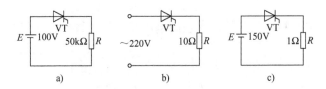

图 1-55　计算与作图题第 1 题图

2. 单相正弦交流电源，交流电源电压有效值为 220V。晶闸管和负载电阻串联连接。试计算晶闸管实际承受的最大正反向电压。若考虑晶闸管的安全裕量，其额定电压应如何选取？

3. 某电阻负载要求 0~24V 直流电压，最大负载电流 $I_d = 30A$，如果用 220V 交流直接供电与用变压器降到 60V 供电，都采用单相半波可控整流电路，是否都能满足要求，试比较两种供电方案中晶闸管触发脉冲的移相范围。

4. 某一电热装置（电阻性负载），要求直流平均电压为 75V，平均电流为 20A，采用单相半波可控整流电路直接从 220V 交流电网供电。计算晶闸管的触发延迟 α、导通角 θ、负载电流有效值，并选择晶闸管。

5. 画出单相半波可控整流电路中当 $\alpha = 60°$ 时，以下三种情况的 u_d、i_T 及 u_T 的波形。

1）电阻性负载。

2）大电感负载不接续流二极管。

3）大电感负载接续流二极管。

6. 由图 1-56 所示的单结晶体管的触发电路图画出各点波形。

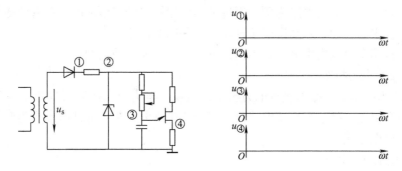

图 1-56　计算与作图题第 6 题图

项目 2　认识交 – 直型电力机车传动调速系统

2.1　知识点引入

2-1　项目导入

【项目描述】

1. 常见电力机车简介

本项目以电力机车的主电路为例，通过了解单相桥式可控整流电路和有源逆变电路在实际电力传动系统中的应用，来掌握这两种变流电路的工作原理。

根据电力机车牵引电机供电方式不同，电力机车分为三种类型：

（1）直-直型电力机车

直-直型电力机车通常称为直流电力机车，是现代电力机车应用最简单的一种。它使用的是直流电源和直流串励牵引电动机。目前部分工矿电力机车、地铁电动车组和城市无轨电车仍采用这种供电方式。

（2）交-直型电力机车

交-直型电力机车也叫整流器电力机车，其能量传递是将接触网供给的单相工频交流电，先经机车内部的变压器降压，再经整流装置将交流电转换为脉动直流电，又经平波电抗器平波后，便可以向直流（脉流）牵引电动机供电，从而产生牵引力牵引列车运行。

（3）交-直-交型电力机车

交-直-交型电力机车属于交流传动电力机车。由变流器供电，机车和动车组采用同步或异步电动机做牵引动力。现有的交-直-交型机车和动车组有电压型、电流型两种基本结构。

我国较早生产的韶山系列电力机车（见图 2-1），普遍采用交-直整流器作为牵引调速系统，属于交-直型电力机车，而目前的动车系列主要为交-交型电力机车。本项目通过分析早期的交-直型电力机车传动调速系统，以系统掌握整流电路以及有源逆变电路等相关知识，从而能

图 2-1　SS9 型电力机车外形

够分析交-直型电力机车传动调速系统的基本原理。在此基础上，通过后续学习进一步理解各类电力机车的传动调速系统工作原理。

2. 交 – 直型电力机车牵引传动调速系统电路结构及工作原理

交-直型电力机车的牵引传动调速系统的构成如图 2-2 所示，主要由电源、牵引传动调速系统和牵引电机组成。图 2-3 所示为电力机车牵引传动调速系统的变流装置。

电力机车牵引传动调速系统简化后的主电路结构如图2-4所示，由交流电源（变压器）、正反两组晶闸管（Ⅰ组、Ⅱ组）和负载所构成。正组和反组的四个晶闸管分别构成一个单相桥式全控整流电路。满足一定条件时，该电路将工作在有源逆变状态，成为一个单相桥式有源逆变电路。当正组晶闸管工作在整流状态且反组晶闸管处于关断状态时，电机正转；当反组晶闸管工作在整流状态且正组晶闸管处于关断状态时，电机反转。通过控制正反两组整流电路中，晶闸管触发延迟角的大小可以控制电机正反转的转速。当电机在正转时，需要进行回馈制动，使反组晶闸管工作在有源逆变状态；当负载电机在反转时，需要进行回馈制动，使正组晶闸管工作在有源逆变状态。

整流电路满足一定条件可以工作在有源逆变状态，有源逆变电路在结构上仍然是原来的整流电路。通常把既有可能工作在整流状态，又有可能工作在有源逆变状态的整流电路称作变流电路。

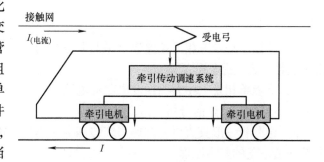

图2-2　电力机车的牵引传动调速系统的构成

图2-3　电力机车牵引传动调速系统的变流装置

【相关知识点】

由电力机车牵引传动调速系统原理可知，掌握单相桥式可控整流电路及单相桥式有源逆变电路的相关知识是分析和应用该系统的关键，因此需要在本项目中学习以下知识点：

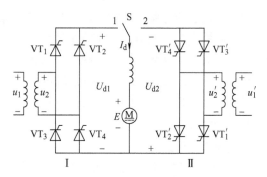

图2-4　电力机车牵引传动调速系统的主电路

- 知识点1：单相桥式可控整流电路。
- 知识点2：单相桥式有源逆变电路。
- 扩展知识点1：三相可控整流及有源逆变电路。
- 扩展知识点2：同步触发电路。
- 扩展知识点3：变压器漏感对整流电路的影响。

【学习目标】

1）掌握单相及三相可控整流电路的电路结构、工作原理及相关参数的计算方法，能够根据波形进行电路的分析调试。

2）掌握单相及三相有源逆变电路的电路结构及工作原理，会分析各个参数的波形，能够根据波形进行电路的分析调试。

3）会分析一般直流可逆调速系统的基本原理，并能够举一反三，分析各类整流电路和有源逆变电路的基本原理。

2.2 知识点1：单相桥式可控整流电路

图2-4所示为电力机车的牵引传动调速系统主电路，此电路由两组反并联的单相桥式全控整流电路加交流电源及负载（直流电动机）构成。在日常生产与生活中经常需要用到电压可调的直流电源，除电机调速还有同步电机励磁、电焊、电镀等。用晶闸管组成的桥式整流电路，可以方便地把交流电变换成大小可调的直流电，具有体积小、重量轻、效率高及控制灵敏等优点，并且已获得广泛应用。

整流电路通常可分为全控型、半控型和不可控型，当整流电路中的电力电子器件全部采用可控型的电力电子器件时，为全控型整流电路；若部分采用可控型器件，部分采用不可控的二极管，则为半控型整流电路；若全部使用二极管则为不可控型整流电路。单相桥式整流电路通常也分为单相桥式全控整流电路和单相桥式半控整流电路。首先学习这两种单相桥式整流电路的一般理论，进而理解本项目中电力机车牵引电路的供电原理。

2.2.1 单相桥式全控整流电路

单相桥式整流电路与单相半波可控整流电路相比有以下优点：单相桥式整流电路输出的直流电压、电流脉冲程度比单相半波整流电路输出的直流电压、电流小，且变压器二次绕组中流过两个方向的电流，可以避免单相半波整流中变压器存在的直流磁化的问题。当电路所接负载性质不同时，具有不同的工作特性，下面分别进行介绍。

2-2 单相桥式
全控整流电路带
电阻性负载

1. 电阻性负载

（1）电路结构

单相桥式全控整流电路结构如图2-5a所示，由电源（变压器 T）、四个晶闸管（$VT_1 \sim VT_4$）、负载（R_d）和连接导线构成，其中四个晶闸管构成两个桥臂，变压器二次绕组分别连接到两个桥臂中间（即 a 点和 b 点）。VT_1 和 VT_2 的阴极连接到一起并与负载的一端相连接，VT_3 和 VT_4 的阳极连接到一起并与负载的另一端相连，通常把 VT_1 和 VT_2 这样阴极连接在一起的晶闸管称为共阴极组，把 VT_3 和 VT_4 这样阳极连接在一起的晶闸管称为共阳极组。

四个晶闸管的极性一致且均为阴极朝上、阳极朝下，根据晶闸管的单相导电性，负载的电压和电流极性将始终是为正的。

（2）工作原理

一般利用波形图来分析变流电路的工作原理，当单相桥式全控整流电路输出端接电阻性

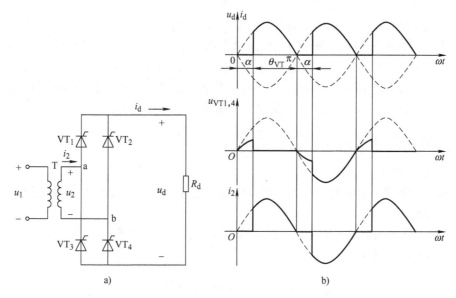

图 2-5 单相桥式全控整流电路电阻性负载

a) 电路图 b) 波形图

负载 R_d 时，得到输出电压 u_d 和输出电流 i_d 波形、晶闸管 VT_1、VT_4 两端电压 $u_{T1,4}$ 波形及流过变压器二次绕组电流 i_2 波形，图 2-5b 所示。

设触发延迟角大小为 α，晶闸管 VT_1 和 VT_4 为一组桥臂，VT_2 和 VT_3 组成另一组桥臂。在交流电源的正半周区间，即当 a 端电压为正，b 端电压为负，VT_1 和 VT_4 会承受正向阳极电压，在对应触发延迟角 α 的时刻，给 VT_1 和 VT_4 同时施加脉冲，则 VT_1 和 VT_4 导通。此时，电流 i_d 从电源 a 端经 VT_1、负载 R_d 及 VT_4 回电源 b 端；负载上得到的输出电压 u_d 为电源电压 u_2（忽略 VT_1 和 VT_4 的导通电压降），方向为上正下负；VT_2 和 VT_3，则因为 VT_1 和 VT_4 的导通而承受反向的电源电压 u_2 而保持关断。

由于负载是电阻性负载，所以输出电流 i_d 跟随电压的变化而变化，i_d 波形形状与 u_d 一致。当电源电压 u_2 过零时，电流 i_d 也降低为零，即两只晶闸管的阳极电流降为零，VT_1 和 VT_4 随着电流低于维持电流而关断。

在交流电源负半周区间，即 a 端为负，b 端为正，晶闸管 VT_2 和 VT_3 会承受正向阳极电压，在对应触发延迟角 α 的时刻，给 VT_2 和 VT_3 同时加脉冲，则 VT_2 和 VT_3 被触发导通。电流 i_d 从电源 b 端经 VT_2、负载 R_d 及 VT_3 回电源 a 端，负载上得到电压 u_d 为调换了极性的电源电压 u_2，大小等于 u_2 但方向为上正下负，u_d 波形与电源正半周时的 u_d 波形一致。此时，VT_1 和 VT_4，则因为 VT_2 和 VT_3 的导通而承受反向的电源电压 u_2，处于截止状态。直到电源电压负半周结束，电源电压 u_2 过零时，电流 i_d 也过零，使得 VT_2 和 VT_3 关断。下一周期重复上述过程。

晶闸管 VT_1、VT_4 承受的电压 u_{T1}、u_{T4} 相同，VT_2、VT_3 承受的电压 u_{T2}、u_{T3} 相同，根据电路的对称性，VT_2、VT_3 承受电压与 VT_1、VT_4 承受的电压对称，因此这里以 VT_1、VT_4 两端电压 $u_{T1,4}$ 为例来分析晶闸管电压波形。当晶闸管导通时，晶闸管两端电压为其管压降近似为零，忽略管压降的情况下以零处理，当 VT_1、VT_4 关断时，且 VT_2、VT_3 尚未触发导通时，VT_1、VT_4 串接于 a 点 b 点之间，承受电压为 u_2，因此 VT_1 两端电压为 $1/2u_2$，同理 VT_4 两端电压也为 $1/2u_2$，当 VT_2、VT_3 触发导通后，VT_1 阴极与 b 点为等电位点，VT_1 两端电压大小为 a 点 b 点间电压即 u_2，同理 VT_4 两端电压也为 u_2，$u_{T1,4}$ 电压波形如图 2-5b 所示。

从图中可看出，负载上的直流电压输出波形比单相半波时多了一倍，当晶闸管的触发延迟角可在 0°～180°的范围内调节时，输出电压在最大值到最小值之间连续可调，也就是触发脉冲的移相范围为 0°～180°，晶闸管的导通角 θ_{VT} 为 $\pi-\alpha$。晶闸管承受的最大反向电压为 $\sqrt{2}U_2$，而其承受的最大正向电压为 $\frac{\sqrt{2}}{2}U_2$。

(3) 基本物理量

根据输出波形进行计算可以得出单相全控桥式整流电路带电阻性负载时相关物理量的计算公式，具体如下：

1) 输出电压平均值的计算公式。根据输出电压的波形，对输出电压的瞬时值进行积分并除以积分区间长度得

$$U_d = \frac{1}{\pi}\int_{\alpha}^{\pi}\sqrt{2}U_2\sin\omega t\,d(\omega t) = 0.9U_2\frac{1+\cos\alpha}{2} \tag{2-1}$$

根据公式 2-1，在 $\alpha=0$°时，输出电压 $U_{d0}=0.9U_2$，达到最大；在 $\alpha=180$°时，输出电压 U_d 达到最小，等于零，也可以得出 α 的移相范围是 0°～180°。

2) 负载电流平均值的计算公式：

$$I_d = \frac{U_d}{R_d} = 0.9\frac{U_2}{R_d}\frac{1+\cos\alpha}{2} \tag{2-2}$$

3) 输出电压的有效值的计算公式：

$$U = \sqrt{\frac{1}{\pi}\int_{\alpha}^{\pi}(\sqrt{2}U_2\sin\omega t)^2 d(\omega t)} = U_2\sqrt{\frac{1}{2\pi}\sin2\alpha + \frac{\pi-\alpha}{\pi}} \tag{2-3}$$

4) 负载电流有效值的计算公式：

$$I = \frac{U_2}{R_d}\sqrt{\frac{1}{2\pi}\sin2\alpha + \frac{\pi-\alpha}{\pi}} \tag{2-4}$$

5) 流过每只晶闸管的电流的平均值的计算公式：

$$I_{dT} = \frac{1}{2}I_d = 0.45\frac{U_2}{R_d}\frac{1+\cos\alpha}{2} \tag{2-5}$$

6) 流过每只晶闸管的电流的有效值的计算公式：

$$I_T = \sqrt{\frac{1}{2\pi}\int_{\alpha}^{\pi}\left(\frac{\sqrt{2}U_2}{R_d}\sin\omega t\right)^2 d(\omega t)} = \frac{U_2}{R_d}\sqrt{\frac{1}{4\pi}\sin2\alpha + \frac{\pi-\alpha}{2\pi}} = \frac{1}{\sqrt{2}}I \tag{2-6}$$

7) 晶闸管可能承受的最大正反向电压为

$$U_{TM} = \sqrt{2}U_2 \tag{2-7}$$

2. 阻感性负载

将图 2-5a 电路结构中的负载改为一个电阻与一个电感串联，则可成为单相桥式全控整流电路带阻感性负载的情况，如图 2-6a 所示。假设电路电感很大，输出电流连续，电路处于稳态。

在电源电压 u_2 正半周时，对应 α 的时刻给 VT_1 和 VT_4 同时加触发脉冲，

2-3 单相桥式全控整流电路带阻感性负载

则 VT_1 和 VT_4 会导通，输出电压为 $u_d = u_2$。至电源电压过零变负时，由于电感产生的感应电动势会使 VT_1 和 VT_4 继续导通，而输出电压仍为 $u_d = u_2$，所以出现了负电压的输出。此时，晶闸管 VT_2 和 VT_3 虽然已承受正向电压，但还没有触发脉冲，所以不会导通。直到在负半周对应 α 的时刻，给 VT_2 和 VT_3 同时加触发脉冲，则因 VT_2 的阳极电压比 VT_1 高，VT_3 的阴极电位比 VT_4 的低，故 VT_2 和 VT_3 被触发导通，分别替换了 VT_1 和 VT_4，而 VT_1 和 VT_4 将由于 VT_2 和 VT_3 的导通而承受反压关断，负载电流也改为经过 VT_2 和 VT_3，这一过程通常被称为换流。

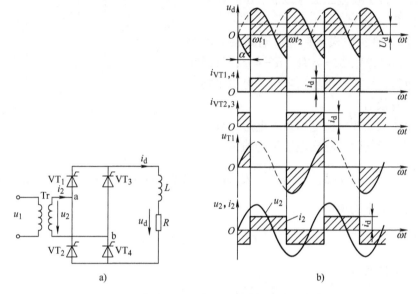

图 2-6　单相桥式全控整流电路带阻感性负载
a）电路图　b）波形图

由图 2-6b 所示为电路相关物理量的波形，由图中输出负载电压 u_d、负载电流 i_d 的波形可看出，与电阻性负载相比，u_d 的波形出现了为负值的部分，i_d 的波形则是连续的近似一条直线。这是由于电感中的电流不能突变，电感起到了平波的作用，电感越大则电流越平稳。还可以看出两组晶闸管轮流导通，每只晶闸管的导通时间较电阻性负载时延长，导通角 $\theta_T = \pi$，与 α 无关。

电路参数的计算如下。

1）输出电压平均值的计算公式：

$$U_d = 0.9U_2\cos\alpha \tag{2-8}$$

在 $\alpha = 0°$ 时，输出电压 U_d 最大，$U_{d0} = 0.9U_2$；在 $\alpha = 90°$ 时，输出电压 U_d 最小，等于零。因此 α 的移相范围是 $0° \sim 90°$。

2）负载电流平均值及有效值的计算公式：

由于输出电流 i_d 的波形近似一条直线，则其平均值和有效值相等，为

$$I_d = I \tag{2-9}$$

3）流过晶闸管的电流的平均值和有效值的计算公式：

$$I_{dT} = \frac{1}{2}I_d \tag{2-10}$$

$$I_T = \frac{1}{\sqrt{2}}I_d \qquad (2\text{-}11)$$

4）晶闸管可能承受的最大正反向电压：

$$U_{TM} = \sqrt{2}\,U_2 \qquad (2\text{-}12)$$

为了扩大移相范围，去掉输出电压的负值，提高 U_d 的值，也可以在负载两端并联续流二极管，如图2-7所示。接了续流二极管以后，α 的移相范围可以扩大到 $0° \sim 180°$。

【例2-1】 单相桥式全控整流电路接大电感负载，已知 $U_2 = 100\text{V}$，$R = 10\Omega$，$\alpha = 45°$，负载端不接续流二极管，计算整流输出电压、电流平均值及晶闸管电流有效值。

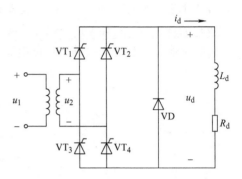

图2-7 并联续流二极管的单相全控桥

解： 单相桥式全控整流电路接大电感负载，负载端不接续流二极管时，输出电压平均值为

$$U_d = \frac{2}{2\pi}\int_{\alpha}^{\pi+\alpha}\sqrt{2}\,U_2\sin\omega t\,\mathrm{d}(\omega t) = \frac{2\sqrt{2}}{\pi}U_2\cos\alpha \approx 0.9U_2\cos\alpha = 0.9\times100\times0.707\text{V}\approx63.6\text{V}$$

输出直流电流平均值为

$$I_d = \frac{U_d}{R} \approx 6.36\text{A}$$

晶闸管电流的有效值为

$$I_{V1} = \sqrt{\frac{1}{2\pi}\int_{\alpha}^{\pi+\alpha}I_d^2\,\mathrm{d}(\omega t)} = \frac{1}{\sqrt{2}}I_d \approx 4.5\text{A}$$

3. 反电动势负载

实际电路中的负载可能不仅仅含有电阻和电感，也有可能是一个直流电动势。当负载为蓄电池、直流电动机的电枢（忽略其中的电感）等时，负载可看成一个直流电压源，对于整流电路，它们就是反电动势负载。反电动势负载还出现在电磁线圈中，如继电器线圈、电磁阀、接触器线圈等。通常情况下，只要存在电能与磁能转化的电气设备中，

2-4 单相桥式全控整流电路带反电动势负载

在断电的瞬间，均会有反电动势，反电动势有许多危害，如果控制不好，可能会损坏电气元件。

带反电动势负载的整流电路结构及其工作波形如图2-8所示，下面介绍整流电路中负载为反电动势负载时的工作情况。

（1）电阻性反电动势负载

当负载相当于一个反电动势与一定大小的电阻相串联时，电路结构及输出电压和电流的波形如图2-8所示。

当忽略主电路各部分的电感时，只有在 u_2 瞬时值的绝对值大于反电动势即 $|u_2| > E$ 时，才能使晶闸管承受正电压，有导通的可能，晶闸管导通之后 $u_d = u_2$，

$$i_d = \frac{u_d - E}{R} \qquad (2\text{-}13)$$

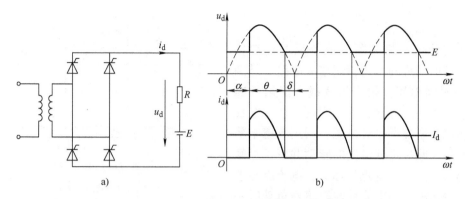

图 2-8　电阻性反电动势负载可控整流电路及其输出波形

a) 电路结构　b) $\alpha = 60°$时的波形

直至 $|u_2| = E$，i_d降至0使得晶闸管关断，此后 $u_d = E$。与电阻负载时相比，晶闸管停止导电的电角度提前为 δ，δ 称为停止导电角。

$$\delta = \sin^{-1} \frac{E}{\sqrt{2} U_2} \qquad (2\text{-}14)$$

i_d波形在一周期内有部分时间为0的情况，称为电流断续。与此对应，若 i_d 波形不出现为0的点的情况，称为电流连续。当 $\alpha < \delta$ 时，触发脉冲到来时，晶闸管承受负电压，不可能导通。为了使晶闸管可靠导通，要求触发脉冲有足够的宽度，保证当 $\omega t = \delta$ 时刻有晶闸管开始承受正电压时，触发脉冲仍然存在。这样，相当于触发延迟角被推迟为 δ。

（2）阻感性反电动势负载

当主电路各部分电感无法忽略时，为了减小输出电流的脉动程度，一般在主电路中直流输出侧串联一个平波电感，用来减少电流的脉动和延长晶闸管导通的时间，电路结构如图 2-9a 所示，输出波形在电感电流不连续时如图 2-9b 所示，电感电流连续时如图 2-10 所示。

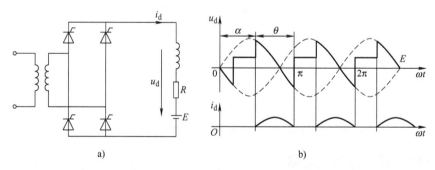

图 2-9　阻感性反电动势（电流不连续）负载整流电路及其输出波形

a) 电路结构　b) 输出波形

电感电流连续时，整流输出电压 u_d 的波形和输出电流 i_d 的波形与阻感负载电流连续时相同，u_d 的计算公式一样，为保证电流连续所需的电感量 L 可由下式求出（单相桥式整流电路）。

$$L = \frac{2\sqrt{2}U_2}{\pi\omega I_{dmin}} = 2.87 \times 10^{-3}\frac{U_2}{I_{dmin}} \quad (2\text{-}15)$$

对于直流电动机和蓄电池等反电动势负载,由于反电动势的作用,使整流电路中晶闸管导通的时间缩短,相应的负载电流出现断续,脉动程度高。为解决这一问题,往往在反电动势负载侧串接一平波电感,利用电感平稳电流的作用来减少负载电流的脉动并延长晶闸管的导通时间。只要电感足够大,电流就会连续,直流输出电压和电流就与阻感性负载时一样。其他形式的整流电路,带反电动势负载时,工作原理与此类似;当电流连续时($\omega l \gg R$),与同一电路的阻感性负载情况下的输出电压波形相同。

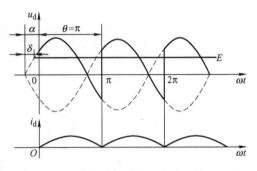

图 2-10 阻感性反电动势(电流连续)负载
整流电路输出波形

【例 2-2】 单相桥式全控整流电路,$U_2 = 100V$,负载中 $R = 2\Omega$,L 值极大,反电势 $E = 60V$,当 $\alpha = 30°$ 时,要求:

① 求整流输出平均电压 U_d、电流 I_d,变压器二次电流有效值 I_2。

② 考虑安全裕量,确定晶闸管的额定电压和额定电流。

解:

① 整流输出平均电压 U_d、电流 I_d,变压器二次电流有效值 I_2 分别为

$$U_d = 0.9U_2\cos\alpha = 0.9 \times 100 \times \cos30°A \approx 77.94A$$

$$I_d = (U_d - E)/R = (77.94 - 60)/2A \approx 9A$$

$$I_2 = I_d = 9A$$

② 晶闸管承受的最大反向电压为

$$\sqrt{2}U_2 = 100\sqrt{2}V \approx 141.4V$$

流过每个晶闸管的电流的有效值为

$$I_{VT} = I_d/\sqrt{2} \approx 6.36A$$

故晶闸管的额定电压为

$$U_{TN} = (2 \sim 3) \times 141.4V \approx 283 \sim 424V$$

晶闸管的额定电流为

$$I_{TN} = (1.5 \sim 2) \times 6.36/1.57A \approx 6 \sim 8A$$

晶闸管额定电压和电流的具体数值可按晶闸管产品系列参数选取。

2.2.2 单相桥式半控整流电路

在单相桥式全控整流电路中,由于每次都要同时触发两只晶闸管,因此线路较为复杂。为了简化电路,实际上可以采用一只晶闸管来控制导电回路,然后用一只整流二极管来代替另一只晶闸管。所以把图 2-5 中的 VT$_3$ 和 VT$_4$ 换成二极管 VD$_3$ 和 VD$_4$,就形成了单相桥式半控整流电路,下面介绍单相桥式半控整流电路带不同负载时的工作情况。

2-5 单相桥式半
控整流电路带
电阻性负载

1. 电阻性负载

单相桥式半控整流电路带电阻性负载时的电路如图 2-11 所示。工作情况同单相桥式全控整流电路相似，两只晶闸管仍是共阴极连接，即使同时触发两只晶闸管，也只能是阳极电位高的晶闸管导通。而两只二极管是共阳极接法，总是阴极电位低的二极管导通，因此，在电源 u_2 正半周一定是 VD_4 正偏，在 u_2 负半周一定是 VD_3 正偏。所以，在电源正半周时，触发晶闸管 VT_1 导通，二极管 VD_4 正偏导通，电流由电源 a 端经 VT_1、负载 R_d 及 VD_4 流回电源 b 端。若忽略 VT_1、VD_4 两管的正向导通压降，则负载上得到的直流输出电压就是电源电压 u_2，即 $u_d = u_2$。在电源负半周时，触发 VT_2 导通，电流由电源 b 端经 VT_2、负载 R_d 及 VD_3 流回电源 a 端，输出仍是 $u_d = u_2$，只不过在负载上的方向仍然为上正下负。在负载上得到的输出波形（如图 2-11b 所示）与全控桥带电阻性负载时是一样的。

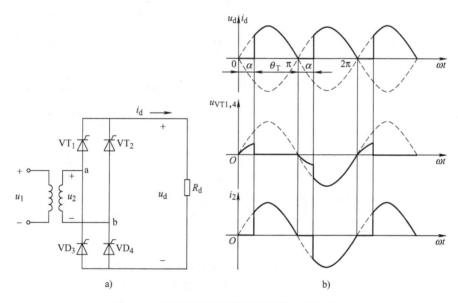

图 2-11 单相桥式半控整流电路带电阻性负载
a）电路结构图 b）工作波形图

由图 2-11 与图 2-5 对比可见，带电阻性负载时，单相桥式半控整流电路与单相桥式全控整流电路的 U_d、i_d、i_2 等物理量的波形完全相同，计算公式也相同，这里不再重复说明。

2. 阻感性负载

单相桥式半控整流电路带阻感性负载时的电路如图 2-12a 所示。在交流电源的正半周区间内，二极管 VD_4 处于正偏状态，在对应触发延迟角 α 的时刻给晶闸管加脉冲，则电源由 a 端经 VT_1 和 VD_4 向负载供电，

2-6 单相桥式半控整流电路带阻感负载

负载上得到的电压 $u_d = u_2$，方向为上正下负。至电源 u_2 过零变负时，由于电感自感电动势的作用，会使晶闸管继续导通，但此时二极管 VD_2 的阴极电位比 VD_4 的要低，所以电流由 VD_4 换流到了 VD_2。此时，负载电流经 VT_1、R_d 和 VD_2 续流，而没有经过交流电源，因此，负载上得到的电压为 VT_1 和 VD_2 的正向压降，接近为零，这就是单相桥式半控整流电路的自然续流现象。在 u_2 负半周相同 α 处，触发晶闸管

VT_3，由于 VT_3 的阳极电位高于 VT_1 的阳极电位，所以，VT_1 换流给了 VT_3，电源经 VT_3 和 VD_2 向负载供电，直流输出电压也为电源电压，方向上正下负。同样，当 u_2 由负变正时，又改为 VT_3 和 VD_4 续流，输出又为零，单相桥式半控整流电路带电感性负载时的工作波形如图 2-12b 所示。

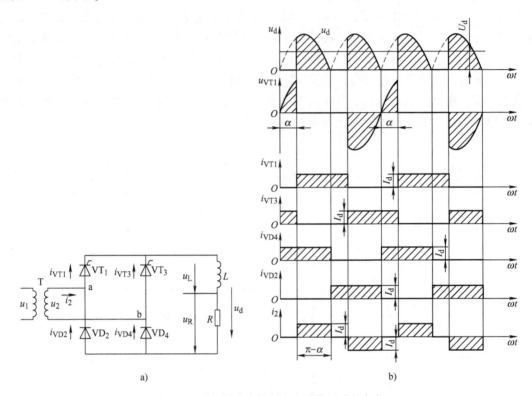

图 2-12　单相桥式半控整流电路带阻感性负载

a）电路结构图　b）工作波形图

这个电路输出电压的波形与带电阻性负载时一样。但直流输出电流的波形由于电感的平波作用而变为一条直线。因此可知单相桥式半控整流电路带大电感负载时的工作特点是：晶闸管在触发时刻换流，二极管则在电源过零时刻换流；电路本身就具有自然续流作用，负载电流可以在电路内部换流，所以，即使没有续流二极管，输出也没有负电压，与全控桥式整流电路时不一样。

虽然此电路看似不用像全控桥式整流电路一样接续流二极管也能工作，但实际上若突然关断触发电路或突然把触发延迟角 α 增大到180°时，电路会发生失控现象。失控后，即使去掉触发电路，电路也会出现正在导通的晶闸管一直导通，而两只二极管轮流导通的情况，使 u_d 仍会有输出，但波形是单相半波不可控的整流波形，这就是所谓的失控现象。

为解决失控现象，单相桥式半控整流电路带电感性负载时，仍需在负载两端并接续流二极管 VD_R，如图 2-13a 所示。这样，当电源电压过零变负时，负载电流经续流二极管续流，使直流输出接近于零，迫使原导通的晶闸管关断，就可以避免失控现象的发生。加了续流二极管后的工作波形如图 2-13b 所示。

加了续流二极管后，单相桥式全控整流电路带阻感性负载电路的参数计算如下：

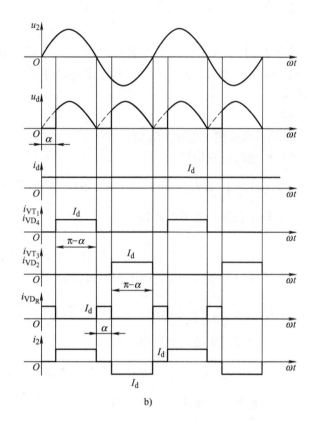

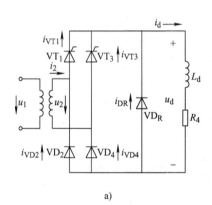

图 2-13　单相桥式半控整流电路带阻感性负载加续流二极管

a) 电路结构图　b) 工作波形图

1）输出电压平均值的计算公式：

$$U_{\mathrm{d}} = 0.9 U_2 \frac{1 + \cos\alpha}{2} \tag{2-16}$$

α 的移相范围是 $0° \sim 180°$。

2）负载电流平均值的计算公式：

$$I_{\mathrm{d}} = \frac{U_{\mathrm{d}}}{R_{\mathrm{d}}} = 0.9 \frac{U_2}{R_{\mathrm{d}}} \frac{1 + \cos\alpha}{2} \tag{2-17}$$

3）流过一只晶闸管和整流二极管的电流的平均值和有效值的计算公式：

$$I_{\mathrm{dT}} = I_{\mathrm{dD}} = \frac{\pi - \alpha}{2\pi} I_{\mathrm{d}} \tag{2-18}$$

$$I_{\mathrm{T}} = I_{\mathrm{D}} = \sqrt{\frac{\pi - \alpha}{2\pi}} I_{\mathrm{d}} \tag{2-19}$$

4）流过续流二极管的电流的平均值和有效值分别为

$$I_{\mathrm{dDR}} = \frac{2\alpha}{2\pi} I_{\mathrm{d}} = \frac{\alpha}{\pi} I_{\mathrm{d}} \tag{2-20}$$

$$I_{\mathrm{DR}} = \sqrt{\frac{\alpha}{\pi}} I_{\mathrm{d}} \tag{2-21}$$

5）晶闸管可能承受的最大正反向电压为

$$U_{\text{TM}} = \sqrt{2}\,U_2 \qquad\qquad (2\text{-}22)$$

【例 2-3】 单相桥式半控整流电路接大电感负载，负载端接续流二极管 VD_R，已知 $U_2 = 100\text{V}$，$R = 10\Omega$，$\alpha = 45°$，计算输出整流电压、电流平均值及晶闸管、续流二极管电流有效值。

解：

负载端接续流二极管 VD_R 时，

1）输出电压平均值

$$U_\text{d} = \frac{2}{2\pi}\int_\alpha^\pi \sqrt{2}\,U_2\sin\omega t\,\text{d}(\omega t) \approx 0.9U_2\frac{1+\cos\alpha}{2} \approx 0.9\times100\times0.854\text{V} \approx 76.9\text{V}$$

2）输出直流电流平均值为

$$I_\text{d} = \frac{U_\text{d}}{R} \approx 7.69$$

3）晶闸管与整流二极管电流的有效值为

$$I_\text{T} = I_\text{D} = \sqrt{\frac{1}{2\pi}\int_\alpha^\pi I_\text{d}^2\,\text{d}(\omega t)} = \sqrt{\frac{\pi-\alpha}{2\pi}}I_\text{d} = \sqrt{\frac{135°}{360°}}\times7.69\text{A} \approx 4.71\text{A}$$

4）续流二极管电流的有效值为

$$I_\text{DR} = \sqrt{\frac{2}{2\pi}\int_0^\alpha I_\text{d}^2\,\text{d}(\omega t)} = \sqrt{\frac{\alpha}{\pi}}I_\text{d} = \sqrt{\frac{45°}{180°}}\times7.69\text{A} \approx 3.85\text{A}$$

5）变压器二次电流的有效值为

$$I_2 = \sqrt{\frac{1}{2\pi}\int_\alpha^\pi[I_\text{d}^2+(-I_\text{d})^2]\,\text{d}(\omega t)} = \sqrt{\frac{\pi-\alpha}{\pi}}I_\text{d} = \sqrt{2}\,I_\text{VT1} = \sqrt{2}\times4.71\text{A} = 6.66\text{A}$$

2.3 知识点 2：单相桥式有源逆变电路

前面两部分讨论的是把交流电能通过晶闸管变换为直流电能并供给直流负载的可控整流电路。在生产实际中，也会出现需要将直流电能变换为交流电能的情况。本项目中的交-直型电力机车传动调速系统中的正组整流电路及反组整流电路满足一定条件均可实现有源逆变，从而实现由负载（由于机械能的作用使直流发电机运行）向交流电源回馈电能以进行制动。当机车下坡运行时，机车上的直流电机也可以将多余的动能转化为电能从而作为发电机运行，此时也需要将直流电能变换为交流电能回送至电网，以实现电机制动。

相对于整流而言，逆变是它的逆过程。下面的有关分析将会说明，整流装置在满足一定条件下可以作为逆变装置应用。即同一个电路，既可以工作在整流状态，也可以工作在逆变状态，这样的电路统称为变流电路。

逆变分为有源逆变和无源逆变两种。变流装置如果工作在逆变状态，其交流侧接在交流电网上，电网成为负载，运行中将直流电能变换为交流电能并回送到电网中去，这样的逆变称为"有源逆变"。如果逆变状态下的变流装置，其交流侧接至交流负载，在运行中将直流电能变换为某一频率或可调频率的交流电能供给负载，这样的逆变则称为"无源逆变"。无源逆变的有关知识我们将在项目 3 当中进行学习。

2.3.1　两电源间的能量传递

两个直流电源间的功率传递如图 2-14 所示。

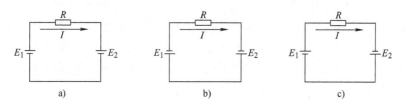

图 2-14　两个直流电源间的功率传递
a) 两电源极性逆向串联（$E_1 > E_2$）　　b) 两电源反极性逆向串联（$E_1 < E_2$）
c) 两电源极性顺向串联

图 2-14a 为两个电源极性逆向串联，且 $E_1 > E_2$，则电流 I 从 E_1 正极流出，流入 E_2 正极，为顺时针方向，其大小为

$$I = \frac{E_1 - E_2}{R} \tag{2-23}$$

在这种连接情况下，电源 E_1 输出功率，即 $P_1 = E_1 I$，电源 E_2 则吸收功率，即 $P_2 = E_2 I$，电阻 R 上消耗的功率为 $P_R = P_1 - P_2$，P_R 为两电源功率之差。

图 2-14b 也是两电源极性逆向串联，且 $E_2 > E_1$，电流仍为顺时针方向，但是从 E_2 正极流出，流入 E_1 正极，其大小为

$$I = \frac{E_2 - E_1}{R} \tag{2-24}$$

在这种连接情况下，电源 E_2 输出功率，而 E_1 吸收功率，电阻 R 仍然消耗两电源功率之差，即这 $P_R = P_2 - P_1$。

图 2-14c 为两极性顺向串联。此时电流仍为顺时针方向，大小为

$$I = \frac{E_1 + E_2}{R} \tag{2-25}$$

此时电源 E_1 与 E_2 均输出功率，电阻上消耗的功率为两电源功率之和：$P_R = P_1 + P_2$。若回路电阻很小，则 I 很大，这种情况相当于两个电源间短路。

通过上述分析，可知道：

1) 无论电源是顺串还是逆串，只要电流从电源正极端流出，则该电源就输出功率。反之，若电流从电源正极端流入，则该电源就吸收功率。

2) 两个电源逆向串联连接时，回路电流从电动势高的电源正极流向电动势低的电源正极。如果回路电阻很小，即使两电源电动势之差不大，也可产生足够大的回路电流，使两电源间交换很大的功率。

3) 两个电源顺向串联时，相当于两电源电动势相加后再通过 R 短路，若回路电阻 R 很小，则回路电流会非常大，这种情况在实际应用中应当避免。

2.3.2　单相桥式有源逆变电路的工作原理

在图 2-14 所示回路中，若用晶闸管变流装置的输出电压代替 E_1，用直流电机的反电动

势代替 E_2，就成了晶闸管变流装置与直流电动机负载之间进行能量交换的问题，如图 2-15 所示。

图 2-15a 所示图中有两组单相桥式变流装置，均可通过开关 S 与直流电动机负载相连。将开关拨向位置 1，且让 Ⅰ 组晶闸管的触发延迟角 α_{I} <90°，则电路处在整流状态，输出电压 U_{dI} 上正下负，波形如图 2-15b 所示。此时，电动机作电动运行，电动机的反电动势 E 上正下负，并且通过调整 α 使 $U_{\mathrm{dI}}>E$，则交流电压通过 Ⅰ 组晶闸管输出功率，电动机吸收功率。负载中电流 I_{d} 值为

$$I_{\mathrm{d}}=\frac{U_{\mathrm{dI}}-E}{R} \tag{2-26}$$

将开关 S 快速拨向位置 2，由于机械惯性，电动机转速不变，则电动机的反电动势 E 不变，且极性仍为上正下负。此时，若仍按触发延迟角 α_{II} <90°触发 Ⅱ 组晶闸管，则输出电压 U_{dII} 为上正下负，与 E 形成两电源顺串连接。相当于短路事故，因此不允许出现。

若当开关 S 拨向位置 2 时，又同时触发脉冲控制角使其调整到 α_{II} >90°，则 Ⅱ 组晶闸管输出电压 U_{dII} 将为上负下正，波形如图 2-15c 所示。假设由于惯性原因电动机转速不变，反电动势不变，并且调整 α 使 $U_{\mathrm{dII}}<E$，则晶闸管在 E 与 u_2 的作用下导通，负载中电流为

$$I_{\mathrm{d}}=\frac{E-U_{\mathrm{dII}}}{R} \tag{2-27}$$

这种情况下，电动机输出功率，运行于发电制动状态，Ⅱ 组晶闸管吸收功率并将功率送回交流电网。这种情况就是有源逆变。

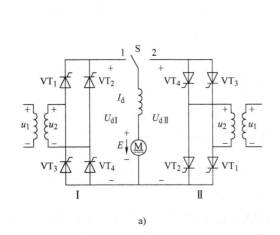

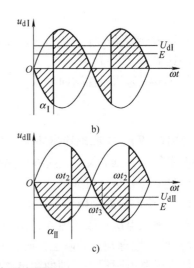

图 2-15 单相桥式变流电路整流与逆变原理

a）电路结构图　b）整流状态下的输出电压波形图　c）逆变状态下的输出电压波形图

由以上分析及输出电压波形可以看出，逆变时的输出电压与整流时相同，计算公式为

$$U_{\mathrm{d}}=0.9U_2\cos\alpha \tag{2-28}$$

因为此时触发延迟角 α 大于90°，使得计算出来的结果小于零，为了计算方便，令 $\beta=180°-\alpha$，称 β 为逆变角，则

$$U_{\mathrm{d}} = 0.9U_2\cos\alpha = 0.9U_2\cos(180° - \beta) = -0.9U_2\cos\beta \qquad (2\text{-}29)$$

综上所述，实现有源逆变必须满足下列条件：

1）变流装置的直流侧必须外接电压极性与晶闸管导通方向一致的直流电源，且其值稍大于变流装置直流侧的平均电压。

2）变流装置必须工作在 $\beta < 90°$（即 $\alpha > 90°$）区间，使其输出直流电压极性与整流状态时的相反，才能将直流功率逆变为交流功率再送至交流电网。

上述两条必须同时具备才能实现有源逆变。为了保持逆变电流连续，逆变电路中要串接大电感。

需要指出的是，半控桥或接有续流二极管的电路，因它们不可能输出负电压，也不允许直流侧接上直流输出反极性的直流电动势，所以此电路不能实现有源逆变。

2.3.3 逆变失败与最小逆变角的限制

2-8 逆变失败与最小逆变角的限制

1. 逆变失败的原因

晶闸管变流装置工作于逆变状态时，如果出现电压 U_{d} 与直流电动势 E 顺向串联，则直流电动势 E 通过晶闸管电路形成短路，由于逆变电路总电阻很小，必然形成很大的短路电流，造成事故，这种情况称为逆变失败，或称为逆变颠覆。

现以单相全控桥式逆变电路为例说明。在图 2-16 所示电路中，原本是 VT_2 和 VT_3 导通，输出电压 u_2'；在换相时，应由 VT_2、VT_3 换流为 VT_1 和 VT_4 导通，输出电压为 u_2。但由于逆变角 β 太小，小于换相重叠角 γ（在换向时两组晶闸管同时导通所对应的电角度），因此在换相时，两组晶闸管会同时导通。而在换相重叠完成后，已过了自然换相点，使得 u_2' 为正，而 u_2 为负，VT_1 和 VT_4 因承受反压不能导通，VT_2 和 VT_3 则承受正压继续导通，输出 u_2'。这样就出现了逆变失败。

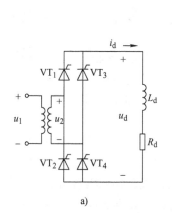
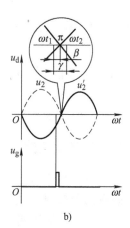

a)   b)

图 2-16 有源逆变换流失败

a）电路结构 b）输出电压 u_{d} 波形

造成逆变失败的原因主要有以下几种情况：

（1）触发电路故障

如触发脉冲丢失、脉冲延时等原因，不能适时、准确地向晶闸管分配脉冲的情况，均会导致晶闸管不能正常换相。

（2）晶闸管故障

如晶闸管失去正常导通或阻断能力，该导通时不能导通，该阻断时不能阻断，均会导致逆变失败。

（3）逆变状态时交流电源突然缺相或消失

由于此时变流器的交流侧失去了与直流电动势 E 极性相反的电压，致使直流电动势经过晶闸管形成短路。

（4）逆变角 β 取值过小

因为电路存在大感性负载，会使欲导通的晶闸管不能瞬间导通，欲关断的晶闸管也不能瞬间完全关断，因此就存在换相时两组晶闸管同时导通的情况，这种在换相时两组晶闸管同时导通所对应的电角度称为的换相重叠角。逆变角可能小于换相重叠角，即 $\beta < \gamma$，则到了 $\beta = 0°$ 时换流还未结束，此后使得该关断的晶闸管又承受正向电压而导通，尚未导通的晶闸管则在短暂的导通之后又受反压而关断，这相当于触发脉冲丢失，造成逆变失败。

2. 逆变失败的限制

为了防止逆变失败，应当合理选择晶闸管的参数，对其触发电路的可靠性、元器件的质量以及过电流保护性能等都有比整流电路更高的要求。逆变角的最小值也应严格限制，不可过小。

逆变时允许的最小逆变角 β_{min} 应考虑几个因素：不得小于换向重叠角 γ，考虑晶闸管本身关断时所对应的角度，考虑一个安全裕量等，这样最小逆变角 β_{min} 的取值一般为

$$\beta_{min} = 30° \sim 35° \tag{2-30}$$

为防止 β 小于 β_{min}，有时要在触发电路中设置保护电路，使减小 β 时，不能进入 $\beta < \beta_{min}$ 的区域。此外还可在电路中加上安全脉冲产生装置，安全脉冲位置就设在 β_{min} 处，一旦工作脉冲移入 β_{min} 处，安全脉冲保证在 β_{min} 处触发晶闸管。

2.4 扩展知识点1：三相可控整流及有源逆变电路

在很多工业领域的应用中，如电解、电镀、中频感应加热等，往往使用三相交流电源，这就需要运用三相可控整流及有源逆变电路，其根据电路结构形式的不同，分为三相半波整流及有源逆变和三相桥式整流及有源逆变，下面分别加以介绍。

2.4.1 三相半波可控整流电路

三相半波整流电路将三相交流电整流成直流电，存在直流磁化问题。三相半波可控整流电路有两种接线方式，分别为共阴极、共阳极接法。由于共阴极接法触发脉冲有共用线，使用调试方便，所以三相半波共阴极接法常被采用，下面介绍共阴极接法的三相半波可控整流电路。

2-9 三相半波可控整流电路带电阻性负载

1. 三相半波可控整流电路（电阻性负载）

（1）电路结构

三相半波可控整流电路的电路结构如图 2-17a 所示。为得到零线，变压器二次绕组为星

形。为给三次谐波提供通路，变压器一次绕组接成三角形。三个晶闸管的阴极连在一起，为共阴极接法。

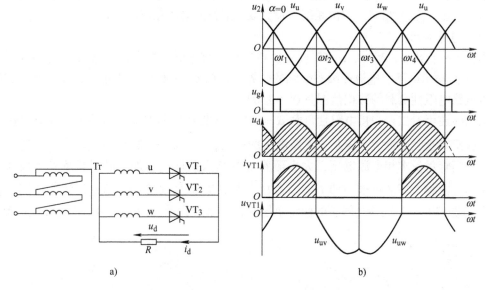

图 2-17 三相半波可控整流电路结构及波形分析
a）电路结构 b）波形分析

（2）工作原理

在图 2-17a 中将三个晶闸管 VT_1、VT_2、VT_3 换成三个二极管 VD_1、VD_2、VD_3，则成为一个三相桥式不可控整流电路，则在 ωt_1 时刻由于 u 相电压达到最高使 VD_1 自然导通，VD_1 导通后 VD_2、VD_3 承受反压而关断，同样的道理在 ωt_2 时刻 VD_2 自然导通并使 VD_1 承受反压而关断，电流从 u 相换流至 v 相，在 ωt_3 时刻 VD_3 导通 VD_2 关断，电流从 v 相换流至 w 相，下一周期重复上述过程，将 ωt_1、ωt_2、ωt_3 这样相邻两相的交点定义为自然换相点，该定义同样适用于三相桥式可控整流电路，并且将自然换相点作为各相触发脉冲的起始时刻，也就是 $\alpha = 0°$ 的时刻。下面以 $\alpha = 0°$ 为例分析三相半波可控整流电路的工作过程。

1）在 $\omega t_1 \sim \omega t_2$ 区间

有 $u_u > u_v$、$u_u > u_w$，u 相电压最高，VT_1 承受正压。在 ωt_1 时刻触发 VT_1 使其导通，导通角 $\theta = 120°$，输出电压 $u_d = u_u$。其他两个晶闸管承受反压而不导通。VT_1 的电流 i_{VT1} 与变压器二次侧 u 相电流波形相同，大小相等。

2）在 $\omega t_2 \sim \omega t_3$ 区间

有 $u_v > u_u$，v 相电压最高，VT_2 承受正压。在 ωt_2 时刻触发 VT_2 使其导通，$u_d = u_v$。VT_1 两端电压 $u_{VT1} = u_u - u_v = u_{uv} < 0$，晶闸管 VT_1 承受反压而关断。

在 ωt_2 时刻发生的由一相晶闸管导通转换为另一相晶闸管导通的过程称为换流。

3）在 $\omega t_3 \sim \omega t_4$ 区间

有 $u_w > u_v$，w 相电压最高，VT_3 承受正压。在 ωt_3 时刻触发 VT_3 使其导通，$u_d = u_w$。VT_2 两端电压 $u_{VT2} = u_v - u_w = u_{vw} < 0$，晶闸管 VT_2 承受反压关断。在 VT_3 导通期间 VT_1 两端电压 $u_{VT1} = u_u - u_w = u_{uw} < 0$。这样在一个周期内，$VT_1$ 只导通 $120°$，在其余 $240°$ 时间承受反压而

处于关断状态。

总结以上工作过程可以得出：任一时刻，只有承受最高压的晶闸管才能导通，输出电压 u_d 是相电压波形的一部分，每周期脉动三次，是三相电源相电压正半波完整的包络线，输出电流 i_d 与电压 u_d 波形相同、相位相同。增大 α，则整流电压相应减小。

（3）电路波形

同样可分析出 $\alpha=30°$ 及 $\alpha=60°$ 的输出电压和电流波形，如图 2-18 所示。从图中可以看出 $\alpha=30°$ 是输出电压、电流连续和断续的临界点。当 $\alpha=150°$ 时输出电压为零，所以三相半波整流电路电阻性负载的移相范围是 $0°\sim150°$。

从图中还可看出：当接电阻性负载 $\alpha=0°$ 时，VT_1 在关断时即 VT_2 或 VT_3 导通时仅承受反压，晶闸管承受的最大反压是二次线电压的峰值，即 $U_{RM}=\sqrt{2}\times\sqrt{3}U_2=\sqrt{6}U_2$；当 α 不为零时，晶闸管承受本相电源电压，大小随着 α 的增大而逐渐增加，晶闸管承受的最大正压是变压器二次相电压的峰值，即 $U_{FM}=\sqrt{2}U_2$。另外两个晶闸管承受的电压波形相同，仅相位依次相差 $120°$。在选择晶闸管的额定电压时，应考虑到承受最大反向电压的峰值情况。

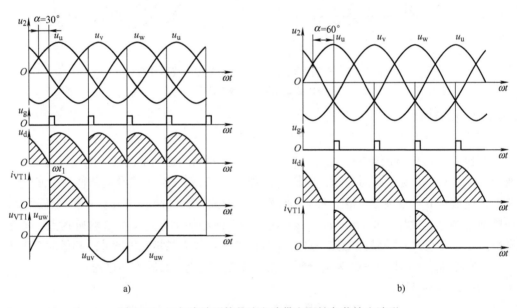

图 2-18　三相半波可控整流电路带电阻性负载输出波形
a）$\alpha=30°$　b）$\alpha=60°$

（4）数量关系

1）输出电压平均值 U_d。$\alpha=30°$ 是 u_d 波形连续和断续的分界点。计算输出电压平均值 U_d 时应分两种情况进行。

$\alpha\leqslant30°$ 时：

$$U_d=\frac{1}{2\pi/3}U_d=\frac{1}{2\pi/3}\int_{\frac{\pi}{6}+\alpha}^{\frac{5\pi}{6}+\alpha}\sqrt{2}U_2\sin\omega t\mathrm{d}(\omega t)=1.17U_2\cos\alpha \qquad (2\text{-}31)$$

$\alpha>30°$ 时：

$$U_d=\frac{1}{2\pi/3}U_d=\frac{1}{2\pi/3}\int_{\frac{\pi}{6}+\alpha}^{\pi}\sqrt{2}U_2\sin\omega t\mathrm{d}(\omega t)=0.675U_2[1+\cos(\pi/6+\alpha)] \qquad (2\text{-}32)$$

2）输出电流平均值 I_d：

$$I_d = \frac{U_d}{R} \tag{2-33}$$

3）晶闸管电流平均值 I_{dT}：

$$I_{dT} = \frac{1}{3}I \tag{2-34}$$

4）晶闸管电流有效值 I_{VT}：

$\alpha \leq 30°$ 时：

$$I_{VT} = \sqrt{\frac{1}{2\pi}\int_{\frac{\pi}{6}+\alpha}^{\frac{5\pi}{6}+\alpha}\left(\frac{\sqrt{2}U_2\sin\omega t}{R_d}\right)^2 \mathrm{d}(\omega t)} = \frac{U_2}{R}\sqrt{\frac{1}{2\pi}\left(\frac{2\pi}{3}+\frac{\sqrt{3}}{2}\cos 2\alpha\right)} \tag{2-35}$$

$\alpha > 30°$ 时：

$$I_{VT} = \sqrt{\frac{1}{2\pi}\int_{\frac{\pi}{6}+\alpha}^{\pi}\left(\frac{\sqrt{2}U_2\sin\omega t}{R_d}\right)^2 \mathrm{d}(\omega t)} = \frac{U_2}{R}\sqrt{\frac{1}{2\pi}\left(\frac{5\pi}{6}-\alpha+\frac{\sqrt{3}}{4}\cos 2\alpha+\frac{1}{4}\sin 2\alpha\right)} \tag{2-36}$$

（5）电路（电阻性负载）特点

1）$\alpha = 0°$ 时，整流输出电压最大；α 增大时，输出电压波形的面积减小，即整流电压减小；当 $\alpha = 150°$ 时，整流电压为零。电阻性负载触发延迟角 α 的移相范围为 $0° \sim 150°$。

2）当 $\alpha \leq 30°$ 时，负载电流连续，每个晶闸管在一个周期中持续导通 $120°$；当 $\alpha > 30°$ 时，负载电流断续，晶闸管的导通角为 $\theta = 150° - \alpha$。

3）流过晶闸管的电流等于变压器的二次电流。

4）晶闸管承受的最大电压（反向）是变压器二次电压的峰值 $\sqrt{2}U_2$。晶闸管承受的最大反压是二次线电压的峰值，$U_{RM} = \sqrt{2} \times \sqrt{3}U_2 = \sqrt{6}U_2$。

5）输出整流电压 u_d 的脉动频率为 3 倍的电源频率。

2. 三相半波可控整流电路（阻感性负载）

（1）电路结构

三相半波可控整流电路带阻感性负载的电路结构如图 2-19a 所示。

（2）工作原理

2-10 三相半波可控整流电路带阻感性负载

如图 2-19b 所示为三相半波可控整流电路带阻感性负载时的工作波形，从上而下依次为电源电压（虚线）及输出电压 u_d 波形、分别流过三个晶闸管的电流波形、负载电流波形 i_d 与晶闸管 VT_1 两端电压 u_{VT1} 波形。

当 $\alpha \leq 30°$ 时，相邻两相的换流是在原导通相的交流电压过零变负之前，工作情况与电阻性负载相同。由于负载电感的储能作用，电流 i_d 波形近似平直，晶闸管中分别流过幅值 I_d、宽度 $120°$ 的矩形波电流，导通角 $\theta = 120°$。

当 $\alpha > 30°$ 时，假设 $\alpha = 60°$，VT_1 已经导通，在 u 相交流电压过零变负后，由于未到 VT_2 的触发时刻，VT_2 未导通，在负载电感作用下 VT_1 继续导通，输出电压 $u_d < 0$，直到 VT_2 被触发导通，VT_1 承受反压而关断，输出电压 $u_d = u_v$，然后重复 u 相的过程。

当 $\alpha = 90°$ 时输出电压波形当中正的部分面积和负的部分面积达到相等，输出电压为零，因此，三相半波整流电路阻感性负载（电流连续）的移相范围是 $0° \sim 90°$。

在 α 为 0°~90°范围内，由于三个晶闸管每个晶闸管能够导通到下一个晶闸管的触发脉冲到来的时刻，因此晶闸管的导通角始终是 120°。

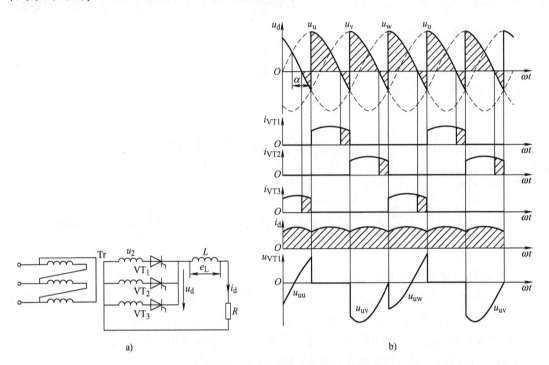

图 2-19 三相半波可控整流电路（阻感性负载）及波形（α=60°）

a）电路结构 b）输出波形

（3）数量关系

1）输出电压平均值

由于 U_d 波形连续，所以计算输出电压 U_d 时只需一个计算公式：

$$U_d = \frac{1}{2\pi/3} \int_{\frac{\pi}{6}+\alpha}^{\frac{5\pi}{6}+\alpha} \sqrt{2}U_2 \sin\omega t \mathrm{d}(\omega t) = 1.17 U_2 \cos\alpha \tag{2-37}$$

2）输出电流平均值：

$$I_d = 1.17 \frac{U_2}{R} \cos\alpha \tag{2-38}$$

3）晶闸管电流平均值：

$$I_{dT} = \frac{1}{3}I_d \tag{2-39}$$

4）晶闸管电流有效值（和变压器二次电流有效值相等）：

$$I_T = I_2 = \frac{1}{\sqrt{3}}I_d = 0.577 I_d \tag{2-40}$$

5）晶闸管承受的最大正反向电压：

$$U_{TM} = U_{FM} = U_{RM} = \sqrt{2}\sqrt{3}U_2 = \sqrt{6}U_2 \tag{2-41}$$

【例 2-4】 三相半波可控整流电路带大电感负载，$R_d = 10\Omega$，相电压有效值 $U_2 = 220\mathrm{V}$。求 $\alpha = 45°$ 时负载直流电压 U_d、流过晶闸管的平均电流 I_{dT} 和有效电流 I_T。

解： 三相半波可控整流电路带大电感负载时，其输出电压波形连续，大小为

$$U_d = \frac{1}{2\pi/3} \int_{\frac{\pi}{6}+\alpha}^{\frac{5\pi}{6}+\alpha} \sqrt{2}\,U_2 \sin\omega t\,d(\omega t) = 1.17 U_2 \cos\alpha$$

由已知 $U_2 = 220\text{V}$，$\alpha = 45°$得输出负载直流电压为

$$U_d = 1.17 U_2 \cos45°\text{V} = 182\text{V}$$

负载直流电流平均值为

$$I_d = \frac{U_d}{R_d} = \frac{182\text{V}}{10\Omega} = 18.2\text{A}$$

流过晶闸管电流平均值为

$$I_{dT} = \frac{1}{3}I_d = 6.1\text{A}$$

流过晶闸管的电流有效值为

$$I_T = \frac{1}{\sqrt{3}}I_d = 10.5\text{A}$$

3. 三相半波共阳极可控整流电路

把三只晶闸管的阳极接在一起就构成了共阳极接法的三相半波可控整流电路，由于阴极不同电位，要求三相的触发电路必须彼此绝缘。由于晶闸管只有在阳极电位高于阴极电位时才能导通，因此晶闸管只在相电压负半周被触发导通，换相时总是换到阴极电位更小的那一相。

共阳极接法的三相半波可控整流电路图 2-20a 所示，$\alpha = 30°$时的工作波形如图 2-20b 所示。

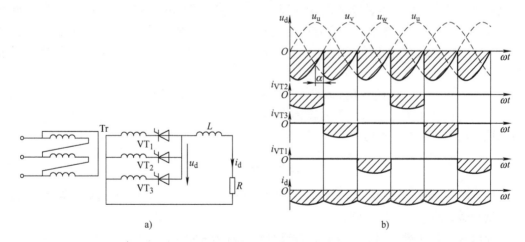

图 2-20　三相半波可控整流电路共阳极接法及波形

a）电路结构　b）输出波形

2.4.2　三相半波有源逆变电路

在前面的分析中得知三相半波可控整流电路的移相范围为0°~90°，当 $\alpha = 90°$时输出电压降为零，若负载当中存在大小合适的直流电源 E，

2-11　三相半波
有源逆变电路

且其极性与晶闸管的导通方向一致，能够使得在 $\alpha > 90°$ 时维持晶闸管继续导通，使交流电源输出给负载的电压变成负值，则三相半波可控整流电路将工作在有源逆变状态，成为三相半波有源逆变电路，电路结构如图 2-21 所示。

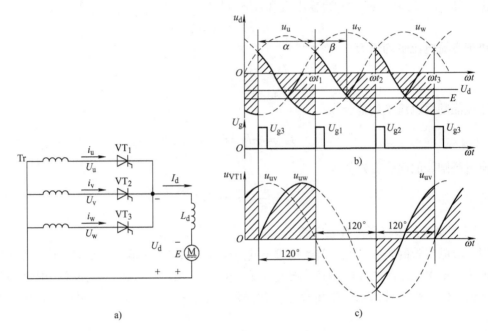

图 2-21 三相半波有源逆变电路

a）电路 b）输出电压波形 c）晶闸管两端电压波形

电路中电动机产生的电动势 E 为上负下正，令触发延迟角 $\alpha > 90°$，以使 U_d 为上负下正，且满足 $|E| > |U_d|$，则电路符合有源逆变的条件，可实现有源逆变。逆变器输出直流电压 U_d 的方向仍按整流状态时的规定，从上至下为 U_d 的正方向，U_d 的计算式与整流状态时相同，即

$$U_d = U_{d0}\cos\alpha = -U_{d0}\cos\beta = -1.17U_2\cos\beta \qquad (2\text{-}42)$$

其中，$U_{d0} = 1.17U_2$，为 $\alpha = 0°$ 时输出电压的大小。U_d 为负值，即 U_d 的极性与整流状态时相反。输出直流电流平均值为

$$I_d = \frac{E - U_d}{R_\Sigma} \qquad (2\text{-}43)$$

其中，R_Σ 为回路的总电阻。电流从 E 的正极流出，流入 U_d 的正端，即 E 端输出电能，经过晶闸管装置将电能送给电网。

下面以 $\beta = 60°$ 为例，对其工作过程进行分析。在 $\beta = 60°$ 时，即 ωt_1 时刻，触发脉冲 U_{g1} 触发晶闸管 VT_1 使其导通。即使 u_u 相电压为零或负值，但由于有电动势 E 的作用，VT_1 仍可能承受正压而导通。此时电动势 E 提供能量，有电流 I_d 流过晶闸管 VT_1，输出电压 u_d 波形与电源电压 u_u 相同。然后，与整流时一样，按电源相序，每隔 120° 依次轮流触发相应的晶闸管使之导通，同时关断前面导通的晶闸管，实现依次换相，每个晶闸管导通 120°。输出电压 u_d 的波形如图 2-21b 所示，其直流平均电压 U_d 为负值，数值小于电动势 E。

图 2-21c 中画出了晶闸管 VT_1 两端电压 u_{VT1} 的波形。在一个电源周期内，VT_1 导通角

120°内，其端电压为零，随后的 120°内是 VT$_2$导通，VT$_1$关断，VT$_1$承受线电压 u_{uv}，再后的 120°内是 VT$_3$导通，VT$_1$承受线电压 u_{uw}。由端电压波形可见，逆变时晶闸管两端电压波形的正面积总是大于负面积，而整流时则相反，正面积总是小于负面积。只有 $\alpha = \beta$ 时，正负面积才相等。

下面以 VT$_1$换流到 VT$_2$为例，简单说明一下图中晶闸管换相的过程。在 VT$_1$导通时，到 ωt_2时刻触发 VT$_2$，则 VT$_2$导通，与此同时使 VT$_1$承受 u、v 两相间的线电压 u_{uv}。由于 $u_{uv} < 0$。故 VT$_1$承受反向电压而被迫关断，完成了 VT$_1$ 向 VT$_2$ 的换相过程。其他晶闸管的换相可由此过程类推。

2.4.3　三相桥式可控整流电路

1. 三相桥式可控整流电路（电阻性负载）

（1）电路结构

三相桥式可控整流电路可看作是三相半波共阴极接法和三相半波共阳极接法整流电路的串联组合，当六个开关器件全部采用晶闸管时为三相桥式全控整流电路，电路结构如图 2-22a 所示，共阳极组晶闸管在电源电压的正半周导电，流过变压器的是正向电流，共阴极组晶闸管在电源电压的负半周导电，流过变压器的是反向电流。因此，变压器每相绕组正负半周都有电流流过，绕组中没有直流磁通，且提高了变压器的利用率。

（2）工作原理（$\alpha = 0°$时）

一个周期内，晶闸管的导通顺序为 VT$_1$→VT$_2$→VT$_3$→VT$_4$→VT$_5$→VT$_6$，相邻两个晶闸管的触发间隔为 60°，晶闸管触发延迟角的定义与三相半波可控整流电路一样，以自然换相点为触发脉冲的起始位置，当 $\alpha = 0°$时的输出电压波形、晶闸管电流与电压波形如图 2-22b 所示，将一个周期相电压分为六个区间：

1）在 $\omega t_1 \sim \omega t_2$ 区间（Ⅰ）：u 相电压最高，VT$_1$触发导通，v

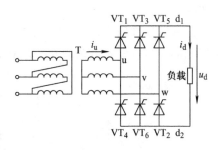

2-12　三相桥式可控整流电路接纯电阻负载

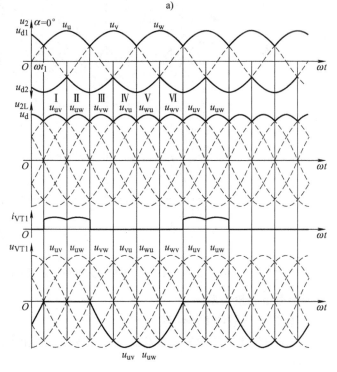

图 2-22　三相桥式全控整流电路的电路结构及工作波形

a）电路结构　b）工作波形

相电压最低时，VT_6 触发导通，负载输出电压 $u_d = u_{uv}$。

2）在 $\omega t_2 \sim \omega t_3$ 区间（Ⅱ）：u 相电压最高，VT_1 触发导通，w 相电压最低时，VT_2 触发导通，负载输出电压 $u_d = u_{uw}$。

3）在 $\omega t_3 \sim \omega t_4$ 区间（Ⅲ）：v 相电压最高，VT_3 触发导通，w 相电压最低时，VT_2 触发导通，负载输出电压 $u_d = u_{vw}$。

4）在 $\omega t_4 \sim \omega t_5$ 区间（Ⅳ）：v 相电压最高，VT_3 触发导通，u 相电压最低时，VT_4 触发导通，负载输出电压 $u_d = u_{vu}$。

5）在 $\omega t_5 \sim \omega t_6$ 区间（Ⅴ）：w 相电压最高，VT_5 触发导通，u 相电压最低时，VT_4 触发导通，负载输出电压 $u_d = u_{wu}$。

6）在 $\omega t_6 \sim \omega t_7$ 区间（Ⅵ）：w 相电压最高，VT_5 触发导通，u 相电压最低时，VT_6 触发导通，负载输出电压 $u_d = u_{wv}$。

（3）电路波形

下面进行波形分析。

当 $\alpha > 0°$ 时，晶闸管从自然换相点后移 α 角度导通并换流，$\alpha < 60°$ 时的 u_d 波形连续，工作过程与 $\alpha = 0°$ 时相同，当触发延迟角为 60° 及 90° 时的工作波形如图 2-23 及 2-24 所示。

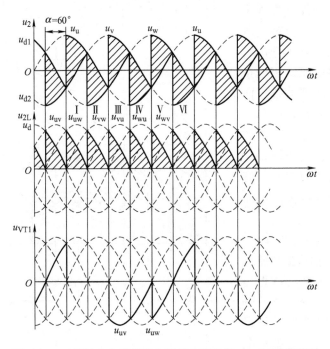

图 2-23　三相桥式全控整流电路带电阻负载 $\alpha = 60°$ 时的波形

（4）基本数量关系

1）输出电压平均值的计算

$\alpha = 60°$ 是输出电压波形连续和断续的分界点，输出电压平均值应分两种情况计算：

$\alpha \leqslant 60°$ 时：

$$U_d = \frac{1}{\pi/3} \int_{\frac{\pi}{3}+\alpha}^{\frac{2\pi}{3}+\alpha} \sqrt{2}\sqrt{3} U_2 \sin\omega t \, d(\omega t) = 2.34 U_2 \cos\alpha = 1.35 U_{2L} \cos\alpha \qquad (2\text{-}44)$$

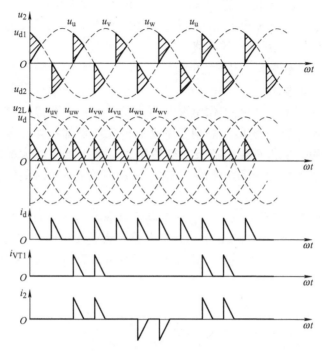

图 2-24　三相桥式全控整流电路带电阻负载 $\alpha = 90°$ 时的波形

$\alpha > 60°$ 时：

$$U_d = \frac{1}{\pi/3} \int_{\frac{\pi}{3}+\alpha}^{\pi} \sqrt{2}\sqrt{3}U_2 \sin\omega t \, d(\omega t) = 2.34U_2[1 + \cos(\pi/3 + \alpha)] \qquad (2\text{-}45)$$

2）晶闸管承受的最大正反向电压：

$$U_{TM} = U_{FM} = U_{RM} = \sqrt{2}\sqrt{3}\,U_2 = \sqrt{6}\,U_2 = 2.45U_2 \qquad (2\text{-}46)$$

（5）电路特点

三相桥式全控整流电路的工作特点如下：

1）任何时候共阴、共阳极组各有一只元件同时导通才能形成电流通路。

2）共阴极组晶闸管 VT_1、VT_3、VT_5，按相序依次触发导通，相位互差 120°，共阳极组 VT_2、VT_4、VT_6，相位相差 120°，同一相的晶闸管相位相差 180°。每个晶闸管导通角 120°。

3）输出电压 u_d 由六段线电压组成，每周期脉动六次，每周期脉动频率为 300Hz。

4）晶闸管承受的电压波形与三相半波整流时相同，只与晶闸管导通情况有关，波形由 3 段组成：一段为零（忽略导通时的压降），两段为线电压。晶闸管承受最大正、反向电压的关系也相同。

5）变压器二次绕组流过正负两个方向的电流，消除了变压器的直流磁化，提高了变压器的利用率。

6）对触发脉冲的要求：要使电路正常工作，需保证同时导通的 2 个晶闸管均有触发脉冲，常用的方法有两种：一种是宽脉冲触发，它要求触发脉冲的宽度大于 60°（一般为 80°～100°）；另一种是双窄脉冲触发，即触发一个晶闸管时，向小一个序号的晶闸管补发脉冲，两个窄脉冲间隔为 60°。宽脉冲触发要求触发功率大，易使脉冲变压器饱和，所以多采用双窄脉冲触发。

7）电阻性负载 $\alpha \leqslant 60°$ 时的 u_d 波形连续，$\alpha > 60°$ 时 u_d 波形断续。$\alpha = 120°$ 时，输出电压 $U_d = 0$，三相全控桥式可控整流电路电阻性负载移相范围为 $0° \sim 120°$。晶闸管两端承受的最大正反向电压是变压器二次线电压的峰值。

2. 三相桥式全控整流电路（阻感性负载）

（1）工作情况和电路波形

当 $\alpha \leqslant 60°$ 时，阻感性负载的工作情况与电阻负载相似，各晶闸管的通断情况、输出整流电压 u_d 波形、晶闸管承受的电压波形都一样。区别在于由于电感的作用，使得负载电流波形变得平直，当电感足够大的时候，负载电流的波形近似为一条水平线。图 2-25 所示为 $\alpha = 0°$ 时的输出波形。

2-13 三相桥式全控整流电路接阻感性负载

当 $\alpha > 60°$ 时，阻感性负载时的工作情况与电阻负载不同，由于负载电感感应电势的作用，u_d 波形会出现负的部分。图 2-26 所示是带电感性负载 $\alpha = 90°$ 时的波形，可看出，$\alpha = 90°$ 时，u_d 波形上下对称，平均值为零，因此带电感性负载三相桥式全控整流电路的 α 角移相范围为 $0° \sim 90°$。

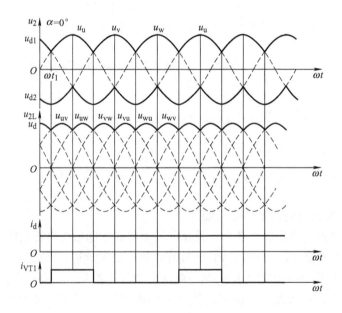

图 2-25　三相桥式全控整流电路带电感性负载 $\alpha = 0°$ 时的波形

（2）基本数量关系

1）输出电压平均值：

由于 u_d 波形是连续的，所以

$$U_d = \frac{1}{\pi/3}\int_{\frac{\pi}{3}+\alpha}^{\frac{2\pi}{3}+\alpha} \sqrt{6} U_2 \sin\omega t\, \mathrm{d}(\omega t) = 2.34 U_2 \cos\alpha = 1.35 U_{2L}\cos\alpha \qquad (2\text{-}47)$$

2）输出电流平均值：

$$I_d = \frac{1}{R}2.34 U_2 \cos\alpha \qquad (2\text{-}48)$$

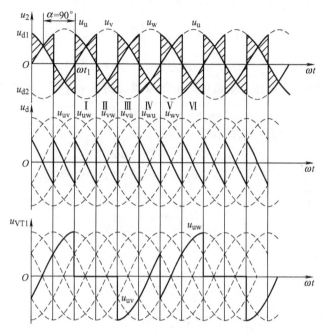

图 2-26 三相桥式整流电路带电感性负载，$\alpha = 90°$时的波形

3）晶闸管电流平均值：

$$I_{dT} = \frac{1}{3}I_d \tag{2-49}$$

4）晶闸管电流有效值：

$$I_T = \frac{1}{\sqrt{3}}I_d = 0.577I_d \tag{2-50}$$

5）晶闸管额定电流：

$$I_{T(AV)} = \frac{I_T}{1.57}(1.5 \sim 2) = 0.368I_d(1.5 \sim 2) \tag{2-51}$$

6）变压器二次电流有效值：

$$I_2 = \sqrt{2}I_T = \sqrt{\frac{2}{3}}I_d = 0.81I_d \tag{2-52}$$

【例2-5】 三相全控桥式整流电路，$L = 0.2H$，$R = 4\Omega$，要求直流输出电压平均值 U_d 从 0 ~ 220V 之间变化。试求：

1）不考虑触发延迟角裕量时的，整流变压器二次电压大小。

2）如电压、电流裕量取2倍，计算晶闸管额定电压、电流值。

3）变压器二次电流有效值 I_2。

4）计算整流变压器二次容量 S_2。

解：

1）计算整流变压器二次线电压。由已知得

$$\omega L = 2\pi f L = 2 \times 3.14 \times 50 \times 0.2\Omega = 62.8\Omega$$

而 $R_d = 4\Omega$，所以，$\omega L \gg R_d$，按负载为大电感的情况进行计算，三相全控桥式整流电

路带大电感负载当触发延迟角 $\alpha = 0°$ 时输出电压达到最大，为

$$U_d = 2.34 U_2$$

则整流变压器二次电压为

$$U_2 = 220/2.34 V = 94 V$$

2）计算晶闸管的额定电压、电流值。晶闸管承受的最大正反向峰值电压为

$$U_{TM} = \sqrt{6} U_2 = 230.25 V$$

按裕量系数为 2，计算晶闸管的额定电压为

$$U_{TN} \geqslant 230.25 \times 2 V = 460.5 V$$

按照晶闸管的额定电压序列，可以选择额定电压为 500V 的晶闸管。

流过负载的电流平均值为

$$I_d = \frac{U_d}{R} = \frac{220}{4} A = 55 A$$

流过晶闸管的电流有效值为

$$I_T = \frac{I_d}{\sqrt{3}} = \frac{55}{\sqrt{3}} A = 31.75 A$$

则按裕量系数为 2，计算晶闸管的额定电流为

$$I_{TAV} = 2 \times \frac{I_T}{1.57} = 2 \times \frac{31.75}{1.57} A = 40.4 A$$

因此，选额定通态平均电流为 50A 的晶闸管。

3）计算变压器次级电流有效值 I_2：

$$I_2 = \sqrt{\frac{2}{3}} I_d = \sqrt{\frac{2}{3}} \times 55 A = 44.9 A$$

4）计算整流变压器二次容量 S_2：

$$S_2 = 3 U_2 I_2 = 3 \times 94 \times 44.9 = 12661.8 V \cdot A = 12.66 kV \cdot A$$

2.4.4 三相桥式有源逆变电路

图 2-27a 所示为三相全控桥带电动机负载电路，当 $\alpha < 90°$ 时，电路工作在整流状态，当 $\alpha > 90°$ 时，电路工作在有源逆变状态。两种状态除 α 的范围不同外，晶闸管的控制过程是一样的，即都要求每隔 60° 依次轮流触发晶闸管使其导通 120°，触发脉冲都必须是宽脉冲或双窄脉冲。逆变时输出直流电压的计算式为

$$U_d = U_{d0} \cos\alpha = -U_{d0} \cos\beta = -2.34 U_2 \cos\beta \qquad (2-53)$$

图 2-27b 为 $\beta = 30°$ 时三相全控桥直流输出电压 u_d 的波形。共阴极组晶闸管 VT_1、VT_3、VT_5 分别在脉冲 U_{g1}、U_{g3}、U_{g5} 触发时换流，由阳极电位低的晶闸管导通换到阳极电位高的晶闸管导通，因此相电压波形在触发时上跳；共阳极组晶闸管 VT_2、VT_4、VT_6 分别在脉冲 U_{g2}、U_{g4}、U_{g6} 触发时换流，由阴极电位高的晶闸管导通换到阴极电位低的晶闸管导通，因此在触发时相电压波形下跳。晶闸管两端电压波形与三相半波有源逆变电路相同。

下面再分析一下晶闸管的换流过程。设触发方式为双窄脉冲方式。在 VT_5、VT_6 导通期间，触发 U_{g1}、U_{g6} 脉冲，则 VT_6 继续导通。而 VT_1 在被触发之前，由于 VT_5 处于导通状态，已使其承受正向电压 u_{uw}，所以一旦触发，VT_1 即可导通。若不考虑换相重叠的影响，当

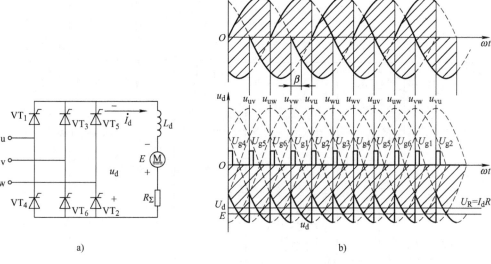

图 2-27 三相全控桥式有源逆变电路

a）电路结构　b）$\beta = 30°$时三相全控桥直流输出电压波形

VT_1 导通之后，VT_5 就会因承受反向电压 u_{wu} 而关断，从而完成了从 VT_5 到 VT_1 的换流过程。其他晶闸管的换流过程可由此类推。

应当指出，传统的有源逆变电路开关器件通常采用普通晶闸管，现代门极关断晶闸管既具有普通晶闸管的优点，又具有自关断能力，工作频率也高，因此在逆变电路中一般取代普通晶闸管。另外，对于接续流二极管的整流电路，因为 U_d 无法小于零，所以是无法工作在有源逆变状态的。

2.5 扩展知识点2：同步触发电路

整流电路的触发电路有很多种，要根据具体的整流电路和应用场合选择不同的触发电路。实际应用中，大多情况选用锯齿波同步触发电路、正弦波同步触发电路和集成触发器。

锯齿波同步触发电路可触发200A的晶闸管。由于同步电压采用锯齿波，不直接受电网波动和波形畸变的影响，移相范围宽，在大中容量晶闸管中得到广泛应用。

2.5.1 锯齿波同步触发电路

锯齿波同步触发电路有锯齿波形成、同步移相、脉冲形成放大环节、双脉冲、脉冲封锁等环节和强触发环节等组成。可触发200A的晶闸管。锯齿波同步触发电路原理图如图2-28所示。

2-14 锯齿波同步触发电路

1. 锯齿波形成和同步移相控制环节

（1）锯齿波形成

VT_1、VZ、R_{RP1}、R_4 组成的恒流源电路对 C_2 充电形成锯齿波电压，当 VT_2 截止时，恒流源电流 I_{C1} 对 C_2 恒流充电，电容两端电压为 $u_{C2} = \dfrac{I_{C1}}{C_2}t$，$I_{C1} = U_{VT9}/(R_4 + R_{RP1})$，因此调节电

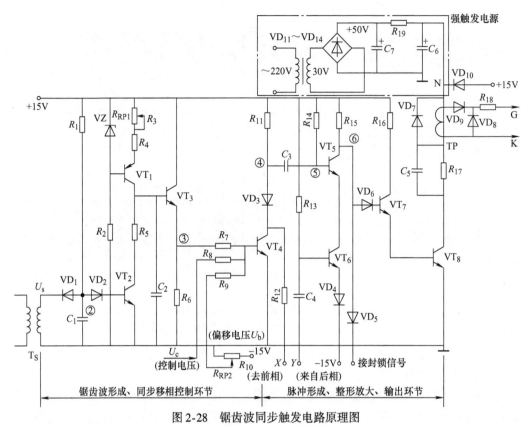

图 2-28　锯齿波同步触发电路原理图

R_1、R_6—10kΩ　R_2、R_4—4.7kΩ　R_5—200Ω　R_7—3.3kΩ　R_{13}、R_{14}—30kΩ　R_8—12kΩ　R_9—6.2kΩ

R_{12}—1kΩ　R_{15}—6.2kΩ　R_{16}—200Ω　R_{17}—30Ω　R_{18}—20Ω　R_{19}—300Ω　R_3、R_{10}—1.5kΩ

C_7—2000μF　C_1、C_2、C_6—1μF　C_3、C_4—0.1μF　C_5—0.47μF　VT_1—3CG1D　$VT_2 \sim VT_7$—3DG12B

VT_8—3DA1B　VT_9—2CW12　$VD_1 \sim VD_9$—2CP12　$VD_{10} \sim VD_{14}$—2CZ11A

位器 R_{RP1} 即可调节锯齿波斜率。

当 VT_2 导通时，由于 R_5 阻值很小，C_2 迅速放电。所以只要 VT_2 周期性导通关断，电容 C_2 两端就能得到线性良好的锯齿波电压。VT_4 上的 U_{b4}（VT_4 基极电压）为合成电压（锯齿波电压为基础，再叠加负偏移电压 U_b、控制电压 U_C），通过调节 U_C 来调节 α。

（2）同步环节

同步环节由同步变压器 T_S 和 VT_2 等元器件组成。锯齿波触发电路输出的脉冲怎样才能与主回路同步呢？

由前面的分析可知，脉冲产生的时刻是由 VT_4 导通时刻（锯齿波和 U_b、U_c 之和达到 0.7V 时）决定，由此可见，若锯齿波的频率与主电路电源频率同步即能使触发脉冲与主电路电源同步，锯齿波是由 VT_2 来控制的，VT_2 由导通变截止期间产生锯齿波，VT_2 截止的持续时间就是锯齿波的脉宽，VT_2 的开关频率就是锯齿波的频率。在这里，同步变压器 T_S 和主电路整流变压器接在同一电源上，用 T_S 二次电压来控制 VT_2 的导通和截止，从而保证了触发电路发出的脉冲与主电路电源同步。

工作时，把负偏移电压 U_b 调整到某值固定后，改变控制电压 U_c，就能改变 U_{b4} 波形与时间横轴的交点，就改变了 VT_4 转为导通的时刻，即改变了触发脉冲产生的时刻，达到移相的目的。

电路中增加负偏移电压 U_b 的目的是为了调整 $U_c=0$ 时触发脉冲的初始位置。

2. 脉冲形成、整形和放大输出环节

1）当 $U_{b4}<0.7V$ 时，VT_4 管截止，VT_5、VT_6 导通，使 VT_7、VT_8 截止，无脉冲输出。

电源经 R_{13}、R_{14} 向 VT_5、VT_6 供给足够的基极电流，使 VT_5、VT_6 饱和导通，VT_5 集电极⑥点电位为 $-13.7V$（二极管正向压降以 0.7V、晶体管饱和压降以 0.3V 计算），VT_7、VT_8 截止，无触发脉冲输出。此时④点电位为 15V、⑤点电位为 $-13.3V$。

另外：$+15V \rightarrow R_{11} \rightarrow C_3 \rightarrow VT_5 \rightarrow VT_6 \rightarrow -15V$ 对 C_3 充电，极性左正右负，大小为 28.3V。

2）当 $U_{b4} \geq 0.7V$ 时，VT_4 导通，有脉冲输出。

④点电位立即从 $+15V$ 下跳到 1V，C_3 两端电压不能突变，⑤点电位降至 $-27.3V$，VT_5 截止，VT_7、VT_8 经 R_{15}、VD_6 供给基极电流使其饱和而导通，输出脉冲，⑥点电位为 $-13.7V$ 突变至 2.1V（VD_6、VT_7、VT_8 压降之和）。

另外：C_3 经 $+15V \rightarrow R_{14} \rightarrow VD_3 \rightarrow VT_4$ 放电和反充电，使⑤点电位上升，当⑤点电位从 $-27.3V$ 上升到 $-13.3V$ 时 VT_5、VT_6 又导通，⑥点电位由 2.1V 突降至 $-13.7V$，于是，VT_7、VT_8 截止，输出脉冲终止。

由此可见，脉冲产生时刻由 VT_4 导通瞬间确定，脉冲宽度由 VT_5、VT_6 截止状态持续的时间确定。所以脉宽由 C_3 反充电时间常数（$\tau=C_3R_{14}$）来决定。

3. 强触发环节

晶闸管采用强触发可缩短开通时间，提高晶闸管承受电流上升率的能力，有利于改善串并联元器件的动态均压与均流，增加触发的可靠性。因此在大中容量系统的触发电路都带有强触发环节。

图 2-28 中右上角强触发环节由单相桥式整流组成，可获得近 50V 直流电压作为电源，在 VT_8 导通前，50V 电源经 R_{19} 对 C_6 充电，N 点电位为 50V。当 VT_8 导通时，C_6 经脉冲变压器一次侧、R_{17} 与 VT_8 迅速放电，由于放电回路电阻很小，N 点电位迅速下降，当 N 点电位下降到 14.3V 时，VD_{10} 导通，脉冲变压器改由 $+15V$ 稳压电源供电。各点波形如图 2-29 所示。

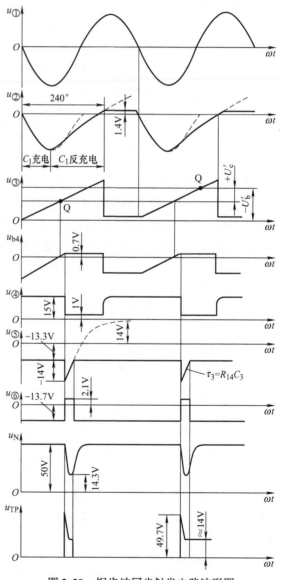

图 2-29 锯齿波同步触发电路波形图

u_{TP}—输出的脉冲电压

4. 双脉冲形成环节

产生双脉冲有两种方法：内双脉冲和外双脉冲。

锯齿波触发电路为内双脉冲。晶体管 VT_5、VT_6 构成一个"或"门电路，不论哪一个截止，都会使⑥点电位上升到 2.1V，触发电路输出脉冲。VT_5 基极端由本相同步移相环节送来的负脉冲信号使 VT_5 截止，送出第一个窄脉冲，接着有滞后 60°的后相触发电路在产生其本相第一个脉冲的同时，由 VT_4 的集电极经 R_{12} 的 X 端送到本相的 Y 端，经电容 C_4 微分产生负脉冲送到 VT_6 基极，使 VT_6 截止，于是本相的 VT_1 又导通一次，输出滞后 60°的第二个脉冲。

对于三相全控桥电路，三相电源 u、v、w 为正相序时，六只晶闸管的触发顺序为 VT_1→VT_2→VT_3→VT_4→VT_5→VT_6 彼此间隔 60°，为了得到双脉冲，6 块触发电路板的 X、Y 可按图 2-30 所示方式连接。

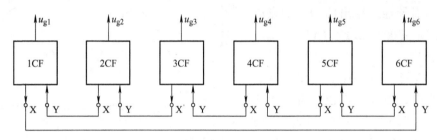

图 2-30 触发电路实现双脉冲连接的示意图

5. 触发电路的同步

由前面分析可知，触发脉冲必须在晶闸管阳极电压为正时的某一区间内出现，晶闸管才能被触发导通，而在锯齿波移相触发电路中，送出脉冲的时刻是由接到触发电路不同相位的同步电压 u_s 来定位，由控制电压 u_c 与偏移电压 u_b 大小来决定移相。因此必须根据被触发晶闸管的阳极电压相位，正确供给触发电路特定相位的同步电压，才能使触发电路分别在各晶闸管需要触发脉冲的时刻输出脉冲。这种正确选择同步电压相位以及得到不同相位同步电压的方法，称为晶闸管装置的同步或定相。

（1）触发电路同步电压的确定

触发电路同步电压的确定包括两方面内容：

1）根据晶闸管主电路的结构、所带负载的性质及采用的触发电路的形式，确定出该触发电路能够满足移相要求的同步电压与晶闸管阳极电压的相位关系。

2）用三相同步变压器的不同连接方式或再配合阻容移相得到上述确定的同步电压。

下面用三相全控桥式电路带电感性负载来具体分析。

如图 2-32 的主电路接线，电网三相电源为 u_1、v_1、w_1，经整流变压器 TR 供给晶闸管桥路，对应电源为 u、v、w，假定触发延迟角为 0，则 $u_{g1} \sim u_{g6}$ 六个触发脉冲应在各自的自然换相点，依次相隔 60°，要保证每个晶闸管的触发延迟角一致，六块触发板 1CF ~ 6CF 输入的同步信号电压 u_s 也必须依次相隔 60°。为了得到六个不同相位的同步电压，通常用一只三相同步变压器 TS，它有两组二次绕组，将二次侧得到相隔 60°的六个同步电压分别输入六个触发电路。因此只要一块触发板的同步电压相位符合要求，那其他五个同步信号电压相位也肯定正确。那么，每个触发电路的同步电压 u_s 与被触发晶闸管的阳极电压必须有怎样的相位关系呢？这取定于主电路的不同形式、不同的触发电路、负载性质以及不同的移相要求。

如：对于锯齿波同步电压触发电路，NPN 型晶体管时，同步信号负半周的起点对应于锯齿波的起点，通常使锯齿波的上升段为 240°，上升段起始的 30°和终止的 30°线性度不好，舍去不用，使用中间的 180°。锯齿波的中点与同步信号的 300°位置对应，使 $U_d = 0$ 的触发延迟角 α 为 90°。当 $\alpha < 90°$时为整流工作，$\alpha > 90°$时为逆变工作。将 $\alpha = 90°$确定为锯齿波的中点，锯齿波向前向后各有 90°的

移相范围。于是 $\alpha = 90°$与同步电压的 300°对应，也就是 $\alpha = 0°$与同步电压的 210°对应。$\alpha = 0°$对应于 u_u 的 30°的位置，则同步信号的 180°与 u_u 的 0°对应，说明同步电压 u_s 应滞后于阳极电压 u_u180°，如图 2-31 所示。

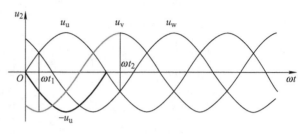

图 2-31　触发电路的定相

（2）实现同步的方法

实现同步的方法如下：

1）根据主电路的结构、负载的性质及触发电路的形式与脉冲移相范围的要求，确定该触发电路的同步电压 u_s 与对应晶闸管阳极电压 u_u 之间的相位关系。

2）根据整流变压器 Tr 的接法，以定位某线电压做参考矢量，画出整流变压器二次电压也就是晶闸管阳极电压的矢量，再根据步骤 1 确定的同步电压 u_s 与晶闸管阳极电压 u_u 的相位关系，画出电源的同步相电压和同步线电压矢量。

3）根据同步变压器二次线电压矢量位置，定出同步变压器 TS 的钟点数的接法，然后确定出 u_{su}、u_{sv}、u_{sw} 分别接到 VT_1、VT_3、VT_5 触发电路输入端；确定出 $u_{s(-u)}$、$u_{s(-v)}$、$u_{s(-w)}$ 分别接到 VT_4、VT_6、VT_2 触发电路的输入端，这样就保证了触发电路与主电路的同步。

（3）同步举例

【例 2-6】　三相全控桥整流电路，直流电动机负载，不要求可逆运转，整流变压器 Tr 为 D，y1 接线组别，触发电路采用本书锯齿波同步的触发电路，考虑锯齿波起始段的非线性，故留出 60°余量。试按简化相量图的方法来确定同步变压器的接线组别及变压器绕组联结法。

解：以 VT_1 的阳极电压与相应的 1CF 触发电路的同步电压定相为例。

1）根据题意，要求同步电压 u_s 相位应滞后阳极电压 u_u180°。

2）根据相量图，同步变压器接线组别应为 D，yn7，D，yn1。

根据已求得同步变压器接线组别，就可以画出变压器绕组的接线组别，再将同步电压分别接到相应触发电路的同步电压接线端，如图 2-32 所示，即能保证触发脉冲与主电路的同步。

2.5.2　正弦波同步触发电路

1. 正弦波的特点

正弦波与 ωt 轴有交点，每半周期过零点都与 ωt 轴相交，它是一个正、负交变的波形，有上升段和下降段，如图 2-33 所示。对于正弦波的上升段，从负峰点到正峰点的范围是 180°，正弦波上升段与 ωt 轴的交点对应触发延迟角的 90°。

2-15　正弦波同步触发电路

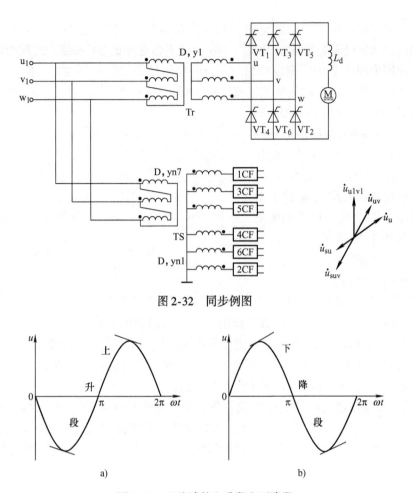

图 2-32 同步例图

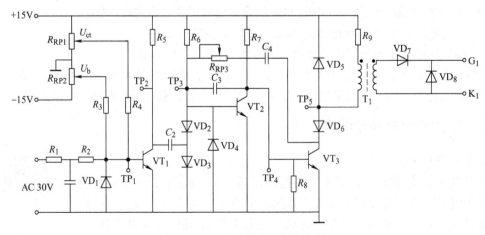

a)   b)

图 2-33 正弦波的上升段和下降段

a) 上升段 b) 下降段

2. 正弦波同步触发电路的工作原理

正弦波同步的触发电路由同步移相、脉冲形成、脉冲输出三部分组成如图 2-34 所示。

图 2-34 正弦波同步的触发电路

晶体管 VT_1 左边部分为同步移相环节，在 VT_1 的基极综合了同步电压 U_T、偏移电压 U_b 及控制电压 U_c（R_{RP1} 电位器调节 U_c，R_{RP2} 电位器调节 U_b），调节 R_{RP1} 及 R_{RP2} 均可改变 VT_1 基极的电位。脉冲形成环节是一分立元器件的集基耦合单稳态脉冲电路，VT_2 的基极耦合到 VT_3 的基极，VT_3 的集电极通过 C_4、R_{RP3} 耦合到 VT_2 的基极。

1）静态工作分析

根据晶体管的饱和条件（$\beta R_c \geqslant R_b$），选择 R_5、R_6 的参数，使晶体管 VT_2 工作在饱和状态。静态工作时，令同步电压 $U_s(U_T)=0$，控制电压 $U_c=0$、$U_b=0$，电源电压 $U \neq 0$（+15V），R_6 供给 VT_2 足够的基极电流使 VT_2 饱和导通，管压降为 0.3V，VT_1、VT_3 截止。晶体管 VT_1、VT_2、VT_3 的工作状态分别是截止、导通、截止。触发电路晶体管的静态工作状态见表 2-1。

表 2-1　晶体管静态工作状态表

晶体管序号	VT_1	VT_2	VT_3
晶体管工作状态	截止	导通	截止
集电极电位	高（+15V）	低（0.3V）	高（+15V）

在此状态下，电容 C_2 充电，极性为左正右负，$U_{C2}=15V$。同时电容 C_3、C_4 充电，极性为左负右正。用万用表进行静态测试，测得 VT_1 集电极为高电位（+15V），VT_2 集电极为低电位（0.3V），VT_3 集电极为高电位（+15V）。否则，电路工作不正常，应检查原因，排除故障，才能保证电路静态工作正常。

2）动态工作分析

动态工作时，同步电压 U_s（U_T）$\neq 0$，控制电压 $U_c \neq 0$（U_b 为某选定值），电源电压 $U = +15V$。当晶体管 VT_1 基极电位 $U_N \geqslant 0.7V$ 时，VT_1 导通，忽略 VT_1 管压降（0.3V），则 TP_2 点电压 $U_{TP2}=0$，二极管 VD_2 导通，VT_2 截止。由于 VT_2 截止，VT_2 集电极电压升高，当升高到大于 2.1V 时 VT_3 导通，脉冲变压器有脉冲输出，在 VT_3 导通过程中 C_3 放电且放电后反充电，C_4 也充电。晶体管 VT_1、VT_2、VT_3 的工作状态变成为导通、截止、导通。触发电路晶体管动态工作状态见表 2-2。

表 2-2　晶体管动态工作状态表

晶体管序号	VT_1	VT_2	VT_3
晶体管工作状态	导通	截止	导通
集电极电位	低（0.3V）	高（2.1V）	低（0.3V）

VT_2 的截止是暂态的，其基极电位受电容 C_2、C_3、C_4 的影响。在此状态下，电容 C_2 放电并反充电，极性由左正右负变成了左负右正，同时电容 C_3、C_4 放电并反充电，极性为左正右负，使 TP_3 点电位上升，当 $U_{TP3} \geqslant 0.7V$ 时，VT_2 导通，其集电极变成为低电平（0.3V），VT_3 截止，输出脉冲结束。由此可见，VT_2 由导通到截止的时间就是脉冲的宽度 T。C_3、R_4 是脉冲加宽环节，该支路的接通与断开，明显地改变脉冲的宽度，R_{RP3} 减小则脉宽减小 T。触发电路各点波形如图 2-35 所示。

3. 脉冲的移相控制原理

正弦波同步脉冲移相控制原理如图 2-36 所示，控制电压 U_c 与同步电压 U_T 的交点就是脉冲的产生时刻。控制电压 $U_c = 0$ 时，恰巧是正弦波上升段与 ωt 轴的交点。该交点是脉冲的初始位置，是移相范围的 90°，感性负载时输出电压 $U_d = 0$。$U_c > 0$ 时，U_c 与正弦波交点左移，触发延迟角减小，$U_c < 0$ 时，U_c 与正弦波交点右移，触发延迟角增大。

正弦波同步的触发电路（NPN 晶体管），同步电压 U_T 滞后主电压 120°。如果考虑滤波 60°，同步电压 U_T 应滞后主电压 60°。

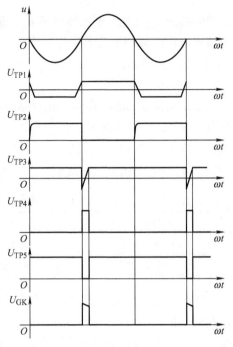

图 2-35 正弦波同步触发电路的各点波形

2.6 扩展知识点 3：变压器漏感对整流电路的影响

2.6.1 考虑变压器漏感的换流过程

在前面介绍的整流电路中，我们把换流过程即晶闸管的导通与关断过程，都看成是瞬间完成的，但实际上由于在电路中始终存在变压器绕组，变压器绕组中会产生漏感，再加上线路的杂散电感，所以实际整流电路中各晶闸管支路中总存在电感，由于电感对电流的变化起阻碍作用，电感电流不能突变，因此晶闸管的换流过程是不可能瞬时完成的。

下面以三相半波整流为例，分析考虑包括变压器漏感在内的交流侧电感对整流电路的影响，该漏感可用一个集中的电感 L_B 表示，其在电路结构当中的体现如图 2-37 所示。

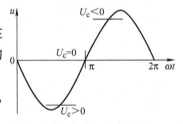

图 2-36 正弦波同步脉冲移相控制原理

该电路在交流电源的一个周期内有三次晶闸管换流过程，因三次换流过程一样，这里只讨论 $\mathrm{VT_1}$ 换流至 $\mathrm{VT_2}$ 的过程：

在从 u 相到 v 相换流前，$\mathrm{VT_1}$ 导通，换流时触发 $\mathrm{VT_2}$，因 u、v 两相均有漏感，故 i_u、i_v 均不能突变，于是 $\mathrm{VT_1}$ 和 $\mathrm{VT_2}$ 同时导通，相当于将 u、v 两相短路，两相间电压差为 $u_u - u_v$，它在两相组成的回路中产生环流 i_k。$i_k = i_v$ 是逐渐增大的，而 $i_u = I_d - i_k$ 是逐渐减小的。当 i_k 增大到等于 I_d 时，$i_a = 0$，$\mathrm{VT_1}$ 关断，换流过程结束。换流持续的时间用电角度 γ 表示，把它称作换流重叠角。

2-16 变压器漏感对整流电路的影响

2.6.2 换流压降与换流重叠角

1. 换流压降

在换流期间，短路电流 i_k 的增长，会在电感 L_B 上产生电势：$L_B \cdot \dfrac{\mathrm{d}i_k}{\mathrm{d}t}$，对于 u 相左（-）右（+），对于 v 相左（+）右（-），若忽略变压器二次绕组中电阻压降，则有式：

$$u_v - u_u = 2L_B \cdot \frac{\mathrm{d}i_k}{\mathrm{d}t} \tag{2-54}$$

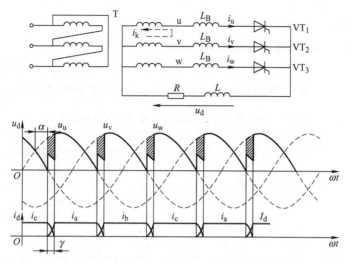

图 2-37　考虑变压器漏感时的三相半波可控整流电路结构及波形

换流过程中，整流电压 U_d 为同时导通的两个晶闸管所对应的两个相电压的平均值：

$$U_d = u_u + L_B \frac{di_k}{dt} = u_v - L_B \frac{di_k}{dt} = \frac{u_u + u_v}{2} \tag{2-55}$$

从式中可以看出，在换流重叠过程中，负载电压既不是 u_u，也不是 u_v，而是两相电压的平均值。在图 2-37 上也可清楚地看出，与不计换流重叠角相比，U_d 少了一块阴影部分的电压，会使平均电压 u_d 有所减少，这减少的电压 ΔU_d 称为换流压降，其大小为

$$\Delta U_d = \frac{1}{2\pi/3} \int_\alpha^{\alpha+\gamma} (u_v - u_d)\mathrm{d}(\omega t) = \frac{3}{2\pi} \int_\alpha^{\alpha+\gamma} \left[u_v - \left(u_v - L_B \frac{di_k}{dt} \right) \right]\mathrm{d}(\omega t)$$

$$= \frac{3}{2\pi} \int_\alpha^{\alpha+\gamma} L_B \frac{di_k}{dt}\mathrm{d}(\omega t) = \frac{3}{2\pi} \int_0^{I_d} \omega L_B \mathrm{d}i_k = \frac{3}{2\pi} X_B I_d \tag{2-56}$$

式中，X_B 是漏感为 L_B 的变压器每相折算到二次侧的漏抗，$X_B = \omega L_B$；γ 为换相重叠角。

2. 换流重叠角

由公式 2-54 可以得到：

$$\frac{di_k}{dt} = (u_v - u_u)/2L_B = \frac{\sqrt{6}\,U_2 \sin\left(\omega t - \frac{5\pi}{6}\right)}{2L_B} \tag{2-57}$$

对上式两边积分，进而得出：

$$i_k = \int_{\alpha+\frac{5\pi}{6}}^{\omega t} \frac{\sqrt{6}\,U_2}{2X_B}\sin\left(\omega t - \frac{5\pi}{6}\right)\mathrm{d}(\omega t) = \frac{\sqrt{6}\,U_2}{2X_B}\left[\cos\alpha - \cos\left(\omega t - \frac{5\pi}{6}\right)\right] \tag{2-58}$$

当 $\omega t = \alpha + \frac{5\pi}{6} + \gamma$ 时，$i_k = I_d$，带入上式，可求得 γ：

$$\cos\alpha - \cos(\alpha + \gamma) = \frac{2X_B I_d}{\sqrt{6}\,U_2} \tag{2-59}$$

对上式进行分析可以得到 γ 随其他参数变化的规律：

（1）I_d 越大则 γ 越大；

（2）X_B 越大 γ 越大；

（3）当 $\alpha \leqslant 90°$ 时，α 越小 γ 越大。

3. m 脉波整流电路的换流压降和换流重叠角

对于其他整流电路，可用相同的方法进行分析，这里不进行一一叙述，仅将结果列于表 2-3 中，表中所列为 m 脉波整流电路的公式，适用于各种整流电路。

表 2-3 各种整流电路换流压降和换流重叠角的计算

电路形式 项目	单相全波	单相全控桥电路	三相半波电路	三相全控桥电路	m 脉波整流电路
ΔU_d	$\dfrac{X_B}{\pi}I_d$	$\dfrac{2X_B}{\pi}I_d$	$\dfrac{3X_B}{2\pi}I_d$	$\dfrac{3X_B}{\pi}I_d$	$\dfrac{mX_B}{2\pi}I_d$ [1]
$\cos\alpha - \cos(\alpha+\gamma)$	$\dfrac{I_d X_B}{\sqrt{2}U_2}$	$\dfrac{2I_d X_B}{\sqrt{2}U_2}$	$\dfrac{2X_B I_d}{\sqrt{6}U_2}$	$\dfrac{2X_B I_d}{\sqrt{6}U_2}$	$\dfrac{I_d X_B}{\sqrt{2}U_2 \sin\dfrac{\pi}{m}}$ [2]

① 单相全控桥电路中，X_B 在一周期的两次换流中都起作用，等效为 $m = 4$。

② 三相桥等效为相电压等于 $\sqrt{3}U_2$ 的 6 脉波整流电路，故其 $m = 6$，相电压按 $\sqrt{3}U_2$ 代入。

根据以上分析及结果，再进一步分析可得出变压器漏感对整流电路影响的一些结论：

1）出现换流重叠角 γ，整流输出电压平均值 U_d 降低。

2）整流电路的工作状态增多。

3）晶闸管的 di/dt 减小，有利于晶闸管的安全开通。有时人为串入进线电抗器以抑制晶闸管的 di/dt。

4）换流时未导通晶闸管（如这里的 VT_3），承受的反向电压减小，产生正的 du/dt，可能使晶闸管误导通，为此必须加吸收电路。

5）换流时变压器二次侧电压受到干扰，成为干扰源。

【例 2-7】 某直流电动机由三相半波可控整流电路供电，整流变压器二次绕组电压 $U_2 = 220V$，变压器绕组每相折算到二次的漏感 $L_B = 100\mu H$，输出直流电流平均值为 300A。试计算换流压降、$\alpha = 0°$ 时的换流重叠角及考虑换流重叠现象后的实际直流电压平均值。

解：

（1）换流压降

由已知三相半波可控整流电路 $m = 3$，换流压降为

$$\Delta U_d = \frac{3}{2\pi} \cdot \omega L_B I_d = \frac{3}{2\pi} \times 314 \times 0.1 \times 10^{-3} \times 300 V = 4.5V$$

（2）$\alpha = 0°$ 时的换流重叠角

$$\cos\alpha - \cos(\alpha+\gamma) = \frac{2\omega L_B I_d}{\sqrt{6}U_2} = \frac{2 \times 300 \times 314 \times 0.1 \times 10^{-3}}{220 \times \sqrt{6}} = 0.035$$

由公式 2-59 可得

当 $\alpha = 0°$ 时：

$$\cos\gamma = 1 - 0.035 = 0.965$$

所以换流重叠角为 $\gamma = 15°$。

（3）考虑换流重叠现象后的实际直流电压平均值

不计换流重叠角时：$U_d = 1.17 U_2 \cos\alpha = 1.17 \times 220\text{V} = 257.4\text{V}$

考虑换流重叠角后直流平均电压为 $U_d = 1.17 U_2 \cos\left(\alpha + \dfrac{\gamma}{2}\right)\cos\left(\dfrac{\gamma}{2}\right)\text{V} = 253\text{V}$

或者也可以通过以下计算，求出考虑换流重叠现象后的实际直流电压平均值：
即由公式：

$$U_u = \sqrt{2}\,U_2 \cos\left(\omega t + \dfrac{\pi}{3}\right),\ U_v = \sqrt{2}\,U_2 \cos\left(\omega t - \dfrac{\pi}{3}\right)$$

直接求出：

$$
\begin{aligned}
U_d &= \frac{1}{2\pi/3}\left[\int_{\alpha}^{\alpha+\gamma} u_d \mathrm{d}(\omega t) + \int_{\alpha+\gamma}^{\frac{2\pi}{3}+\alpha} u_d \mathrm{d}(\omega t)\right] \\
&= \frac{1}{2\pi/3}\left[\int_{\alpha}^{\alpha+\gamma} \frac{u_u + u_v}{2} \mathrm{d}(\omega t) + \int_{\alpha+\gamma}^{\frac{2\pi}{3}+\alpha} u_d \mathrm{d}(\omega t)\right] \\
&= \frac{3\sqrt{6}\,U_2}{2\pi}\cos\left(\alpha + \frac{\gamma}{2}\right)\cos\left(\frac{\gamma}{2}\right) = 1.17 U_2 \cos\left(\alpha + \frac{\gamma}{2}\right)\cos\left(\frac{\gamma}{2}\right)
\end{aligned}
$$

将 $\gamma = 15°$ 代入上式可得：$U_d = U_d - \Delta U_d = (257.4 - 4.5)\text{V} = 252.9\text{V}$。

2.7 任务1：单相桥式全控整流及有源逆变电路的建模与仿真

2.7.1 任务目的

1）掌握不同负载时，单相桥式全控整流及有源逆变电路的结构、工作原理、波形分析。

2）在仿真软件 MATLAB 中进行单相桥式全控整流电路的建模与仿真，并分析其输入输出波形。

3）能够根据实验现象分析电路运行状况，进行故障分析。

2.7.2 单相桥式全控整流电路的建模与仿真

1. 实验原理

单相桥式全控整流电路由交流电源、整流变压器、晶闸管、负载（电阻性负载、阻感性负载）等元器件组成，当负载为纯电阻负载、阻感性负载及反电动势负载时，其工作原理及基本数量关系等参见本项目2.2.1小节。

2. 元件提取

搭建模型所需要的元件，其提取路径见项目1任务2表1-8。

3. 仿真模型建立

在 MATLAB 新建一个 Model，命名为 dianlu21，同时建立模型如图2-38所示。

4. 模型参数设置

（1）交流电源

交流电源的参数设置与项目1的任务2的1.7.3相同。

（2）同步脉冲信号发生器

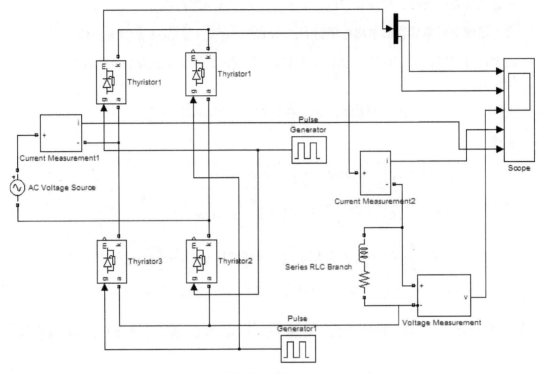

图 2-38　单相桥式全控整流电路（纯电阻负载）

脉冲幅值（Amplitude）设为 3V，周期（Period（secs））设为 0.02s，脉冲宽度（周期的百分数）Pulse Width（% of Period）即占空比设为 10%，相位延迟 Phase delay（secs）根据触发延迟角 α 的大小进行设置。对于晶闸管 VT_1 和 VT_4 来说在电源电压的正半周触发，脉冲延迟时间应为 "$\alpha * 0.02/360$"，对于晶闸管 VT_2 和 VT_3 来说在电源电压的负半周触发，触发脉冲到来的时间比 VT_1 和 VT_4 晚半个周期，即晚 0.01s，所以 VT_1 和 VT_4 脉冲延迟时间应为 "$0.01 + \alpha * 0.02/360$"。以 $\alpha = 30°$ 为例的参数设置对话框如图 2-39 和图 2-40 所示（这里在触发脉冲设置栏中输入计算式或者计算的结果均是可以的）。

（3）负载

1）纯电阻负载：电阻设为 $R = 1\Omega$，电感设为 $L = 0H$，电容参数设为 $C = \text{inf}$（即为零）。

2）阻感性负载：电阻设为 $R = 1\Omega$，电感设为 $L = 0.1H$，电容参数设为 $C = \text{inf}$。也可以更改负载电阻及电感参数的大小，观察负载大小不同时，对应的输出结果有何不同。

3）反电动势负载：其他参数与纯电阻负载模型中的参数设置一样，负载为一个电阻与一个直流电源串联，直流电源（即反电动势）幅值设置为 100V。

（4）示波器

示波器参数设置与项目 1 的任务 2 相同，共设 5 个信号通道，5 个通道信号依次是：晶闸管电流 I_{VT} 波形、晶闸管电压 U_{VT} 波形、负载电流波形 I_d、负载电压波形 U_d、电源电流 I_2 波形。

（5）变步长仿真参数设置

变步长仿真参数设置与项目 1 的任务 2 相同，算法（solver option）选择为 "ode15s"，相对误差（relative tolerance）设置为 "1e-3"。

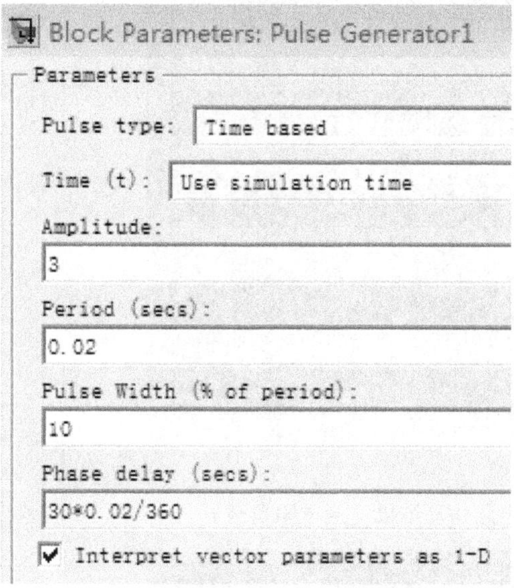

Block Parameters: Pulse Generator1	Block Parameters: Pulse Generator2
Parameters	Parameters
Pulse type: Time based	Pulse type: Time based
Time (t): Use simulation time	Time (t): Use simulation time
Amplitude:	Amplitude:
3	3
Period (secs):	Period (secs):
0.02	0.02
Pulse Width (% of period):	Pulse Width (% of period):
10	10
Phase delay (secs):	Phase delay (secs):
30*0.02/360	0.01+30*0.02/360
☑ Interpret vector parameters as 1-D	☑ Interpret vector parameters as 1-D

图 2-39　Pulse Generator1 参数设置 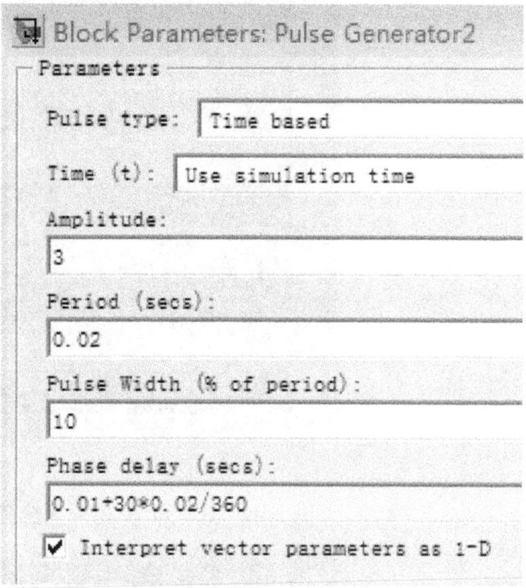　　　　　图 2-40　Pulse Generator2 参数设置

5. 仿真结果与分析

（1）电阻性负载时的仿真波形

1）触发延迟角 $\alpha=0°$，仿真结果如图 2-41 所示。

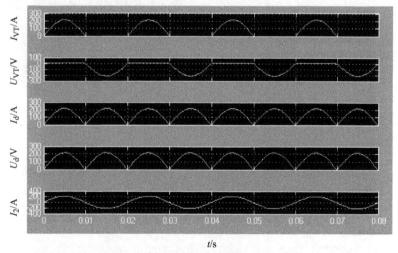

图 2-41　$\alpha=0°$ 单相桥式全控整流电路仿真结果（纯电阻负载）

2）触发延迟角 $\alpha=30°$，仿真结果如图 2-42 所示。

3）触发延迟角 $\alpha=60°$，仿真结果如图 2-43 所示。

4）触发延迟角 $\alpha=90°$，仿真结果如图 2-44 所示。

（2）阻感性负载时的仿真波形

1）触发延迟角 $\alpha=0°$，仿真结果如图 2-45 所示。

2）触发延迟角 $\alpha=30°$，仿真结果如图 2-46 所示。

3）触发延迟角 $\alpha=60°$，仿真结果如图 2-47 所示。

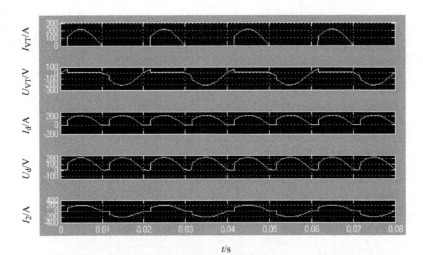

图 2-42　α＝30°单相桥式全控整流电路仿真结果（纯电阻负载）

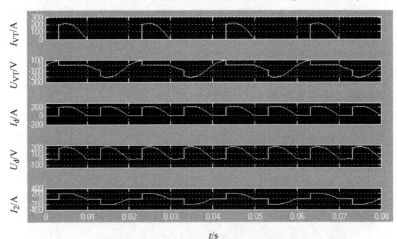

图 2-43　α＝60°单相桥式全控整流电路仿真结果（纯电阻负载）

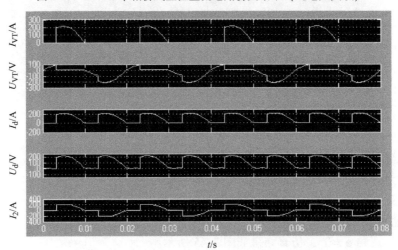

图 2-44　α＝90°单相桥式全控整流电路仿真结果（纯电阻负载）

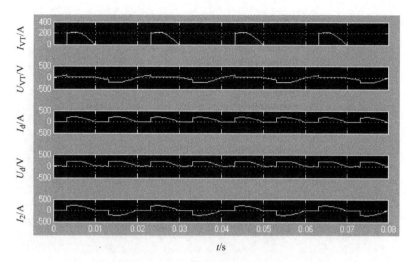

图 2-45　α=0° 单相桥式全控整流电路仿真结果（阻感性负载）

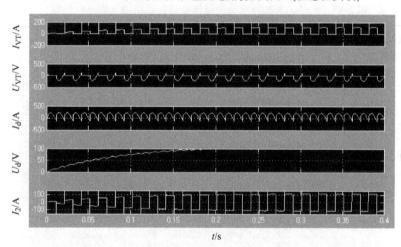

图 2-46　α=30° 单相桥式全控整流电路仿真结果（阻感性负载）

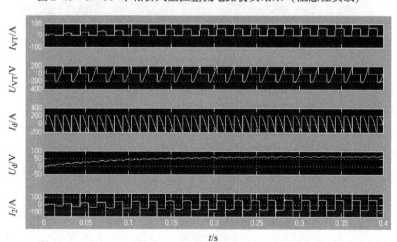

图 2-47　α=60° 单相桥式全控整流电路仿真结果（阻感性负载）

4）触发延迟角 $\alpha = 90°$，仿真结果如图 2-48 所示。

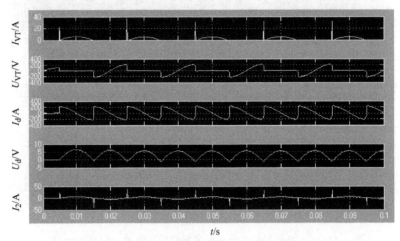

图 2-48　$\alpha = 90°$ 单相桥式全控整流电路仿真结果（阻感性负载）

（3）反电动势负载时的仿真波形

1）触发延迟角 $\alpha = 0°$，MATLAB 仿真波形如图 2-49 所示。

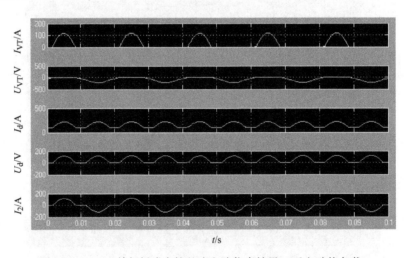

图 2-49　$\alpha = 0°$ 单相桥式全控整流电路仿真结果（反电动势负载）

2）触发延迟角 $\alpha = 30°$，MATLAB 仿真波形如图 2-50 所示。

3）触发延迟角 $\alpha = 60°$，MATLAB 仿真波形如图 2-51 所示。

4）触发延迟角 $\alpha = 90°$，仿真波形如图 2-52 所示。

可以将反电动势负载中的纯电阻改为电阻和电感串联，观察输出的波形有什么不同，该波形与阻感性负载的输出波形相比又有什么不同。

6. 小结

尽管整流电路的输入电压 u_2 是交变的，但负载上正、负两个半波内均有相同的电流流过，输出电压一个周期内脉动两次，由于桥式整流电路在正、负半周均能工作，变压器二次绕组在正、负半周内均有大小相等、方向相反的电流流过，消除了变压器的电流磁化，提高了变压器的有效利用率。

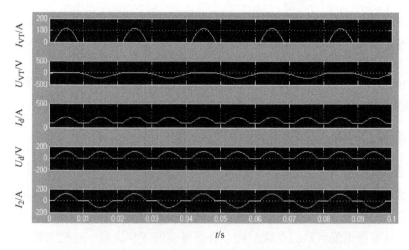

图 2-50 α=30°单相桥式全控整流电路仿真结果（反电动势负载）

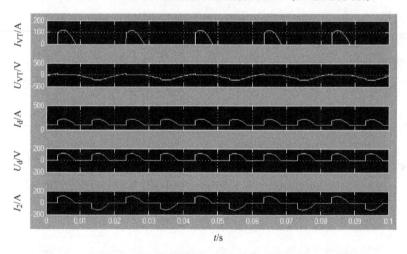

图 2-51 α=60°单相桥式全控整流电路仿真结果（反电动势负载）

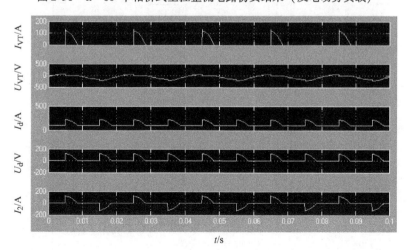

图 2-52 α=90°单相桥式全控整流电路仿真结果（反电动势负载）

当负载为电阻性负载时，输出电压波形与电流波形一致，触发延迟角 α 在 $0° \sim 180°$ 之间变化，可以使输出电压在最大值与最小值之间变化，晶闸管导通角 $\theta = \pi - \alpha$，当负载为阻感性负载时，由于电感的作用，输出电压出现负波形；当电感无限大时，触发延迟角 α 在 $0° \sim 90°$ 之间变化时，可以使输出电压在最大值与最小值之间变化，导通角 θ 与触发延迟角 α 无关，输出电流近似平直，流过晶闸管和变压器二次侧的电流为矩形波。

2.7.3 单相桥式有源逆变电路的建模与仿真

1. 实验原理

本实验电路与单相桥式可控整流电路的电路结构一样，改变电路的有关参数，使电路满足有源逆变的条件即可工作于有源逆变状态，成为有源逆变电路，具体请参见本项目 2.3 节中关于单相桥式有源逆变电路的电路结构、有源逆变的工作原理、逆变失败及最小逆变角的限制等内容的介绍。

2. 元件提取

搭建模型所需要的元件，其提取路径见项目 1 任务 2 表 1-8。

3. 仿真模型建立

在 MATLAB 新建一个 Model，命名为 dianlu24，同时建立模型如图 2-53 所示。

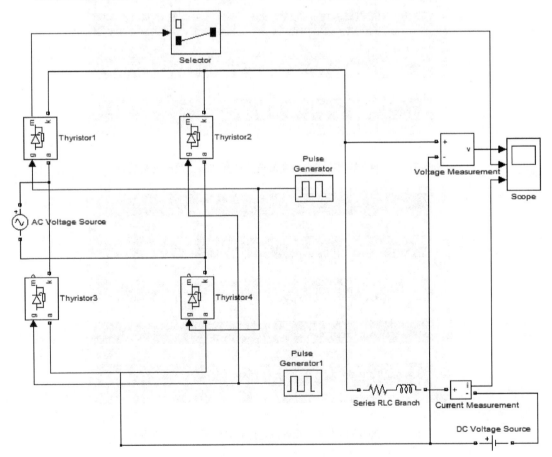

图 2-53 单相桥式全控有源逆变电路仿真模型

4. 模型参数设置

（1）晶闸管参数设置

晶闸管的参数设置采用默认设置。

（2）交流电源参数设置

交流电源的幅值设置为100V。

（3）负载参数设置

负载参数设置对话框如图2-54所示：电阻$R = 2\Omega$，电感$L = 0.01$H，电容$C = \inf$（即为0）。

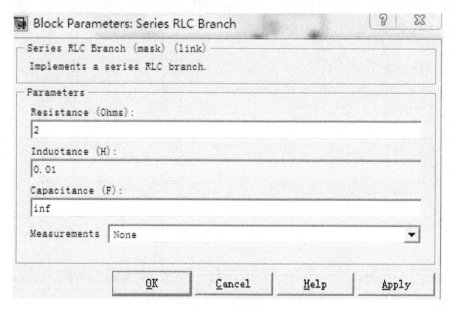

图2-54　负载参数设置

（4）信号选择器的参数设置

信号选择器的参数设置如图2-55所示。这里的"Elements"参数设置为2，表示选择第二路信号，这里第二路信号为晶闸管电压U_{ak}，"Input port width"表示输入信号总数，这里设置为2。

（5）脉冲发生器参数设置

脉冲发生器参数设置如图2-56所示。左图为VT_1和VT_4脉冲发生器的参数设置对话框，右边是VT_2和VT_3的，幅值为1.1V，高于晶闸管的门槛电压0.8V，周期为0.02s，也就是50Hz，脉宽为0.001，延迟分别是0.00333s和0.01333s。这两个数值是这样得来的，按照关系式$t = \alpha T/360°$，触发延迟角$\alpha > 90°$为逆变，若选择$\alpha = 120°$，周期为0.02s，那么可以得出第一个脉冲在0.0067s的时候到来（也可以在该参数设置栏中直接输入算式而不必计算出结果），互补的两套管在一个周期内各导通一次，所以第二个就要加0.01s。

5. 仿真结果与分析

仿真参数：算法（solver）选"ode15s"，相对误差（relative tolerance）设为"1e-3"，开始时间为0，结束时间为0.1s，取$\alpha = 120°$得到仿真结果如图2-57所示。

6. 小结

由电力电子理论知识可知，单相桥式全控整流电路带阻感性负载时的输出电压计算公式

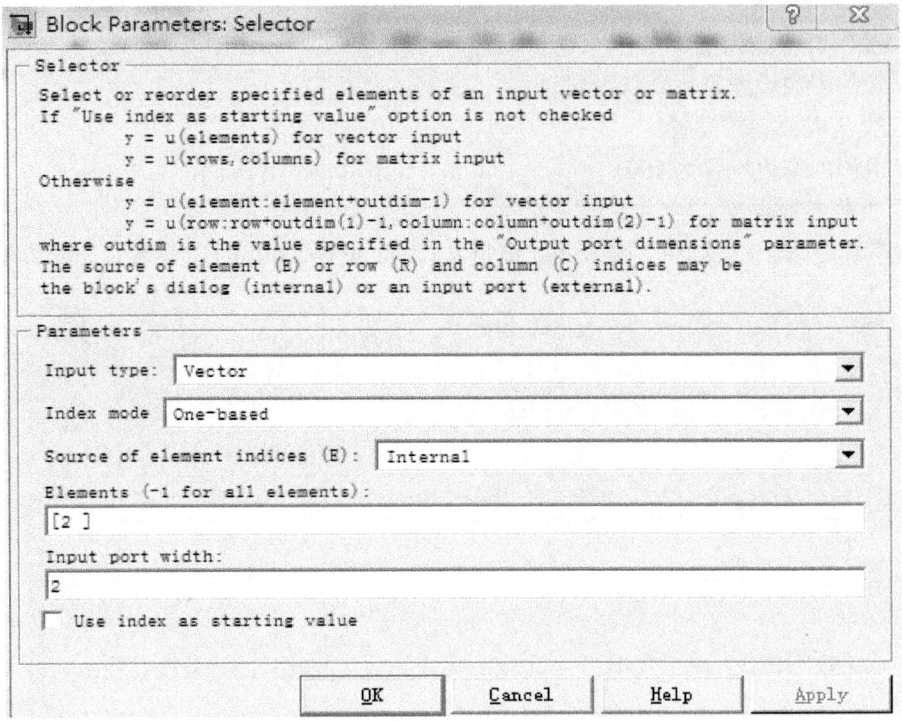

图 2-55　信号选择器的参数设置

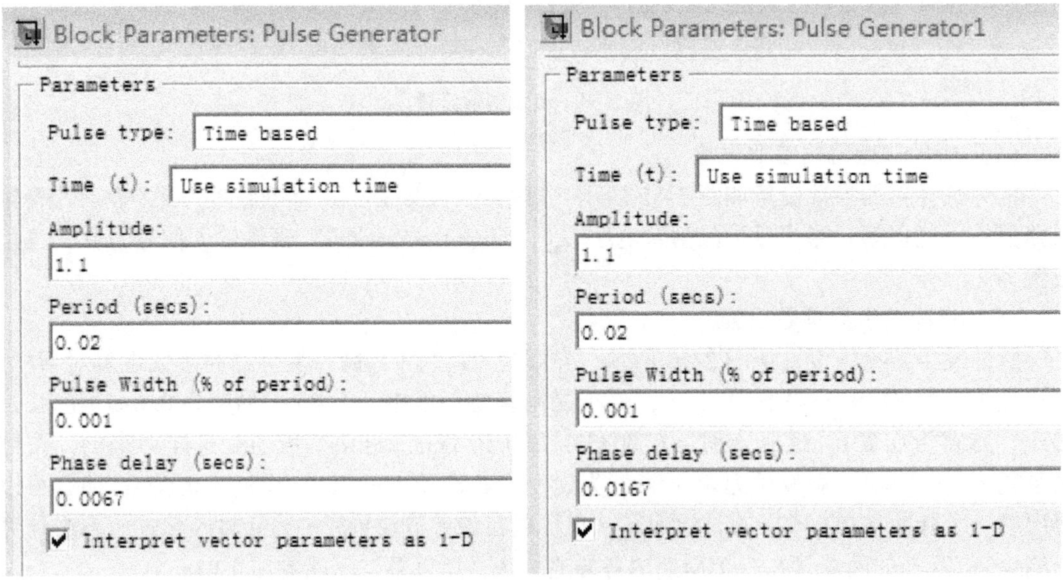

图 2-56　脉冲发生器参数设置

为：$U_d = 0.9U_2\cos\alpha$。当 $\alpha > 90°$ 时，$U_d < 0$。观察仿真结果：当 $\alpha = 120°$ 时，仿真波形如图 2-57 所示。输出电压仿真波形正半周面积小于负半周面积，即负载平均电压为负值，此时变流装置工作于有源逆变状态。由于晶闸管的单相导电性，负载电流 I_d 的方向保持不变，其大小取决于电源和负载。

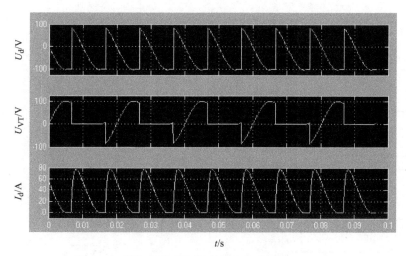

图 2-57 单相桥式有源逆变电路仿真波形 $\alpha = 120°$

2.8 任务 2：三相可控整流电路的建模与仿真

2.8.1 任务目的

1）通过仿真分析进一步熟悉三相可控整流电路的电路结构与工作原理。

2）观察并熟悉三相整流电路的仿真实验波形，熟悉电路工作特性及输出参数。

3）熟悉三相整流电路故障情况下电路的输出波形，掌握故障查找的方法。

2.8.2 三相半波可控整流电路的建模与仿真

1. 实验原理

三相半波可控整流电路的电路结构如图 2-17a 所示，其工作原理及相关物理量的计算参见本项目 2.4.1 小节的介绍。

2. 元件提取

搭建模型所需要的元件，其提取路径见项目 1 的任务 2 中的表 1-8。

3. 仿真模型建立

在 MATLAB 新建一个 Model，命名为 dianlu25，同时建立仿真模型，如图 2-58 所示。由于同步 6 脉冲触发器的 AB、BC 和 CA 端为同步线电压输入端，而三相电源提供的是相电压，所以要通过三个电压表进行转换，其他电流电压测量模块不需要设置直接使用。

4. 模型参数设置

（1）交流电压源参数设置

三相交流电源频率为 50Hz、幅值为 220V、相位两两相差 120°，模块参数设置默认为 A 相相位角设置为 0°，B 相相位滞后 A 相 120°，Phase 设置为 – 120°，C 相相位超前 A 相 120°，Phase 设置为 120°，测量 "measurements" 三相都要选 "Voltage"，以便使用万用表测量电压。

（2）常量模块的参数设置

本系统使用两个常量模块，一个提供触发延迟角 α 的值，一个设置为 0。连接 6 脉冲触

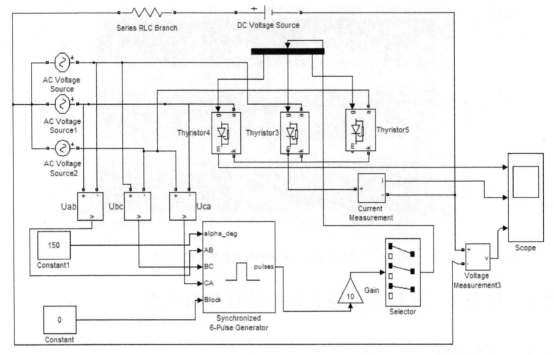

图 2-58　三相半波可控整流电路仿真模型

发器的使能端为 Block，使其能正常工作。

（3）晶闸管的参数设置

晶闸管的参数全部为默认设置不需要改变参数，其参数设置对话框前面已多次显示，在此省略。

（4）信号分路器与信号合并器的参数设置

信号分路器输出（Numbers of outputs）选 3，信号合并器输入（Numbers of inputs）选 3。

（5）同步 6 脉冲触发器的参数设置

频率设置为 50Hz，脉冲宽度设置为 10°。

（6）示波器参数设置

示波器的通道数（Number of axes）设置为 4。

（7）负载 RLC 元件参数设置

当负载为电阻性负载时可设置为：$R = 100\Omega$，$L = 0H$，$C = \inf$。可根据需要修改负载 RLC 元件参数的设置。

（8）仿真参数设置

选择 "ode23tb" 算法，将相对误差设置为 "1e-3"，开始仿真时间设置为 "0"，停止仿真时间设置为 "0.08"，可以显示 4 个周期的波形，也可根据需要进行修改这一数值。

5. 仿真结果与分析

按照上述设置运行仿真电路，可得到电阻性负载下触发脉冲 α 分别为 30°、60°、90°、120° 的输出波形，如图 2-59、图 2-60、图 2-61 和图 2-62 所示。在波形图中从上至下依次为晶闸管 VT_1、VT_3、VT_5 脉冲电压波形 U_g、负载电流 I_d 波形、负载电压 U_d 波形、三相电源相电压 U_2（U_a、U_b、U_c）波形。可以自行将负载设置为阻感性负载进行仿真。

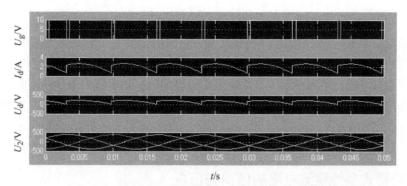

图 2-59 三相半波可控整流电路仿真结果（电阻负载，触发延迟角 $\alpha = 30°$）

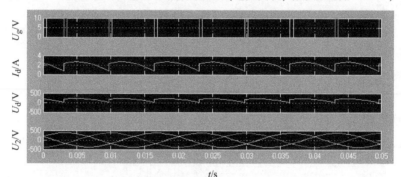

图 2-60 三相半波可控整流电路仿真结果（电阻负载，触发延迟角 $\alpha = 60°$）

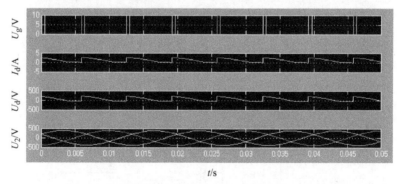

图 2-61 三相半波可控整流电路仿真结果（电阻负载，触发延迟角 $\alpha = 90°$）

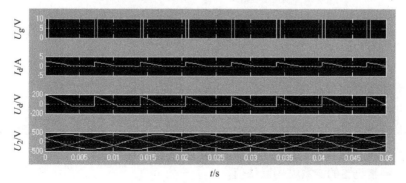

图 2-62 三相半波可控整流电路仿真结果（电阻负载，触发延迟角 $\alpha = 120°$）

6. 小结

三相半波可控整流电路带电阻性负载时，$\alpha=30°$是波形处于连续和断续的临界点，输出电压波形与输出电流波形相同，均只有正的部分。带阻感性负载时，输出电压波形出现负的部分，当电感较小时，输出电压波形的正面积大于负面积，平均电压大于零。调整仿真模型的相关参数使三相半波电路工作在整流和逆变交界时（$\alpha=90°$），输出电压波形正负面积相等，平均电压等于零。工作在有源逆变状态时（$\alpha=120°$，此时增加一个反电动势），输出电压波形正面积小于负面积，直流平均电压小于零，电流方向未变，仿真结果与理论相吻合。

2.8.3 三相桥式全控整流电路的建模与仿真

1. 实验原理

三相桥式全控整流电路原理如图2-22所示。其工作原理及基本物理量的计算参见本项目2.4.3及2.4.4小节的介绍。

2. 元件提取

搭建模型所需要的元件，其提取路径见项目1的任务2中的表1-8。

3. 仿真模型建立

在MATLAB新建一个Model，命名为dianlu26，同时建立模型如图2-63所示。

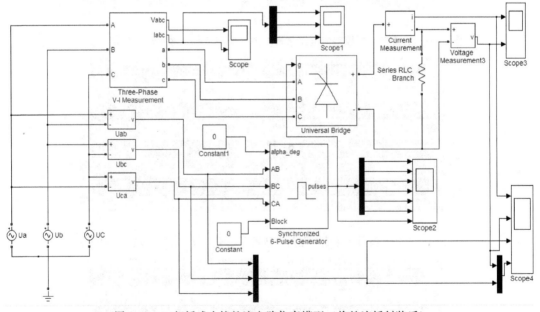

图2-63 三相桥式全控整流电路仿真模型（将整流桥封装后）

4. 模型参数设置

（1）三相交流电源

电源频率设置为50Hz，电压设置为100V，其相位角度分别为0°、120°和−120°。

（2）三相晶闸管整流器

三相晶闸管整流器的参数使用默认值。

（3）6脉冲发生器

频率为50Hz，脉冲宽度取1，取双脉冲触发方式。脉冲参数中振幅为1V，周期为

0.02s，占空比为 10%。

（4）6 脉冲发生器使能端

六脉冲发生器使能端的设置，可以根据需要将脉冲触发相位角（Alpha_deg）设置为 30°、60°和 90°，触发器控制端（Block），输入为 0 时为开放触发器，输入大于 0 时为封锁触发器。Pulse 是 6 脉冲输出信号。

（5）负载

可以根据需要设成纯电阻、阻感性负载等，本次仿真中为电阻负载 $R = 10\Omega$，阻感性负载 $R = 10\Omega$，$L = 1\mathrm{H}$。

（6）仿真参数

算法（solver）为"ode15s"，相对误差（relative tolerance）为"1e-3"，开始时间 0，结束时间 0.08s。

5. 仿真结果与分析

（1）纯电阻负载

设置触发延迟角 α 分别为 0°、60°和 90°。其产生的相应波形分别如图 2-64、图 2-65 和图 2-66 所示。在波形图中从上至下，第一个为负载电流 I_d 波形，第二个为负载电压 U_d 波形，第三个为三相电源电压 U_2（U_a、U_b、U_c）波形，第四个为负载电压 U_d 波形和三相电源电压 U_2 波形。

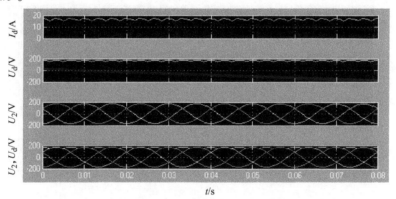

图 2-64　$\alpha = 0°$时的三相桥式全控整流电路仿真波形

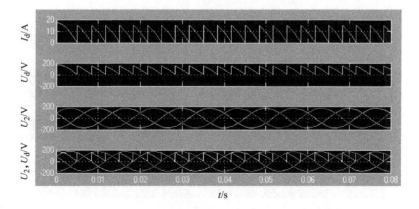

图 2-65　$\alpha = 60°$时的三相桥式全控整流电路仿真波形

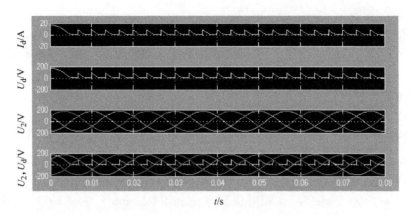

图 2-66　α = 90°时的三相桥式全控整流电路仿真波形

（2）阻感性负载

设置触发延迟脉冲 α 分别为 0°、60°和 90°。其产生的相应波形分别如图 2-67、图 2-68 和图 2-69 所示。在波形图中从上至下，第一个为负载电流 I_d 波形，第二个为负载电压 U_d 波形，第三个为三相电源电压 U_2（U_a、U_b、U_c）波形，第四个为负载电压 U_d 波形和三相电源电压 U_2 波形。

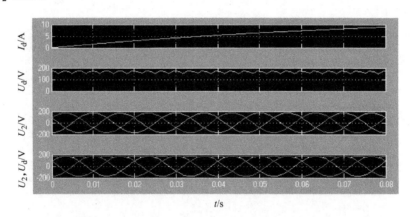

图 2-67　α = 0°时的三相桥式全控整流电路仿真波形

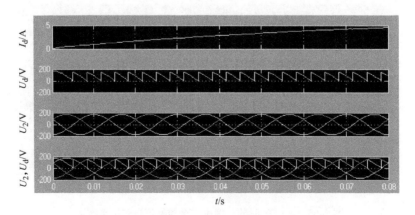

图 2-68　α = 60°时的三相桥式全控整流电路仿真波形

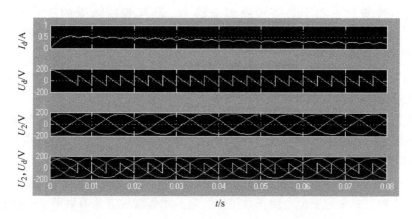

图 2-69　α = 90°时的三相桥式全控整流电路仿真波形

6. 小结

通过仿真波形可知三相桥式全控整流电路带阻感性负载时，随着控制角增大晶闸管的电流和电压随之减小，直至 α = 90°时基本为零，所以触发延迟角的移相范围是 0° ~ 90°。如果将触发延迟角在 90°的基础上继续增大，整流输出电压 u_d 波形将全为零，其平均值也为零。由于电感的存在，电流的波形基本趋于平直化，从仿真波形上看，稍微有所波动，不过最终会趋向于零或是在零附近很小的范围内波动。

2.9　练习题与思考题

一、填空题

1. 整流是把_____电变换为_____电的过程；逆变是把_____电变换为_____电的过程。

2. 逆变电路分为_____逆变电路和_____逆变电路两种。

3. 按负载的性质不同，晶闸管可控整流电路的负载分为_____性负载，_____性负载和_____负载三大类。

4. 逆变角 β 与触发延迟角 α 之间的关系为_____。

5. 当电源电压发生瞬时与直流侧电源_____联，电路中会出现很大的短路电流流过晶闸管与负载，这称为_____或_____。

6. 为了保证逆变器能正常工作，最小逆变角应为_____。

7. 由两套晶闸管组成的可逆变流装置中，两组晶闸管有四种工作状态，分别是_____正组整流状态、_____状态、_____状态和_____状态。

8. 单相桥式全控整流电路中，带纯电阻负载时，α 角移相范围为_____，单个晶闸管所承受的最大正向电压和反向电压分别为_____；带阻感性负载时，α 角移相范围为_____，单个晶闸管所承受的最大正向电压和反向电压分别为_____；带反电动势负载时，欲使电阻上的电流不出现断续现象，可在主电路中直流输出侧串联一个_____。

9. 单相全波可控整流电路中，晶闸管承受的最大反向电压为_____（电源相电压为 U_2）。

10. 带电阻性负载三相半波可控整流电路中，晶闸管所承受的最大正向电压等于 _____，晶闸管触发延迟角 α 的最大移相范围是 _____，使负载电流连续的条件为 _____（U_2 为相电压有效值）。

11. 三相半波可控整流电路中的三个晶闸管的触发脉冲相位按相序依次互差 _____，当它带阻感性负载时，触发脉冲的移相范围为 _____。

12. 三相桥式全控整流电路带电阻负载工作中，共阴极组中处于通态的晶闸管对应的是 _____ 的相电压，而共阳极组中处于导通的晶闸管对应的是 _____ 的相电压；这种电路触发脉冲的移相范围是 _____，u_d 波形连续的条件是 _____。

13. 对于三相半波可控整流电路，换相重叠角的影响，将使用输出电压平均值 _____。

14. 要使三相桥式全控整流电路正常工作，对晶闸管触发方法有两种，一是用 _____ 触发，二是用 _____ 触发。

15. 三相桥式全控整流电路是由一组共 _____ 极三只晶闸管和一组共 _____ 极的三只晶闸管串联后构成的，晶闸管的换相是在同一组内的元件进行的。每隔 _____ 换一次相，在电流连续时每只晶闸管导通 _____。要使电路工作正常，必须任何时刻要有 _____ 只晶闸管同时导通，一个是共 _____ 极组的，另一个是共 _____ 极组的元件，且要求不是同一个 _____ 的两个元件。

二、选择题

1. 在单相桥式全控整流电路中，晶闸管 $VT_{1,4}$ 和 $VT_{2,3}$ 的触发脉冲相隔（   ）。
A. 180°   B. 60°   C. 360°   D. 120°

2. 在单相桥式全控整流电路中，电阻性负载时，触发延迟角 α 的有效移相范围是（   ）。
A. 0°~90°   B. 0°~180°   C. 90°~180°   D. 0°~360°

3. 在单相桥式全控整流电路中，大电感负载时，触发延迟角 α 的有效移相范围是（   ）。
A. 0°~90°   B. 0°~180°   C. 90°~180°   D. 0°~360°

4. 单相桥式半控整流电路，大电感负载时，为了避免出现一个晶闸管一直导通，另两个整流二极管交替换相导通的失控现象发生，采取的措施是在负载两端并联一个（   ）。
A. 电容   B. 电感   C. 电阻   D. 二极管

5. 设接有续流二极管的单相半波可控变流电路中触发延迟角为 α，带大电感负载，则续流二极管的导通角为（   ）。
A. $2\pi + \alpha$ B. $2\pi - \alpha$ C. $\pi - \alpha$ D. $\pi + \alpha$

6. 单相全控桥，带大电感负载，若负载平均电流为 I_d，则流过变压器二次电流的有效值为（   ）。
A. $\dfrac{\sqrt{2}}{2} I_d$ B. $\dfrac{1}{3} I_d$ C. $\dfrac{1}{2} I_d$ D. I_d

7. 单相桥式可控整流电路带电阻性负载时，晶闸管承受正向电压的最大值为（   ）。
A. $\dfrac{1}{2}\sqrt{2} U_2$ B. $\sqrt{2} U_2$ C. $2\sqrt{2} U_2$ D. $\sqrt{6} U_2$

8. 单相桥式全控整流电路带电阻性负载时，电路中晶闸管的导通角是（   ）。
A. 180°   B. 360°   C. 180° - α D. 180° + α

9. 单相桥式可控整流电路输出电压的波形中，每个周期包含（ ）个波头。

A. 1　　　　　　　　B. 2　　　　　　　　C. 3　　　　　　　　D. 4

10. 单相桥式可控整流电路中，共阳极晶闸管对应的是输出电压的（ ）极。

A. 正　　　　　　　　B. 负　　　　　　　　C. 不一定

11. 交-直型电力机车传动调速系统（单相反并联全控桥式变流电路）能在（ ）象限内运行。

A. 1　　　　　　　　B. 2　　　　　　　　C. 3　　　　　　　　D. 4

12. 为了防止逆变失败，最小逆变角限制为（ ）。

A. 10°～15°　　　　B. 20°～25°　　　　C. 30°～35°　　　　D. 40°～45°

13. 在有源逆变电路中，逆变角 β 的移相范围应选（ ）为最好。

A. $\beta = 90°～150°$　　B. $\beta = 35°～90°$　　C. $\beta = 0°～90°$　　D. $\beta = 0°～30°$

14. 变流器工作在逆变状态时，触发延迟角 α 必须在（ ）。

A. 大于180°　　　　B. 小于180°　　　　C. 小于90°　　　　D. 大于90°

15. 在交-直型电力机车的传动调速系统中，当电机正转时对应的是哪种工作状态（ ）。

A. 正组整流　　　　B. 反组整流　　　　C. 正组逆变　　　　D. 反组逆变

16. 下列哪一项不属于造成逆变失败的原因（ ）。

A. 触发电路故障　　　　　　　　　　B. 晶闸管故障

C. 逆变时，交流电源缺相或消失　　　　D. 换相重叠角太小

17. 三相半波可控整流电路的自然换相点是（ ）。

A. 交流相电压的过零点

B. 本相相电压与相邻相电压正半周的交点处

C. 比三相不控整流电路的自然换相点超前30°

D. 比三相不控整流电路的自然换相点滞后60°

18. 三相全控桥式整流电路带大电感负载时，触发延迟角 α 的有效移相范围是（ ）。

A. 0°～90°　　　　B. 30°～120°　　　　C. 60°～150°　　　　D. 90°～150°

19. 三相全控整流桥电路，如采用双窄脉冲触发晶闸管时，下图中哪一种双窄脉冲间距相隔角度符合要求，请选择（ ）。

A　　　　　　　　　　B　　　　　　　　　　C

20. 三相桥式全控整流电路带电阻负载时，当触发延迟角 $\alpha = 0°$，输出的负载电压平均值为（ ）。

A. $0.45U_2$　　　　B. $0.9U_2$　　　　C. $1.17U_2$　　　　D. $2.34U_2$

21. 三相半波可控整流电路带电阻性负载时，当触发延迟角 α 为（ ），整流后的输出电压与电流波形断续。

A. $0° < \alpha \leqslant 30°$　　B. $30° < \alpha \leqslant 150°$　　C. $60° < \alpha < 180°$　　D. $90° < \alpha < 180°$

22. $\alpha =$（   ）时，三相桥式全控整流电路带电阻负载时，输出负载电压波形处于连续和断续的临界状态。

A. 0°   B. 60°   C. 30°   D. 120°

23. 三相桥式全控整流电路带电阻性负载时的移相范围为（   ）。

A. 0 ~ 180°   B. 0 ~ 150°   C. 0 ~ 120°   D. 0 ~ 90°

24. 三相桥式全控整流电路带大电感负载时，当 $\alpha =$（   ），整流后的平均电压 $U_d = 0$。

A. 30°   B. 60°   C. 90°   D. 120°

25. 三相半波可控整流电路在换相时，换相重叠角 γ 的大小与哪几个参数有关（   ）。

A. α、I_d、X_L、U_2 B. α、I_d

C. α、U_2 D. α、U_2、X_L

26. 三相半波可控整流电路中的三个晶闸管的触发脉冲相位互差（   ）。

A. 150°   B. 60°   C. 120°   D. 90°

27. 在三相桥式全控有源逆变电路中，晶闸管可能承受最大正向电压的峰值为（   ）。

A. U_2 B. $\sqrt{3}\,U_2$

C. $\sqrt{6}\,U_2$ D. $\sqrt{2}\,U_2$

28. 三相桥式全控整流电路在宽脉冲触发方式下一个周期内所需要的触发脉冲共有六个，它们在相位上依次相差（   ）。

A. 60°   B. 120°   C. 90°   D. 180°

三、问答题

1. 单相桥式全控整流电路中，若有一只晶闸管因过电流而烧成短路，结果会怎样？若这只晶闸管烧成断路，结果又会怎样？

2. 单相桥式全控整流电路带大电感负载时，它与单相桥式半控整流电路中的续流二极管的作用是否相同？为什么？

3. 有源逆变的工作原理是什么？实现有源逆变的条件是什么？变流装置有源逆变工作时，其直流侧为什么能出现负的直流电压？

4. 导致逆变失败的原因是什么？最小逆变角一般取为多少？

5. 试举例说明有源逆变有哪些应用？

6. 单相可控整流电路供电给电阻负载或给蓄电池充电（反电势负载），在触发延迟角 α 相同、负载电流平均值相等的条件下，哪一种负载晶闸管的额定电流值大一些？为什么？

7. 一个移相触发电路，一般都由哪些基本环节组成？

8. 正弦波移相触发电路移相控制的原理是什么？如何改变触发脉冲的宽度？

9. 锯齿波同步移相触发电路有何优点？锯齿波的底宽是由什么元器件参数决定的？输出脉冲宽度是如何调整的？

10. 双窄脉冲与单宽脉冲相比有什么优点？

四、计算与作图题

1. 单相桥式全控整流电路，$U_2 = 100\text{V}$，负载中 $R = 2\Omega$，L 值极大，当 $\alpha = 30°$时：

1）画出 u_d、i_d 和 i_2 的波形。

2）求整流输出平均电压 U_d、电流 I_d，变压器二次电流有效值 I_2。

3）考虑安全裕量，确定晶闸管的额定电压和额定电流。

2. 单相桥式全控整流电路，$U_2 = 100\text{V}$，负载中 $R = 2\Omega$，L 值极大，反电势 $E = 60\text{V}$，当 $\alpha = 30°$ 时：

1）画出 u_d、i_d 和 i_2 的波形。

2）求整流输出平均电压 U_d、电流 I_d，变压器二次电流有效值 I_2。

3）考虑安全裕量，确定晶闸管的额定电压和额定电流。

3. 设单相桥式整流电路中有源逆变电路的逆变角为 $\beta = 60°$，试画出输出电压 u_d 的波形图。

4. 三相半波可控整流电路，带阻感性负载。已知 $\alpha = 60°$，绘出输出电压、电流，以及变压器二次绕组各相电流和管压波形。

5. 三相桥式全控整流电路，带阻感性负载。已知：$U_2 = 100\text{V}$，$R = 5\Omega$，L 的值极大。当 $\alpha = 30°$ 时，计算输出 U_d，I_d，I_VT，I_2 的值。并画出相电压 $u_{\text{d}1}$ 和 $u_{\text{d}2}$、输出电压 u_d、电流 i_d 和 i_a 的波形。

6. 在下面两图中，一个工作在整流电动机状态，另一个工作在逆变发电机状态。

1）标出 U_d、E 及 i_d 的方向。

2）说明 E 与 U_d 的大小关系。

3）当 α 与 β 的最小值均为 30°时，触发延迟角 α 的移向范围为多少？

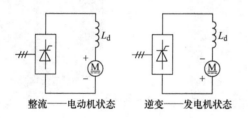

图 2-70　计算与作图题第 6 题图

7. 请利用图 2-71 所示的六块锯齿波同步触发电路的 X、Y 控制端，本身产生单窄脉冲，要使之符合三相桥式全控电路触发要求，对图中 6 个触发电路板中 X、Y 端合理连接并画出连接图。

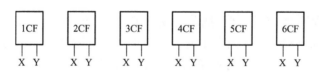

图 2-71　计算与作图题第 7 题图

项目 3　认识逆变式直流弧焊机

3.1　知识点引入

3-1　项目导入

【项目描述】

图 3-1a 所示为常见的弧焊机，弧焊机按输出电源的种类一般可以分为交流电源型、直流电源型和脉冲型三种，其中直流电源型弧焊机又通常称为逆变式直流弧焊机，常见的逆变式直流弧焊机内部构成如图 3-1b 所示。

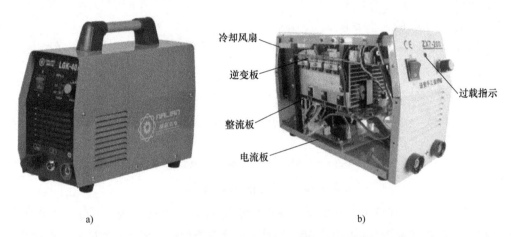

冷却风扇
逆变板
整流板
电流板
CE ZX7-300
过载指示

a)　　　　　　　　　　　　　b)

图 3-1　常见的逆变式直流弧焊机的外形及内部构成

a）常见弧焊机的外形　b）逆变式直流弧焊机的内部构成

逆变式直流弧焊机的工作原理是把单相或三相工频（50Hz）交流电经整流后，由逆变器逆变成几 kHz 到几十 kHz 的中频交流电，经变压器降至适合于焊接的几十伏电压，再次整流并经电抗滤波输出相当平稳的直流电，利用电焊机的两个电极（焊条或焊丝为一极，工件为另一极）瞬间短路时产生的电弧而熔化金属，使其结合实现焊接。

上述逆变式弧焊电源的变流过程为：AC→DC→AC→DC，逆变式直流弧焊机主电路原理框图如图 3-2 所示。

图 3-3 所示为一逆变式弧焊机的主电路结构图。接触器 K 为电源开关；RT 为启动电阻，用以限制开机时给后面的滤波电容器充电时产生的浪涌电流；DB 为一单相桥式不可控整流电路，将交流电转换为直流电。再经 C_1、C_2 充电，这里电阻 R 为放电电阻，因在关机以后，滤波电容中有很高电压，为了安全，用此电阻将滤波电容中所储存的电能消耗掉。开关管（此处为电力场效应晶体管）Q_1、Q_2、Q_3、Q_4 组成全桥逆变器，在驱动信号作用下，将 380V 直流电转变成 100kHz 交流电。C_3 是为避免直流电流流过变压器促成变压器饱和而接入

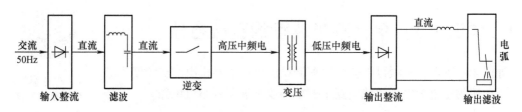

图 3-2　逆变式直流弧焊机主电路原理框图

的电容。逆变电路输出的高频交流电通过变压器 T_1 降低为适合电弧焊接所需要的几十伏的低电压,再经由 VD_5、VD_6 两个二极管组成的单相双半波可控整流电路进行二次整流,输出直流电进行焊接。电抗器 L_1 起到平波续流作用,可使输出电流变得连续稳定,保证焊接质量。RF 是分流器,用于检测输出电流的大小,提供反馈信号。

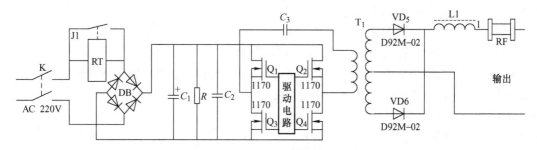

图 3-3　逆变式直流弧焊机主电路结构图

【相关知识点】

在逆变式直流弧焊机的主电路当中包含有两个整流环节,分别为单相桥式不可控整流电路 DB 与由 VD_5、VD_6 所组成的单相双半波可控整流电路,另包含一个由全控型电力电子器件所组成的单相无源逆变电路,其中单相桥式可控整流电路已在前面的课程中进行了介绍,要想理解逆变式直流弧焊机的工作原理,需要学习以下几个知识点:

- 知识点 1:单相双半波可控整流电路。
- 知识点 2:全控型电力电子器件。
- 知识点 3:单相无源逆变电路。
- 扩展知识点:三相无源逆变电路。

【学习目标】

完成本项目的学习后,能够:

1)掌握单相双半波可控整流电路的电路结构、工作原理,能够理解和区分各种整流电路的特点。

2)掌握全控型电力电子器件的结构、工作原理及工作特性。

3)掌握单相和三相无源逆变电路的电路结构、工作原理及相关参数的计算方法。

4)能够通过实验调试实际电路,并通过实验波形分析电路,判断和排除电路故障。

3.2 知识点 1：单相双半波可控整流电路

3-2 单相双半波
可控整流电路

如图 3-4 所示，本项目中逆变式直流弧焊机主电路输出的交流变直流
部分所使用的是电力电子整流电路中的单相双半波可控整流电路。

3.2.1 电路结构与工作原理

单相双半波可控整流电路也是一种实用的单相
可控整流电路，它相当于两个单相半波可控整流电
路组合到一起，每个周期输出两个半波，因此被称
为单相双半波可控整流电路，又称单相全波可控整
流电路。一般电路如图 3-5a 所示。

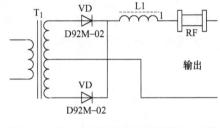

图 3-4 逆变式直流弧焊机整流输出电路

单相双半波可控整流电路中变压器 T 带中心抽
头，在 u_2 的正半轴，VT_1 承受正向电压、VT_2 承受
反向电压，以一定的触发延迟角触发 VT_1 使其导通，
这时负载两端得到的输出电压 u_d 大小等于 u_2，变压
器二次绕组上半部分流过
正向电流，直到电源电压
过零变负时晶闸管 VT_1 关
断；在 u_2 的负半周，VT_2
承受正向电压、VT_1 承受
反向电压，以一定的触发
延迟角触发 VT_2 使其导通，
负载两端得到的输出电压
u_d 大小等于 $-u_2$，变压器
二次绕组下半部分流过反
方向的电流，直到电源电

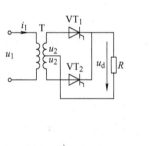

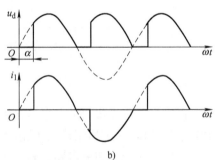

a) b)

图 3-5 单相双半波可控整流电路及波形
a) 电路结构 b) 电阻性负载输出电压及电流波形

压过零变负时晶闸管 VT_2 关断。图 3-5b 给出了电阻性负载时输出电压 u_d 和变压器一次电流
i_1 的波形。

可以看出，单相双半波可控整流电路与单相桥式可控整流电路的输出一致，变压器二次
绕组的电流波形也一样，变压器同样不存在直流磁化的问题，当输出端接其他负载时，有相
同的结论，在这里不再重复叙述。

3.2.2 单相双半波整流电路的优缺点分析

项目 1 中的单相半波可控整流电路中变压器存在直流磁化的问题，而单相桥式可控整流
电路解决了变压器直流磁化的问题，并实现了全波整流，但电路中使用了四个晶闸管；单相
双半波可控整流电路在结构上介于单相半波整流电路和单相桥式整流电路之间，使用了两个
晶闸管，但同样获得全波整流输出，且避免了变压器直流磁化的问题。单相双半波可控整流
电路使用两个晶闸管，使相应的驱动电路得以简化，导电回路的管压降也比桥式整流减少一

个，但单相双半波可控整流电路也存在一定缺陷：

1）在电源电压即变压器一次电压一定的情况下，整流输出电压的幅值只有单相桥式整流电路整流输出电压的一半，或者说要想获得一样大小的输出，电源电压需要升高一倍，电源电压的利用率降低。

2）变压器二次绕组带中心抽头，结构较复杂，绕组及铁心对铜、铁等材料的消耗比桥式整流要多，在如今有色金属资源有限的情况下，这是不利的。

3）单相双半波可控整流电路中，晶闸管承受的最大电压为 $2\sqrt{2}\,U_2$，是单相全控桥式整流电路的两倍。

综合上述考虑，单相双半波整流电路适合于在低输出电压的场合应用。

3.3 知识点 2：全控型电力电子器件

在图 3-3 中的单相桥式无源逆变电路中所使用的电力电气器件 $Q_1 \sim Q_4$ 是全控型电力电子器——功率场效应晶体管，在电力电子技术当中，有多种全控型电力电子器件，他们具有不同的优缺点，适用于不同的场合，现介绍几种最常用的电力电子器件。

3.3.1 电力晶体管 GTR

3-3 电力晶体管 GTR

电力晶体管（Giant Transistor，GTR），又称双极型功率晶体管（Bipolar Junction Transistor，BJT），英文有时候也称为 Power BJT，在电力电子技术的范围内，GTR 与 BJT 这两个名称等效。GTR 与 GTO（门极关断晶体管）一样具有自关断能力，属于电流控制型自关断器件，具有饱和压降低，开关性能好，工作电流大，耐压高等优点。在 20 世纪 80 年代以来，GTR 在中、小功率范围内取代晶闸管，但目前又大多被 IGBT（绝缘栅双极型晶体管）和电力 MOSFET（电力场效应晶体管）所取代。

1. GTR 的结构

在结构上，GTR 采用至少由两个晶体管单元按达林顿接法组成的单元结构，并采用集成电路工艺将许多这种单元并联起来构成一个 GTR。如图 3-6a 和图 3-6b 所示，分别为单个电力晶体管单元的结构和电力晶体管的电气符号，GTR 的基本结构与小功率晶体管相似，也是由三层半导体形成的两个 PN 结（集电结和发射结）构成，分 NPN 型和 PNP 型两种，多采用 NPN 结构，引出三个电极，分别为基极 B、集电极 C 和发射极 E。

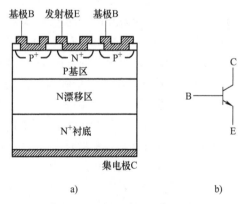

图 3-6 GTR 结构及图形符号

a）GTR 的结构 b）GTR 的图形符号

2. GTR 的工作原理

GTR 的工作原理与普通的双极结型晶体管基本原理是一样的，一般采用共发射极接法，集电极电流 I_C 与基极电流 I_B 有以下关系 $\beta = I_C / I_B$，β 称为 GTR 的电流放大系数，反映了

GTR 基极对集电极电流的控制能力。GTR 的说明书中通常给出的是直流电流增益 h_{FE}，它是在直流工作条件下的集电极电流 I_C 与基极电流 I_B 之比，一般认为 $\beta = h_{FE}$。

3. GTR 的基本特性

（1）伏安特性

GTR 的伏安特性是指 GTR 的集电极电流 I_C 随集电极和发射极间电压 U_{CE} 变化的关系，对应的伏安特性曲线如图 3-7 所示。GTR 在共发射极接法时，其典型输出伏安特性包括三个区。

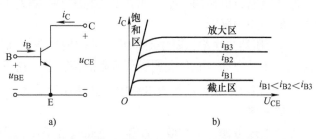

图 3-7　共发射极接法时 GTR 的伏安特性

a）GTR 伏安特性实验电路　b）GTR 伏安特性曲线

1）截止区：GTR 的 E 结和 C 结均承受高压反偏电压，仅有极少的漏电流存在，相当于开关断开（阻断）。

2）放大区：$I_C = \beta I_B$，E 结正偏、C 结反偏，此时 GTR 功耗很大。

3）饱和区：E 结和 C 结均正偏。GTR 饱和导通，导通压降很小，但通过电流却很大，相当于开关闭合（导通），但关断时间长。

在电力电子电路中，GTR 工作在开关状态，即工作在截止区或饱和区，在开关过程中，即在截止区和饱和区之间过渡时，要经过放大区。

（2）动态特性

图 3-8 给出了 GTR 基极电流 i_B 和集电极电流 i_C 随时间变化的关系，GTR 基极电流从零上升到稳定值的时间对应它的开通过程，从稳定值降低到零对应它的关断过程。

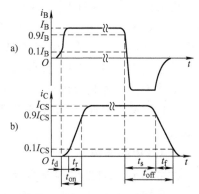

1）开通过程

GTR 的开通过程需要经过开通延迟时间 t_r 和电流上升时间 t_r，二者之和为开通时间 t_{on}，即 $t_{on} = t_d + t_r$。

t_d：从 I_C 开始上升至 $10\% I_{CS}$（电力晶体管达到稳定导通后的集电极电流）所对应的时间，这段时间用于由于 GTR 开通时首先要给发射结和集电结的势垒电容进行充电以去掉空间电荷区而产生的。

图 3-8　GTR 开关过程中 i_B 和 i_C 波形

a）i_B 波形　b）i_C 波形

t_r：I_C 从 $10\% I_{CS}$ 上升至 $90\% I_{CS}$ 所需时间。

增大基极驱动电流 I_B 的幅值并增大 di_B/dt，可以缩短开通延迟时间，同时也可以缩短上升时间，从而加快开通过程。

2）关断过程

GTR 的关断过程需要经过存储时间 t_s 和下降时间 t_f。

t_S：存储时间从 i_B 下降到其幅值 90% 的时刻起，到 I_C 下降至 $90\% I_{CS}$ 所对应的时间，这段时间是用来除去饱和导通时储存在基区的载流子的，是关断时间的主要部分。

t_f：I_C 从 $90\% I_{CS}$ 下降至 $10\% I_{CS}$ 所对应的时间。

二者之和为关断时间 t_{off}，即：$t_{off} = t_S + t_f$。

减小导通时的饱和深度以减小储存的载流子，或者增大基极抽取负电流 I_{b2} 的幅值和负偏压，可以缩短储存时间，从而加快关断速度。

GTR 的开关时间在几微秒以内，比晶闸管和 GTO 都短很多。

4. GTR 的主要参数

GTR 的参数除电流放大倍数 β、直流电流增益 h_{FE}、集射极间漏电流 I_{CEO}、集射极间饱和压降 U_{CES}、开通时间 t_{on} 和关断时间 t_{off} 外还有：

（1）最高工作电压 U_{TM}

GTR 上电压超过最高工作电压时会发生击穿，这一参数体现了 GTR 的耐击穿能力。实际使用时，为确保安全，最高工作电压要比 BU_{CEO}（基极开路时集电极与发射极间的击穿电压）低得多。

（2）集电极最大允许电流 I_{CM}

当 GTR 的电流超过集电极最大允许电流时，容易造成 GTR 内部构件的烧毁，实际使用时要留有裕量，只能用到 I_{CM} 的一半或稍多一点。

（3）最大耗散功率 P_{CM}

最大耗散功率指 GTR 在最高允许结温时对应的耗散功率，它是 GTR 容量的重要标志。

5. GTR 的二次击穿现象与安全工作区

GTR 的一次击穿是指集电结反偏且集电极电压升高至击穿电压时，空间电荷区发生载流子雪崩式倍增、I_C 迅速增大的现象。出现雪崩击穿，只要 I_C 不超过限度，GTR 一般不会损坏，工作特性也不变。

在发生一次击穿发生时，若未有效的控制 I_C，则 I_C 增大到某个临界点时会突然急剧上升，并伴随电压的陡然下降，这种现象叫作二次击穿，将导致器件的永久损坏，或者工作特性明显衰变，二次击穿时 GTR 的特性曲线如图 3-9 所示。

GTR 的安全工作区（Safe Operating Area，SOA）由最高电压 U_{CEM}、集电极最大允许电流 I_{CM}、最大耗散功率 P_{CM} 和二次击穿临界线限定，如图 3-10 阴影区域所示。该区域限定了 GTR 在工作时电压、电流及功率的限制范围，GTR 工作时不仅不能超过最高工作电压 U_{CEM}、集电极最大电流 I_{CM} 和最大耗散功率 P_{CM}，也不能超过二次击穿临界线。

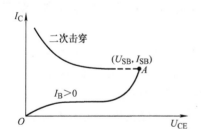

图 3-9　二次击穿示意图

U_{SB}—二次击穿电压（发生二次击穿时所对应的集电极电压）

I_{SB}—二次击穿电流（发生二次击穿时所对应的集电极电流）

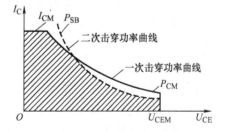

图 3-10　GTR 安全工作区

P_{SB}—二次击穿功率

P_{CM}—最大耗散功率

3.3.2　电力场效应晶体管 MOSFET

图 3-3 中逆变式直流弧焊机主电路逆变环节所使用的电力电子器件就是电力场效应晶体

管，像用于信息处理的小功率场效应晶体管（Field Effect Transistor, FET）一样，电力场效应晶体管也分为结型和绝缘栅型，绝缘栅型中的 MOS 型（Metal Oxide Semiconductor FET）简称为电力 MOSFET（Power MOSFET），结型电力场效应晶体管一般称作静电感应晶体管（Static Induction Transistor, SIT），这里主要介绍电力 MOSFET。

3-4 电力场效应晶体管 MOSFET

电力场效应晶体管驱动功率小、工作频率高（是主要电力电子器件中最高的）、热稳定性优于 GTR，但电流容量小，耐压低，一般只适用于功率不超过 10kW 的电力电子装置。

1. 电力 MOSFET 的结构

电力 MOSFET 导通时只有一种极性的载流子（多子）参与导电，是单极型晶体管。电力 MOSFET 按导电沟道可分为 P 沟道和 N 沟道型。当栅极电压为零时，漏源极之间就存在导电沟道的称为耗尽型。栅极电压大于零时，才存在导电沟道的称为增强型。在电力 MOSFET 中，主要是 N 沟道增

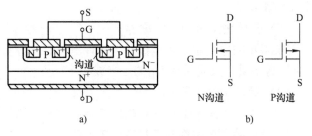

图 3-11 电力 MOSFET 的结构和电气图形符号

a) 内部结构断面示意图 b) 电气图形符号

强型。N 沟道增强型电力 MOSFET 的结构及电气结构及图形符号分别如图 3-11a、图 3-11b 所示，电力 MOSFET 引出三个电极：G（栅极）、D（漏极）、S（源极），要求栅极和源极之间电压大于某一特定值，漏极和源极才能导通。

电力 MOSFET 也采用多元集成结构，一个器件由许多个小 MOSFET 元组成。每个元的形状和排列方法，不同的生产厂家采用了不同设计。

2. 电力 MOSFET 的工作原理

（1）漏源极之间加正向电压时

此时，当栅源极间所施加的电压不同时，电力 MOSFET 将处于不同的工作状态：

截止状态：栅源极间电压为零，P 基区与 N 漂移区之间形成的 PN 结反偏，漏源极之间无电流流过，电力 MOSFET 处于截止状态。

导通状态：在栅源极间加正电压，由于栅极是绝缘的，所以不会有电流流过。但栅极的正电压会将其下面 P 区中的空穴推开，同时将 P 区中的少子电子吸引到栅极下面的 P 区表面，当 U_{GS} 大于 U_T（开启电压或阈值电压）时，使栅极下面的 P 型半导体反型成 N 型而成为反型层，这样使得栅极下面的 P 型区和 N 型区之间的 PN 结消失，漏极和源极导电。

（2）漏极和源极之间加反向电压时

电力场效应晶体管的漏极和源极即 D 极、S 极之间有一 PN 结，相当于一个二极管，当给电力 MOSFET 加反向电压时二极管导通，因此电力 MOSFET 是一个逆导型器件。

3. 电力 MOSFET 的基本特性

（1）静态特性

1）电力 MOSFET 的转移特性

电力 MOSFET 的转移特性如图 3-12a 所示，指的是漏极电流 I_D 和栅源间电压 U_{GS} 之间的

关系，反映了电力 MOSFET 输入电压和输出电流的关系，又称为电力 MOSFET 的转移特性。I_D 较大时，I_D 与 U_{GS} 的关系近似线性，曲线的斜率定义为跨导 G_{fs}。

2）电力 MOSFET 的输出特性

电力 MOSFET 的输出特性如图 3-12b 所示，指的是在一定的栅源间电压 U_{GS} 下，电力 MOS-FET 的漏极电流 I_D 随漏源电压 U_{DS} 变化的关系。电力 MOSFET 的漏极伏安特性曲线分为三个

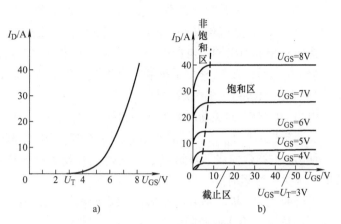

图 3-12　电力 MOSFET 的静态特性
a）转移特性　b）输出特性

区：截止区（对应于 GTR 的截止区），饱和区（对应于 GTR 的放大区），非饱和区（对应于 GTR 的饱和区）。饱和指的是漏源电压增加时，漏极电流不再增加；非饱和是指漏源电压增加时，漏极电流相应增加。电力 MOSFET 工作在开关状态，即在截止区和非饱和区之间来回转换。电力 MOSFET 的通态电阻具有正温度系数，对器件并联时的均流有利。从反向来看漏源极之间有寄生二极管，漏源极间加反向电压时器件导通。

（2）动态特性

图 3-13a 所示电路为电力 MOSFET 动态开关特性实验电路，图中 U_p 为矩形脉冲电压信号源，加在电力 MOSFET 栅极和源极之间，用以驱动电力 MOSFET 导通，R_S 为信号源内阻，R_G 为栅极电阻，R_L 为漏极负载电阻，R_F 用于检测源极电流，经实验得出电力 MOSFET 的动态特性曲线如图 3-13b 所示。

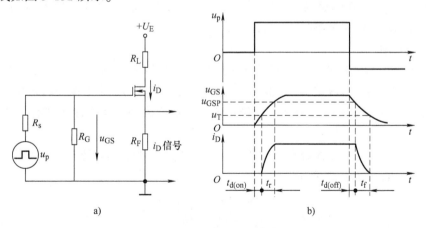

图 3-13　电力 MOSFET 的动态特性
a）电力 MOSFET 动态开关特性实验电路　b）电力 MOSFET 动态特性曲线

现观察电力 MOSFET 的动态特性曲线得出以下结论：

1）电力 MOSFET 的开通过程

电力 MOSFET 的开通时间为 t_{on}，由开通延迟时间 $t_{d(on)}$ 和上升时间 t_r 组成：开通延迟时

间 $t_{d(on)}$ 指的是 u_p 上升沿时刻到 $U_{GS} = U_T$ 并开始出现 i_D 时刻的时间段，上升时间 t_r 指的是 U_{GS} 从 U_T 上升到电力 MOSFET 进入非饱和区的栅极电压 U_{GSP} 的时间段，$t_{on} = t_{d(on)} + t_r$。

图中 i_D 稳态值由漏极电源电压 U_E 和漏极负载电阻决定。U_{GSP} 的大小和 i_D 的稳态值有关，U_{GS} 达到 U_{GSP} 后，在 U_p 作用下继续升高直至达到稳态，但 i_D 已不变。

2）电力 MOSFET 的关断过程

电力 MOSFET 的关断时间 t_{off} 由关断延迟时间 $t_{d(off)}$ 和下降时间 t_f 组成，$t_{off} = t_{d(off)} + t_f$。

关断延迟时间 $t_{d(off)}$：指的是当 u_p 下降到零，电力 MOSFET 的极间电容通过 R_s 和 R_G 放电，使 U_{GS} 按指数曲线下降到 U_{GSP}，此时 i_D 开始减小，从 u_p 下降到零到 i_D 开始减小的这一段时间为关断延迟时间。

下降时间 t_f：指的是 U_{GS} 从 U_{GSP} 继续下降到 i_D 开始减小起，到 $U_{GS} < U_T$ 时导电沟道消失同时 i_D 下降到零为止的时间段。

4. 电力 MOSFET 的主要参数

（1）漏源击穿电压 BU_{DS}

该电压决定了电力 MOSFET 的最高工作电压。

（2）栅源击穿电压 BU_{GS}

该电压表征了电力 MOSFET 栅极和源极之间能承受的最高电压。

（3）漏极最大电流 I_D

漏极最大电流表征电力 MOSFET 的电流容量。

（4）开启电压 U_T

开启电压又称阈值电压，它是指电力 MOSFET 流过一定量的漏极电流时的最小栅源电压。

（5）通态电阻 R_{on}

通态电阻 R_{on} 是指在确定的栅源电压 U_{GS} 下，电力 MOSFET 处于恒流区时的直流电阻，是影响最大输出功率的重要参数。

（6）极间电容

电力 MOSFET 的极间电容是影响其开关速度的主要因素。其极间电容分为两类：一类为 C_{GS} 和 C_{GD}，它们由 MOS 结构的绝缘层形成的，其电容量的大小由栅极的几何形状和绝缘层的厚度决定；另一类是 C_{DS}，它由 PN 结构成，其数值大小由沟道面积和有关结的反偏程度决定。

一般生产厂家提供的是漏源短路时的输入电容 C_i、共源极输出电容 C_{out} 及反馈电容 C_f，它们与各极间电容关系表达式为

$$C_i = C_{GS} + C_{GD} \tag{3-1}$$

$$C_{out} = C_{DS} + C_{GD} \tag{3-2}$$

$$C_f = C_{GD} \tag{3-3}$$

显然，C_i、C_{out} 和 C_f 均与漏源电容 C_{GD} 有关。

5. 电力 MOSFET 的特点

通过以上分析，可以得出以下一些有关电力 MOSFET 特点：

1）电力 MOSFET 的开关速度与 C_{in} 充放电有很大关系，使用者无法降低 C_{in}，但可降低

驱动电路内阻 R_s 以减小时间常数，加快开关速度。

2）电力 MOSFET 只靠多子导电，不存在少子储存效应，因而关断过程非常迅速。

3）电力 MOSFET 的开关时间在 10 ~ 100ns 之间，工作频率可达 100kHz 以上，是主要电力电子器件中最高的。

4）电力 MOSFET 是一种场控器件，静态时几乎不需输入电流。但在开关过程中需对输入电容充放电，仍需一定的驱动功率。开关频率越高，所需要的驱动功率越大。

3.3.3　绝缘栅双极型晶体管 IGBT

于 1982 年开始研制 IGBT，于 1986 年投产，是发展最快而且很有前途的一种混合型器件。GTR 和 GTO 是双极型电流驱动器件，由于具有电导调制效应，其通流能力很强，但开关速度低，所需驱动功率大，驱动电路复杂。而电力 MOSFET 是单极型电压驱动器件，开关速度快，输入阻抗高，热稳定性好，所需驱动功率小而且驱动电路简单。绝缘栅双极晶体管（Insulated-gate Bipolar Transistor，IGBT 或 IGT）在结构上相当于 GTR 和电力 MOSFET 的组合，综合了 GTR 和电力 MOSFET 的优点，因而具有良好的特性。

3-5　绝缘栅双极型晶体管 IGBT

目前 IGBT 产品已系列化，最大电流容量达 1800A，最高电压等级达 4500V，工作频率达 50kHz。在电机控制、中频电源、各种开关电源以及其他高速低损耗的中小功率领域，IGBT 取代了 GTR 和一部分电力 MOSFET 的使用。

1. IGBT 的结构和工作原理

（1）IGBT 的结构

IGBT 也是一个三端器件，具有栅极 G、集电极 C 和发射极 E 三个端子。IGBT 的结构如图 3-14a 所示，简化等效电路如图 3-14b 所示，电气符号如图 3-14c 所示。

IGBT 是由 N 沟道电力 MOSFET 与晶体管 GTR 组合而成的，比电力 MOSFET 多一层 P + 注入区，实现对漂移区电导率进行调制，使得 IGBT 具有很强的通流能力。

简化等效电路表明，IGBT 是用 GTR 与电力 MOSFET 组成的达林顿结构，相当于一个由电力 MOSFET 驱动的厚基区 PNP 晶体管。

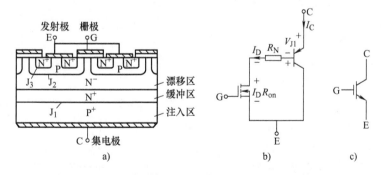

图 3-14　IGBT 的结构、简化等效电路和电气图形符号

a）内部结构断面示意图　b）简化等效电路　c）电气图形符号

（2）IGBT 的工作原理

IGBT 在开关过程中相当于一个电力 MOSFET，驱动原理与电力 MOSFET 基本相同，也

是一种场控器件。其开通和关断是由栅极和发射极间的电压 U_{GE} 决定的。

1）导通：当 U_{GE} 为正且大于开启电压 $U_{GE(th)}$ 时，电力 MOSFET 内形成导电沟道，并为晶体管提供基极电流进而使 IGBT 导通。由于电导调制效应使得电阻 R_N 减小，这样耐高压的 IGBT 也具有很小的通态压降。

2）关断：当栅极与发射极间施加反向电压或不加信号时，电力 MOSFET 内的沟道消失，晶体管的基极电流被切断，使得 IGBT 关断。

2. IGBT 的基本特性

（1）IGBT 的静态特性

1）转移特性

转移特性描述的是集电极电流 I_C 与栅射极间电压 U_{GE} 之间的关系。转移特性曲线如图 3-15a 所示。开启电压 $U_{GE(th)}$ 是 IGBT 能实现电导调制导通的最低栅射极间电压，随温度升高而略有下降。在 25℃ 时，$U_{GE(th)}$ 的 值 一 般 为 2~5V。

2）输出特性（伏安特性）

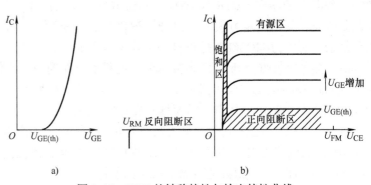

图 3-15　IGBT 的转移特性与输出特性曲线

a）转移特性曲线　b）输出特性曲线

U_{RM}—IGBT 的反向击穿电压　U_{FM}—IGBT 的正向击穿电压

输出特性描述的是以栅射极间电压为参考变量时，集电极电流 I_C 与集射极间电压 U_{CE} 之间的关系。输出特性曲线如图 3-15b 所示，分为三个区域：正向阻断区、有源区和饱和区。当 $U_{CE} < 0$ 时，IGBT 为反向阻断工作状态。在电力电子电路中，IGBT 工作在开关状态，因而是在正向阻断区和饱和区之间来回转换。

（2）IGBT 的动态特性

IGBT 开关过程的栅射极电压、集电极电流及集电极电压的波形如图 3-16 所示。

1）IGBT 的开通过程：与电力 MOSFET 的相似，因为在开通过程中 IGBT 大部分时间是作为电力 MOSFET 来运行的，开通时间为 $t_{on} = t_{d(on)} + t_r$。

$t_{d(on)}$：从 u_{GE} 上升至其幅值 10% 的时刻起，到 I_C 上升至 10% I_{CM} 的电流上升时间。

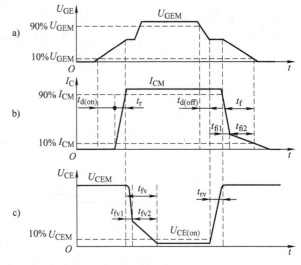

图 3-16　IGBT 的开关过程

a）栅射极电压 U_{GE} 波形

b）集电极电流 I_C 波形　c）集电极电压 U_{CE} 波形

t_r：I_C从 10%I_{CM}上升至 90%I_{CM}所需时间。

在 IGBT 开通的过程中，u_{CE}的下降过程分为 t_{fv1} 和 t_{fv2} 两段。

t_{fv1}：IGBT 中电力 MOSFET 单独工作的电压下降过程。

t_{fv2}：电力 MOSFET 和 PNP 晶体管同时工作的电压下降过程。

2）IGBT 的关断过程

IGBT 的关断时间为 $t_{off} = t_{d(off)} + t_f$。

关断延迟时间 $t_{d(off)}$：从 u_{GE} 后沿下降到其幅值 90% 的时刻起，到 I_C 下降至 90%I_{CM} 的电流下降时间。

t_f：I_C 从 90%I_{CM} 下降至 10%I_{CM} 的时间。

电流下降时间又可分为 t_{fi1} 和 t_{fi2} 两段。

t_{fi1}：IGBT 内部的电力 MOSFET 关断过程的时间，期间 I_C 下降较快。

t_{fi2}：IGBT 内部的 PNP 晶体管关断过程的时间，期间 I_C 下降较慢。

3. IGBT 的主要参数

（1）最大集射极间电压 BU_{CES}

IGBT 的最大集射极间电压 BU_{CES} 为 IGBT 的最高工作电压，由内部 PNP 晶体管的击穿电压确定，其大小和结温成正温度系数关系。

（2）最大集电极电流

IGBT 的最大集电极电流包括额定直流电流 I_C 和 1ms 脉宽最大电流 I_{CP}，一般情况下 I_{CP} 比 I_C 大两倍左右。

（3）最大集电极功耗 P_{CM}

IGBT 的最大集电极功耗 P_{CM} 指的是正常工作温度下允许的最大功耗。

（4）通态压降 $U_{CE(on)}$

IGBT 的通态压降 $U_{CE(on)}$ 指的是 IGBT 处于导通状态时，集射极间的导通压降，它标志着 IGBT 的通态损耗，$U_{CE(on)}$ 的值一般为 2.5~3.5V。

（5）开启电压 U_T 和最大栅射极电压 U_{GES}

IGBT 的开启电压 U_T 是 IGBT 导通所需要的最低栅极电压，即转移特性曲线与横坐标的交点电压，在 25℃ 条件下，U_T 一般为 2~6V。由于 IGBT 的驱动为电力 MOSFET，应将最大栅射电压限制在 ±20V 以内，一般取 15V 左右。

4. IGBT 的擎住效应和安全工作区

（1）IGBT 的擎住效应

在 IGBT 内部寄生着一个 NPN 晶体管和作为主开关器件的 PNP 晶体管组成的寄生晶闸管。其中 NPN 晶体管的基极与发射极之间存在体区短路电阻，P 型体区的横向空穴电流会在该电阻上产生压降，相当于对 J_3 结施加一个正向偏压，一旦 J_3 开通，栅极就会失去对集电极电流的控制作用，电流失控，这种现象称为擎住效应或自锁效应。

引发擎住效应的原因，可能是集电极电流过大（静态擎住效应），du_{CE}/dt 过大（动态擎住效应），或温度升高。

动态擎住效应比静态擎住效应所允许的集电极电流还要小，因此所允许的最大集电极电流实际上是根据动态擎住效应而确定的。

（2）IGBT 的安全工作区

IGBT 的正向偏置安全工作区（FBSOA）根据最大集电极电流、最大集射极间电压和最大集电极功耗确定。

IGBT 的反向偏置安全工作区（RBSOA）根据最大集电极电流、最大集射极间电压和最大允许电压上升率 du_{CE}/dt 确定。

5. IGBT 的特性和参数特点

1）开关速度快，开关损耗小。在电压 1000V 以上时，开关损耗只有 GTR 的 1/10，与电力 MOSFET 相当。

2）相同电压和电流定额时，安全工作区比 GTR 大，且具有耐脉冲电流冲击能力。

3）通态压降比电力 MOSFET 低，特别是在电流较大的区域。

4）输入阻抗高，输入特性与电力 MOSFET 类似。

5）与电力 MOSFET 和 GTR 相比，耐压和通流能力还可以进一步提高，同时保持开关频率高的特点。

常用的各种全控型电力电子器件的优缺点见表 3-1。

表 3-1　常用全控型电力电子器件优缺点比较

优缺点 / 器件	优　点	缺　点
IGBT	开关速度快，开关损耗小，具有耐脉冲电流冲击的能力，通态压降较低，输入阻抗高，为电压驱动，驱动功率小	开关速度低于电力 MOSFET，电压和电流容量不及 GTO
GTR	耐压高，电流大，开关特性好，通流能力强，饱和压降低	开关速度慢，为电流驱动，所需驱动功率大，驱动电路复杂，存在二次击穿问题
GTO	电压、电流容量大，适用于大功率场合，具有电导调制效应，其通流能力很强	电流关断增益很小，关断时门极负脉冲电流大，开关速度慢，驱动功率大，驱动电路复杂，开关频率低
电力 MOSFET	开关速度快，输入阻抗高，热稳定性好，所需驱动功率小且驱动电路简单，工作频率高，不存在二次击穿问题	电流容量小，耐压低，一般只适用于功率不超过 10kW 的电力电子装置

3.4　知识点3：单相无源逆变电路

在项目 2 中提到逆变分为有源逆变与无源逆变。有源逆变是把变换后的交流电反馈到交流电网中，而无源逆变指的是把直流电变换为交流电，供给无源负载使用。例如蓄电池、干电池、太阳能电池等直流电源。向交流负载供电时，就需要无源逆变电路。再如变频器、不间断电源、感应加热电源等电力电子装置的核心部分都是无源逆变电路。在本项目中逆变式直流弧焊机主电路中间的直流变交流环节就采用了由四个电力 MOSFET 所构成的一个单相桥式无源逆变电路。

3.4.1 无源逆变电路概述

1. 无源逆变电路的基本原理

图 3-17a 所示，是一个简单的无源逆变电路，$S_1 \sim S_4$ 是桥式电路的 4 个臂，由电力电子器件及辅助电路组成。$S_1 \sim S_4$ 形成两组开关，S_1、S_4 为一组，S_2、S_3 为一组。当 S_1、S_4 闭合，S_2、S_3 断开时，负载电压 u_o 为正；当 S_1、S_4 断开，S_2、S_3 闭合时，u_o 为负；这样负载在每个周期当中得到正负两种输出。当以一定的频率轮流导通两组开关时，负载上就得到这一频率的交流输出。

3-6 无源逆变电路概述

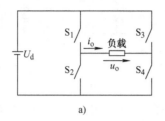 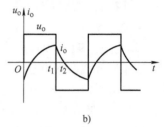

图 3-17　负载换流电路及其工作波形
a）负载换流电路　b）工作波形

若负载为纯电阻负载时，负载电流 i_o 和 u_o 的波形相同，相位也相同。若负载为阻感性负载时，i_o 的相位滞后于 u_o，波形也不相同（见图 3-17b）。设两组开关在 t_1 时刻进行切换，t_1 时刻前 S_1、S_4 闭合导通，u_o 和 i_o 均为正。当 t_1 时刻断开 S_1、S_4，合上 S_2、S_3，此时 u_o 变负。但由于负载当中电感的作用使 i_o 不能立刻反向，而是维持原来的方向继续导通。此时 i_o 从电源负极流出，经 S_2、负载和 S_3 流回电源正极，负载电感向电源反馈能量。在这一过程中随着电感储的释放，i_o 逐渐减小，当到达 t_2 时刻 i_o 降为零，之后才反向并逐渐增大直至达到稳定值。下一次换流时即由 S_2、S_3 向 S_1、S_4 换流时候过程相似。

2. 器件的换流方式

换流指的是电流从一条支路向另一条支路转移的过程，也称换相。如上述电路中两组开关切换的过程就是一个换流的过程。换流过程的核心问题是如何使器件关断。通常将换流方式分为器件换流、电网换流和负载换流三种换流方式。

（1）器件换流（Device Commutation）

器件换流指的是利用全控型器件的自关断能力进行换流。在采用全控型电力电子器件的变流电路采用的是器件换流的换流方式。

（2）电网换流（Line Commutation）

由电网提供换流电压的换流方式称为电网换流。如在晶闸管可控整流电路中，当电网电压极性变化，导通着的晶闸管因承受反压而关断，本来处于关断状态的晶闸管因承受正向电压而导通，这一过程的换流就是电网换流，不需器件具有门极可关断能力，也不需要为实现换流而附加其他的元件。

（3）负载换流（Load Commutation）

由负载提供换流电压的换流方式称为负载换流。应用于负载电流相位超前于负载电压的场合，也就是说当负载为容性负载时，就可实现负载换流。

基本的负载换流逆变电路如图 3-18a 所示，电路的开关器件采用晶闸管，负载为电阻与电感串联后再与电容并联，工作在接近并联谐振状态而略呈容性。在实际电路中，电容往往是为改善负载功率因数，使其略呈容性而接入的。直流侧串入大电感 L_d，i_d 基本没有脉动。

电路的工作波形如图 3-18b 所示，设在 t_1 时刻以前 VT_1、VT_4 导通，VT_2、VT_3 关断，u_o、i_o 均为正，VT_2、VT_3 承受的电压即为负载两端电压 u_o，极性为左正右负。t_1 时刻触发 VT_2、VT_3，则 VT_2、VT_3 导通，VT_4、VT_1 在 u_o 的作用下承受反压而关断，电流从 VT_1、VT_4 换到 VT_3、VT_2，完成换流。

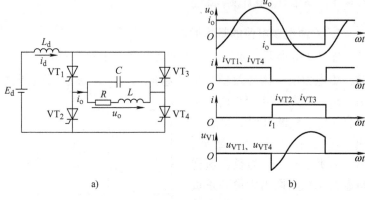

a)　　　　　　　　　b)

图 3-18　负载换流电路及其工作波形
a) 电路结构　b) 工作波形

在以上换流过程中，4 个臂的切换仅使电流的流通路径改变，负载电流的幅值不变呈矩形波。负载工作在对基波电流接近并联谐振的状态，对基波阻抗很大，对谐波阻抗很小，u_o 波形接近正弦波。

（4）强迫换流（Forced Commutation）

设置附加的换流电路，给欲关断的晶闸管强迫施加反向电压或反向电流使其关断的换流方式称为强迫换流。通常利用附加电容上储存的能量来实现，也称为电容换流。常见的强迫换流方式有直接耦合式强迫换流和电感耦合式强迫换流。

在换流过程中，由换流电路内电容直接提供换流电压的方式称为直接耦合式强迫换流，如图 3-19 所示，VT 处于通态时，预先给电容 C 按图示极性充电，则合上 S 就可使晶闸管被施加反压而关断。

图 3-20 所示为两种电感耦合式强迫换流原理图，电感耦合式强迫换流是通过换流电路内电容和电感耦合来提供换流电压或换流电流的换流方式。当合上 S 时，电容 C 放电并和电感 L 发生串联谐振，两图中电容所充的电压极性不同，晶闸管关断的时间有所不同。图 3-20a 中，LC 振荡电流反向流过晶闸管 VT，与 VT 中所流过的负载电流相减，当晶闸管电流降到零后关断，即晶闸管在 LC 振荡第一个半周期内关断。图 3-20b 中 LC 振荡电流先正向流过 VT，经半个振荡周期后再反向，与晶闸管电流相叠加，使晶闸管电流减至零而关断，即晶闸管在 LC 震荡的第二个半周期内关断。图 3-20 中当晶闸管关断后，LC 振荡电流继续通过二极管导通，通过二极管继续使 VT 承受反向电压，进一步确保晶闸管关断。

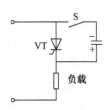

图 3-19　直接耦合式
强迫换流原理图

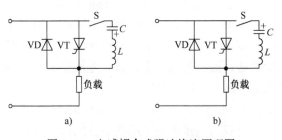

a)　　　　　　　　　b)

图 3-20　电感耦合式强迫换流原理图

图 3-19 所示电路通过给晶闸管加上反向电压而使其关断，这种强迫换流也叫电压换流，

图 3-20 所示电路先使晶闸管电流减为零，然后通过反并联二极管对其加反压而关断，这种强迫换流也叫电流换流。

综上可以看出器件换流主要适用于全控型器件，电网换流、负载换流和强迫换流则针对晶闸管。器件换流和强迫换流属于自换流，电网换流和负载换流属于外部换流。当电流不是从一个支路向另一个支路转移，而是在支路内部终止流通而变为零，则称为熄灭。

3. 无源逆变电路的分类

无源逆变电路按其直流电源性质不同分为两种。若直流侧采用大电容滤波，从逆变器向直流电源看过去电源为内阻很小的电压源，保证直流电压稳定，直流电源相当于一个恒压源，这时无源逆变电路称为电压型无源逆变电路或电压源型无源逆变电路。

电压型无源逆变电路的特点：

1）直流侧为电压源或并联大电容，相当于电压源，直流侧电压基本无脉动。

2）由于直流侧电压源的钳位作用，输出电压为矩形波，与负载阻抗角无关，而输出电流的波形及相位会因负载阻抗的不同而不同，其波形接近三角波或正弦波。

3）当交流侧为阻感性负载时需要提供无功功率，直流侧并接的电容起到缓冲无功功率的作用。逆变桥各桥臂需要并联反馈二极管，从而给交流侧向直流侧反馈无功功率提供通路。

若直流侧采用大电感滤波，则直流电源相当于一个恒流源，这时的无源逆变电路称为电流型无源逆变电路或电流源型无源逆变电路。

电流型逆变电路主要特点有：

1）直流侧串接大电感，相当于电流源，直流侧电流基本无脉动。

2）电路中开关器件仅改变直流电流的流通路径，因此交流侧输出电流为矩形波，与负载的阻抗角无关，而输出电压波形和相位因负载阻抗情况的不同而不同。

3）直流侧电感起缓冲无功能量的作用，当负载为阻感性负载，向直流电源反馈无功功率的时候直流电流并不反向，因此不必给开关器件反并联二极管。

3.4.2 单相电压型无源逆变电路

1. 单相半桥式电压型无源逆变电路

3-7 单相电压型
无源逆变电路

单相半桥式电压型无源逆变电路的一般电路结构如图 3-21a 所示，其工作过程如下：

VF_1 和 VF_2 栅极信号为各半周正偏、半周反偏的互补信号。当 VF_1 导通时，电容 C_1 通过 VF_1 向负载放电，负载输出电压为 C_1 两端电压，即 $U_o = U_d/2$；当 VF_2 导通时，电容 C_2 通过 VF_2 向负载放电，负载输出电压的为 C_2 两端电压，并且极性相反，即 $U_o = -U_d/2$。

负载 Z 两端得到的输出电压 u_o 幅值为 $U_m = U_d/2$ 的矩形波，如图 3-21b 所示。i_o 波形随负载而异，若负载为电阻性负载时，负载电流波形与负载电压波形一致，如图 3-21c 所示。若负载为感性负载时，负载电流波形如图 3-21d 所示，当 VF_1 或 VF_2 导通时，i_o 和 u_o 方向一致，直流电源侧向负载输出电能，当 VF_1 和 VF_2 切换时，由于电感的作用，i_o 不能立刻反向，而原先导通的晶闸管已经关断，只能通过 VD_1 或 VD_2 继续导通，这时 i_o 和 u_o 方向相反，电感将其所储存的能量反馈给直流电源，因此 VD_1、VD_2 称为反馈二极管，由于还起到使 i_o 连续的作用，又称续流二极管。

单相桥式无源逆变电路的优点是电路简单，使用器件少。缺点是输出交流电压幅值为

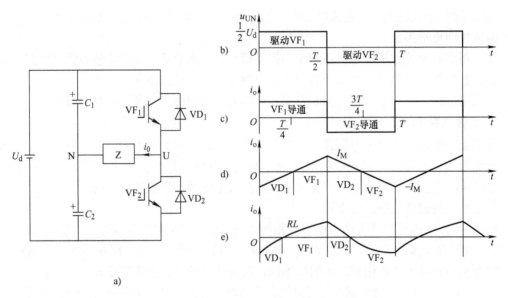

图 3-21　单相半桥无源逆变电路及电压电流波形

a）电路结构图　b）输出电压 U_{UN} 波形　c）带电阻负载时输出电流 i_o 波形

d）带电感负载时输出电流 i_o 波形　e）带阻感性负载时输出电流 i_o 波形

$U_d/2$，且直流侧需两电容器串联，需要控制两者电压均衡。一般应用于几 kW 以下的小功率逆变电源。

2. 单相全桥式电压型无源逆变电路

单相全桥电压型无源逆变电路由四个 IGBT 组成四个桥臂，可看成是由两个半桥电路组合而成。图中 VF_1、VF_4 作为一对桥臂，VF_2、VF_3 作为一对桥臂，每个周期两对桥臂交替导通 180°，当其负载分别为电阻负载、电感负载和阻感性负载时输出电压和电流波形如图 3-22 所示，波形与半桥电路形状相同，但幅值比半桥式高出一倍。

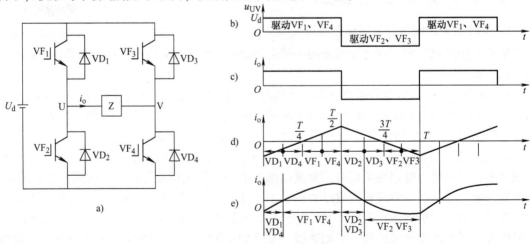

图 3-22　单相全桥无源逆变电路及电压电流波形

a）电路结构图　b）输出电压 U_{UN} 波形　c）带电阻负载时的输出电流 i_o 波形

d）带电感负载时的输出电流 i_o 波形　e）带阻感性负载时的输出电流 i_o 波形

由电路分析可知，要想改变输出交流电压的有效值只能通过改变直流电压 U_d 来实现。当负载为阻感性负载时，还可采用移相调压法来调节输出电压的大小，移相调压法的原理是通过调节触发脉冲的相位即通过移相的方式来调节输出电压脉冲的宽度，调节方式如图 3-23 所示，各器件栅极信号为 180°正偏和 180°反偏，且 VF$_1$ 和 VF$_2$ 互补，VF$_3$ 和 VF$_4$ 互补

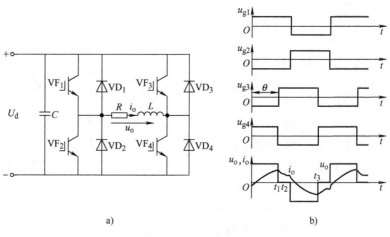

a)

图 3-23　单相全桥逆变电路的移相调压方式
a) 电路结构图　b) 各开关管触发脉冲电压波形及输出电压电流波形

关系不变，但使 VF$_3$ 的基极信号比 VF$_1$ 落后 θ（$0° < \theta < 180°$）。VF$_3$、VF$_4$ 的栅极信号分别比 VF$_2$、VF$_1$ 前移 $180° - \theta$，则输出电压是正负各为 θ 的脉冲，改变 θ 就可调节输出电压。

3. 带中心抽头变压器的无源逆变电路

带中心抽头变压器的无源逆变电路如图 3-24 所示，交替驱动两个 IGBT，经变压器耦合给负载加上矩形波交流电压。两个二极管的作用也是提供无功能量的反馈通道。在 U_d 和负载参数相同，且变压器两个一次绕组和二次绕组的匝数比为 1:1:1 的情况下，输出电压 u_o 和电流 i_o 波形及幅值与全桥逆变电路完全相同。

与全桥电路的比较，该电路比全桥电路少用一半开关器件，但器件承受的电压为 $2U_d$，比全桥电路高一倍，而且必须有一个变压器。

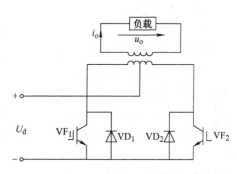

图 3-24　带中心抽头变压器的无源逆变电路

3.4.3　单相电流型无源逆变电路

单相电流型无源逆变电路如图 3-25 所示，由四个桥臂构成，每个桥臂的晶闸管各串联一个电感，用来限制晶闸管开通时的 di/dt，各桥臂的 L_T 之间不存在互感。

电路换流方式为负载换流，要求负载略呈容性（在实际使用中负载一般为阻感性负载，为补偿功率因数，故并联电容 C，且补偿电容应使负载过补偿），电容 C 和 L、R 构成并联谐振电路，输出电流波形接近矩形波。

3-8　单相电流型
无源逆变电路

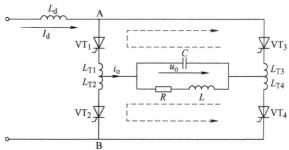

图 3-25　单相桥式电流型（并联谐振式）逆变电路

电路工作波形如图 3-26 所示，一个周期内有两个导通阶段和两个换流阶段。

$t_1 \sim t_2$：VT$_1$ 和 VT$_4$ 稳定导通阶段，$i_o = I_d$，t_2 时刻前在电容 C 上建立了左正右负的电压。

$t_2 \sim t_4$：t_2 时触发 VT$_2$ 和 VT$_3$ 使其开通，进入换流阶段。电感使 VT$_1$、VT$_4$ 不能立刻关断，电流有一个减小过程。VT$_2$、VT$_3$ 电流有一个增大过程。换流期间 4 个晶闸管全部导通，负载电容电压经两个并联的放电回路同时放电，如图 3-25 所示，一个放电回路经 L_{T1}、VT$_1$、VT$_3$、L_{T3} 到 C；另一个经 L_{T2}、VT$_2$、VT$_4$、L_{T4} 到 C。

i_o 在 t_3 时刻，即 $i_{VT1} = i_{VT2}$ 时刻过零，t_3 时刻大体位于 t_2 和 t_4 的中点。$t = t_4$ 时，VT$_1$、VT$_4$ 电流减至零而关断，换流阶段结束。$t_4 - t_2 = t_\gamma$ 称为换流时间。

晶闸管需一段时间才能恢复正向阻断能力，为保证晶闸管的可靠关断换流结束后还要

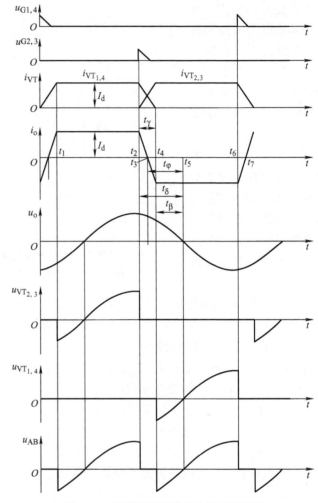

图 3-26　并联谐振式逆变电路工作波形

使 VT$_1$、VT$_4$ 承受一段反压时间 t_β，$t_\beta = t_5 - t_4$，应大于晶闸管的关断时间。为保证可靠换流应在 u_o 过零前 $t_\delta = t_5 - t_2$ 时刻触发 VT$_2$、VT$_3$。t_δ 为触发引前时间：

$$t_\delta = t_\gamma + t_\beta \tag{3-4}$$

i_o 超前于 u_o 的时间为

$$t_\varphi = \frac{t_\gamma}{2} + t_\beta \tag{3-5}$$

表示为电角度为

$$\varphi = \omega\left(\frac{t_\gamma}{2} + t_\beta\right) = \frac{\gamma}{2} + \beta \tag{3-6}$$

式中，ω 为电路工作角频率；γ、β 分别是 t_γ、t_β 对应的电角度。

3.5　扩展知识点：三相无源逆变电路

在需要进行大功率变换或者负载要求提供三相电源时，可采用三相无源逆变电路，其主

电路形式较单相全桥逆变电路，只是多了一个桥臂。可以使用半控型的晶闸管构成三相无源逆变电路，也可以由全控型电力电子器件来构成三相无源逆变电路，下面分别介绍由晶闸管和全控型电力电子器件构成的三相电压型、电流型无源逆变电路。

3.5.1　三相电压型无源逆变电路

由晶闸管构成的三相电压型无源逆变电路使用较少，目前一般使用由全控型器件所构成的无源逆变电路，为了让读者能够理解，通过附加电路实现强迫换流的方式，对该电路予以介绍，读者可以选择性地进行学习了解。

3-9　由晶闸管构成的三相电压型无源逆变电路

1. 由晶闸管构成的三相电压型无源逆变电路

（1）电路结构

由晶闸管构成的三相电压型无源逆变电路结构如图 3-27 所示，图中 $VT_1 \sim VT_6$ 为主晶闸管；$VD_1 \sim VD_6$ 为续流二极管；R_U、R_V、R_W 为衰减电阻；$L_1 \sim L_6$ 为换流电感；$C_1 \sim C_6$ 为换流电容；Z_U、Z_V、Z_W 为采用星形接法的三相对称负载。图中 6 个晶闸管形成三组桥臂，因该电路每个周期每个晶闸管导通角为 $180°$，故也被称为 $180°$ 导电型无源逆变电路。

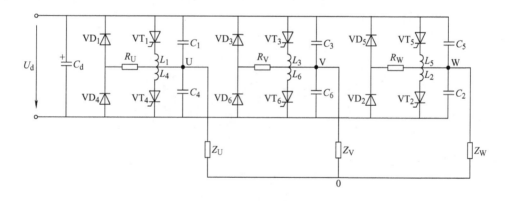

图 3-27　由晶闸管构成的三相电压型无源逆变电路

（2）工作原理

图 3-27 中按一定的规律触发导通六个晶闸管，就可以将 C_d 送来的直流电压 U_d 逆变成频率可调的交流电。电路电压的调节则通过调节前级可控整流电路的直流输出电压 U_d 来完成。逆变器一个周期中六个晶闸管的触发和导通规则：按照 $VT_1 \rightarrow VT_2 \rightarrow VT_3 \rightarrow VT_4 \rightarrow VT_5 \rightarrow VT_6 \rightarrow VT_1$ 的顺序周期性地依次触发六个晶闸管，相邻两个晶闸管触发间隔为 $60°$，每个晶闸管维持导通 $180°$ 后关断（$180°$ 导电型），这样每组晶闸管触发间隔就为 $120°$，每相的上下两个晶闸管触发间隔为 $180°$。

按照上述的触发规律，可以得到六个晶闸管在一个周期 $360°$ 区间内的导通情况，见表 3-2，表中阴影区域对应每个晶闸管处于导通状态的区间。根据每 $60°$ 区间晶闸管的导通情况，可以作出每隔 $60°$ 区间内负载连接的等效电路，见表 3-2 最后一行。

表3-2 逆变器中晶闸管在一个周期的导通情况（180°导电 – 电压型）

	$0° \sim 60°$	$60° \sim 120°$	$120° \sim 180°$	$180° \sim 240°$	$240° \sim 300°$	$300° \sim 360°$
VT_1	■	■	■			
VT_2		■	■	■		
VT_3			■	■	■	
VT_4				■	■	■
VT_5	■				■	■
VT_6	■	■				■
等效电路	U_d: Z_W // Z_U 串 Z_V	U_d: Z_U 串 Z_W // Z_V	U_d: Z_U // Z_V 串 Z_W	U_d: Z_V 串 Z_U // Z_W	U_d: Z_V // Z_W 串 Z_U	U_d: Z_W 串 Z_V // Z_U

　　根据每隔60°区间的等效电路可以求得输出相电压的大小，并进一步由相电压之差求出线电压的大小。首先分析计算第一个60°区间即 $0° \sim 60°$ 区间的情况，在该区间 VT_5、VT_6、VT_1 同时导通，见表3-2中第一个等效电路所示，三相负载中 Z_U 与 Z_W 并联后与 Z_V 串联，且 $Z_U = Z_V = Z_W$。

　　此时三相的输出相电压分别为

$$U_{U0} = U_d \frac{Z_U // Z_W}{(Z_U // Z_W) + Z_V} = \frac{1}{3} U_d \tag{3-7}$$

$$U_{V0} = -U_d \frac{Z_V}{(Z_U // Z_W) + Z_V} = -\frac{2}{3} U_d \tag{3-8}$$

$$U_{W0} = U_{U0} = \frac{1}{3} U_d \tag{3-9}$$

输出线电压为

$$U_{UV} = U_{U0} - U_{V0} = U_d \tag{3-10}$$

$$U_{VW} = U_{V0} - U_{W0} = -U_d \tag{3-11}$$

$$U_{WU} = U_{W0} - U_{U0} = 0 \tag{3-12}$$

同理，求出其他5个区间的相电压和线电压，并将结算结果列表，见表3-3。

表3-3 180°导电–电压型无源逆变电路的输出相电压及线电压计算值

区间 线、相电压	$0° \sim 60°$	$60° \sim 120°$	$120° \sim 180°$	$180° \sim 240°$	$240° \sim 300°$	$300° \sim 360°$
U_{U0}	$\frac{1}{3} U_d$	$\frac{2}{3} U_d$	$\frac{1}{3} U_d$	$-\frac{1}{3} U_d$	$-\frac{2}{3} U_d$	$-\frac{1}{3} U_d$
U_{V0}	$-\frac{2}{3} U_d$	$-\frac{1}{3} U_d$	$\frac{1}{3} U_d$	$\frac{2}{3} U_d$	$\frac{1}{3} U_d$	$-\frac{1}{3} U_d$
U_{W0}	$\frac{1}{3} U_d$	$-\frac{1}{3} U_d$	$-\frac{2}{3} U_d$	$-\frac{1}{3} U_d$	$\frac{1}{3} U_d$	$\frac{2}{3} U_d$
U_{UV}	U_d	U_d	0	$-U_d$	$-U_d$	0
U_{VW}	$-U_d$	0	U_d	U_d	0	$-U_d$
U_{WU}	0	$-U_d$	$-U_d$	0	U_d	U_d

按表 3-3，将各区间的电压连接起来后，即可得到电路的输出相电压及线电压的波形，如图 3-28 所示。

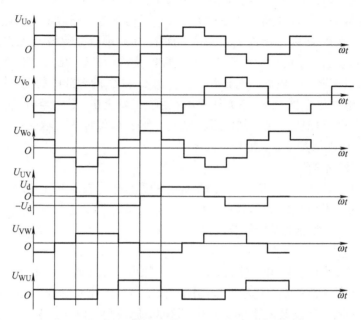

图 3-28 180°导电型逆变器输出的相电压、线电压波形分析

由图可见，三个相电压的波形是相位互差 120°电角度的阶梯状交变电压波形，三个线电压波形为矩形波，三相交变电压为对称交变电压。图 3-28 所示相、线电压波形的有效值为

$$U_{U0} = U_{V0} = U_{W0} = \sqrt{\frac{1}{2\pi}\int_0^{2\pi} u_{U0}^2 \mathrm{d}\omega t} = \frac{\sqrt{2}}{3} U_d \qquad (3\text{-}13)$$

$$U_{UV} = U_{VW} = U_{WU} = \sqrt{\frac{1}{2\pi}\int_0^{2\pi} u_{UV}^2 \mathrm{d}\omega t} = \sqrt{\frac{2}{3}} U_d \qquad (3\text{-}14)$$

线电压为相电压开三次方。由以上分析可知，线电压、相电压及二者关系与正弦三相交流电是相同的。

（3）晶闸管换流过程

为便于分析换流原理，特做如下假定：

① 假设逆变器所输出的周期 T 远大于晶闸管的关断时间。

② 在换流过程的短时间内，认为负载电流 I_L 不变。

③ 每相上、下两个换流电感耦合紧密。

④ 晶闸管的触发时间近似认为零，反向关断电流也近似为零。

⑤ 忽略各晶闸管及二极管的正向压降。

下面以 $VT_1 \sim VT_4$ 的换流为例来说明该电路是如何利用晶闸管的附加电路实现换流的。整个换流过程可以分为以下四个环节：

1）换流前的初始状态。

逆变器工作于 120°~180°区间，VT_1、VT_2、VT_3 三只晶闸管导通，电容 C_4 由导通的晶

闸管 VT_1、VT_2 并联后接于 U_d 两端而被充有电压 U_d，极性上正下负。

2）触发 VT_4 后的 C_4 放电阶段。

换流时刻触发 VT_4，VT_4 两端承受电压为电容 C_4 两端的电压，为正向电压，因此触发后导通，电容 C_4 获得一个放电回路，即通过 L_4、VT_4 所构成的回路放电，放电过程中在 L_4 上产生感应电动势，大小为 U_d，极性上正下负，而 L_1 与 L_4 耦合，使得 L_1 上也得到大小为 U_d 的感应电动势，L_1、L_4 产生的感应电压使 VT_1 阴极电位被抬高至 $2U_d$，使 VT_1 关断，C_4 放电过程中 C_1 开始得以充电，U 相负载电流 I_L 不变，由 C_1 和 C_4 的充放电的电流提供。

随着 C_4 的放电以及 C_1 的充电，VT_1 阴极电位由 $2U_d$ 降至 0，必然经历 U_d 这一时刻，在这一时刻以前 VT_1 承受反偏压，这时刻之后又恢复正偏，应保证 VT_1 承受反偏压的时间大于 VT_1 的关断时间，以确保其可靠关断。

3）电感释放和储能阶段。

由于负载电感的作用 VT_1 关断后，由 C_1 和 C_4 的充放电电流维持 U 相负载电流，当电容充放电完毕后，负载电感储能开始释放，U 相负载电流不能马上反向流过 VT_4，而是先经 VD_4 续流导通，换流时负载能量回馈至电网。

4）换流后状态。

当电感储能释放完毕，U 相负载电流降至零，随后 VT_4 导通，U 相流过反方向的电流，至此换流结束。值得注意的是：电感释放储能阶段，负载电流先降到零再反向，VT_4 会因放电电流降到零而关断，所以触发脉冲应采用宽脉冲或脉冲列，以保证 VT_4 的再触发。

2. 由全控型器件构成的三相电压型无源逆变电路

（1）电路结构

采用 IGBT 作为开关管的三相桥式电压型逆变电路如图 3-29a 所示，它可以看作是由三个半桥电路的组合而成。

3-10　由全控型器件构成的三相电压型无源逆变电路

（2）工作原理

三相桥式逆变器的基本工作方式与前面的晶闸管三相无源逆变电路一样，也是 180°导电式，即一个周期当中每个 IGBT 导通 180°后关断，每个周期中六个 IGBT 按照 $VT_1 \to VT_2 \to VT_3 \to VT_4 \to VT_5 \to VT_6 \to VT_1$ 的顺序依次触发导通，相邻两个 IGBT 触发间隔为 60°，这样每组 IGBT 触发间隔就为 120°，每相的上下两个晶闸管触发间隔为 180°。

为便于分析，把直流侧的电容画成两个串联电容，以得到假想中点 N'，如图 3-29b 所示。

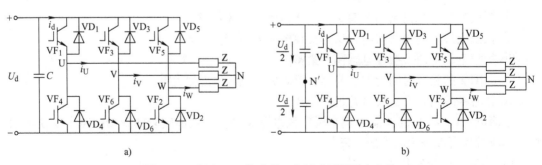

a)　　　　　　　　　　　　　　　　b)

图 3-29　采用 IGBT 构成的三相桥式无源逆变电路

a）IGBT 构成的三相桥式无源逆变电路　b）将电容 C 等效成两个电容串联的三相桥式无源逆变电路

对于 U 相来说，当桥臂 1 导通时 $u_{UN'} = U_d/2$，当桥臂 4 导通时 $u_{UN'} = -U_d/2$，即 $u_{UN'}$ 是幅值为 $U_d/2$ 的矩形波，V、W 相的情况类似，仅相位依次差 120°。$u_{UN'}$、$u_{VN'}$、$u_{WN'}$ 的波形如图 3-30 所示。

由于负载是三相对称的，$u_{NN'} = (u_{UN'} + u_{VN'} + u_{WN'})/3$，通过 $u_{UN'}$、$u_{VN'}$、$u_{WN'}$ 的波形可以求得 $u_{NN'}$ 的波形，是幅值为 $U_d/6$ 的 3 倍频矩形波。

$u_{UN} = u_{UN'} - u_{NN'}$，$u_{UV} = u_{UN'} - u_{VN'}$，由 $u_{UN'}$、$u_{VN'}$ 及 $u_{NN'}$ 的波形可以得到 u_{UV} 和 u_{UN} 的波形。相电压 u_{VN}、u_{WN} 的波形形状与 u_{UN} 相同，相位分别依次相差 120°，同理求出线电压 u_{VW}、u_{WU} 的波形形状也与 u_{UV} 相同。相位也分别依次相差 120°。将输出的三个相电压及三个线电压波形画出来，如图 3-31 所示。

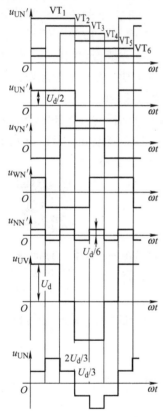

图 3-30 180°导电-电压型无源逆变电路 $u_{UN'}$、$u_{VN'}$、$u_{WN'}$ 波形

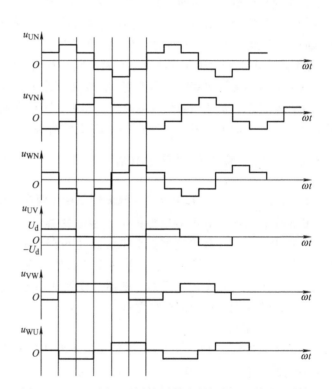

图 3-31 180°导电型逆变电路输出的相电压、线电压波形

或者采用晶闸管三相无源逆变电路的分析方法，按照晶闸管的导通规律将电路的每个周期划分为六个区间，求出每一区间的等效电路，进而求解出输出相电压及输出线电压，可以得到相同的结论。事实上，这一求解过程及结果与晶闸管三相无源逆变电路的完全一样。

同样的，在全控型器件组成的三相无源逆变电路中，改变器件导通与关断的频率，就能改变输出交流电频率的高低，而要改变输出电压的高低，需要通过调节前面直流环节的整流输出电压 U_d 大小来实现。

3. 180°导电 – 电压型无源逆变电路工作规律总结

根据前面的分析，可以总结出 180°导电-电压型逆变电路变流工作过程的一些规律，如下：

1）每个脉冲间隔60°区间内有3个电力电子器件导通，它们分属于逆变桥的共阴极组和共阳极组。

2）在3个导通器件中，若属于同一组的有两个器件，则器件所对应相的相电压为$1/3U_d$，另一个器件所对应相的相电压为$2/3U_d$。

3）共阳极组器件所对应相的相电压为正，共阴极组器件所对应相的相电压为负。

4）三个相电压相位互差120°；相电压之和为0。

5）线电压等于相电压之差；三个线电压相位互差120°；线电压之和为0。

6）线电压为$\sqrt{3}$倍相电压。

需要说明的是，对于180°导电方式的逆变器，为了防止同一相上下两桥臂开关管同时导通而引起直流侧电源短路，要采取"先断后通"的方法，也就是先给应关断的开关管关断信号，待其完全关断后，然后再给应导通的器件发开通信号，即在两者之间留一个短暂的死区时间。死区时间的长短要视器件的开关速度而定，开关速度越快，死区时间越短。这种"先断后通"的方法对于工作在上下桥臂通断互补的其他电路也是适用的。

另外电压型无源逆变电路用于交-直-交变频器中，且负载为电动机时，如果电动机工作在再生制动状态，就必须向交流电源反馈能量。因直流侧电压方向不能改变，所以只能靠改变直流电流的方向来实现，这就需要给交-直整流桥再反并联一套逆变桥。

3.5.2 三相电流型无源逆变电路

1. 由晶闸管构成的120°导电–电流型三相无源逆变电路

由晶闸管构成的180°导电型的电压型逆变器中，晶闸管的换流是在同一相中进行的，有可能使直流电源发生短路，另外需要外接换流衰减电阻、换流电感、换流电容，使逆变器结构复杂、换流损耗增加。

3-11　由晶闸管构成的三相电流型无源逆变电路

为此，引入120°导电型的电流型逆变器，该逆变器晶闸管的换流是在同一组中进行的，不存在电源短路问题，且结构相对简单。

（1）电路结构

由晶闸管构成的120°导电-电流型三相无源逆变电路结构如图3-32所示。$VT_1 \sim VT_6$的晶闸管构成六个桥臂；$VD_1 \sim VD_6$为隔离二极管。各桥臂的晶闸管和二极管串联使用，各桥臂之间换流采用强迫换流方式。连接于各臂之间的电容C_1、C_3、C_5、C_2、C_4、C_6为换流电容。电动机的电感和换流电容组成换流电路。

（2）工作原理

图3-32所示电路基本工作方式是120°导电方式，即每个晶闸管每个周期导通120°电角度后被关断，晶闸管的导通顺序依然是按照$VT_1 \sim VT_6$的顺序依次导通，每个晶闸管关

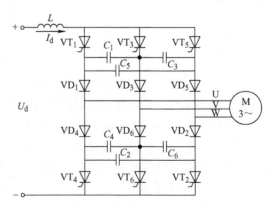

图3-32　由晶闸管构成的120°导电-电流型三相无源逆变电路结构图

断后由同一组的另一个晶闸管换流导通。这样每时刻上下桥臂组各有一个晶闸管导通，器件换流时为横向换流。

按照晶闸管触发间隔为 $60°$、每个晶闸管导通 $120°$ 电角度后被关断的规律（$120°$ 导电型）。将每个周期的工作过程按每隔 $60°$ 为一个区间划分为六个区间，可以得到 6 个晶闸管在每周期 6 个 $60°$ 区间内的导通情况，及每个区间导通回路的等效电路，见表 3-4。

表 3-4 $120°$ 导电-电流型三相无源逆变电路晶闸管的导通区间

晶闸管 \ 区间	$0° \sim 60°$	$60° \sim 120°$	$120° \sim 180°$	$180° \sim 240°$	$240° \sim 300°$	$300° \sim 360°$
VT_1	导通	导通	×	×	×	×
VT_2	×	导通	导通	×	×	×
VT_3	×	×	导通	导通	×	×
VT_4	×	×	×	导通	导通	×
VT_5	×	×	×	×	导通	导通
VT_6	导通	×	×	×	×	导通
等效电路						

如 $0° \sim 60°$ 区间，VT_1 和 VT_6 导通，则 U 相和 V 相负载与电源串联导通，W 相负载开路，直流侧电源电流恒为 I_d，则可以求出该区间输出电流的大小，以此类推计算出六个区间的输出电流如下：

区间 Ⅰ：$VT_{1,6}$ 导通，$i_U = I_d$、$i_V = -I_d$、$i_W = 0$。

区间 Ⅱ：$VT_{1,2}$ 导通，$i_U = I_d$、$i_V = 0$、$i_W = -I_d$。

区间 Ⅲ：$VT_{2,3}$ 导通，$i_U = 0$、$i_V = I_d$、$i_W = -I_d$。

区间 Ⅳ：$VT_{3,4}$ 导通，$i_U = -I_d$、$i_V = I_d$、$i_W = 0$。

区间 Ⅴ：$VT_{4,5}$ 导通，$i_U = -I_d$、$i_V = 0$、$i_W = I_d$。

区间 Ⅵ：$VT_{5,6}$ 导通，$i_U = 0$、$i_V = -I_d$、$i_W = I_d$。

根据计算，得出输出电流波形如图 3-33 所示，将线电流 i_u 波形与三相桥式电压型逆变器的输出线电压 U_{UV} 波形比较可知，二者波形完全相同，都是简单的交变矩形波。

由电压型变换器的波形分析可类推得电流型变换器的输出电流有效值为

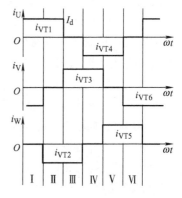

图 3-33 $120°$ 导电-电流型无源逆变电路输出电流波形

$$I_U = \frac{\sqrt{6}}{\pi} I_d = 0.78 I_d \qquad (3-15)$$

电流型逆变器的输出电压与负载的阻抗性质及参数有关。如果已知负载的阻抗参数，输出电压可由输出电流与阻抗求出。

（3）换流过程

现分析图 3-32 中电容器的充电规律：对于连接于共阳极晶闸管之间的三个电容器 C_1、C_3、C_5 来说，电容器两端的极性为：与导通晶闸管相连的一端极性为正，另一端为负。不与导通晶闸管相连的电容器电压为零。共阴极晶闸管与共阳极晶闸管情况类似，只是电容器两端电压极性相反。

从 VT_1 向 VT_3 换流时，以 C_{13} 作为 C_3 与 C_5 串联后再与 C_1 并联的等效电容。设 $C_1 \sim C_6$ 的电容量均为 C，则 $C_{13} = 3C/2$。下面以从 VT_1 向 VT_3 换流的过程为例来说明该电路的换流过程。

换流前 VT_1 和 VT_2 通，C_{13} 充满电的电压 U_{C0} 左正右负，如图 3-34a 所示。换流过程可分为恒流放电和二极管换流两个阶段，换流过程中换流电容电压及换流路径电流如图 3-34 所示。

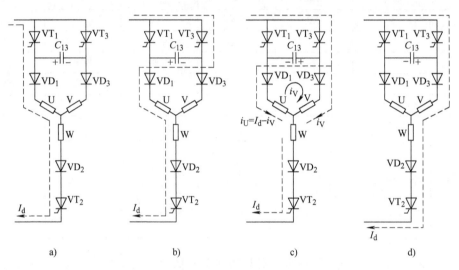

图 3-34　换流过程各阶段的电流路径

a）换流前　b）恒流放电阶段　c）二极管换流阶段　d）稳定导通阶段

1）恒流放电阶段。t_1 时刻触发 VT_3 导通，VT_1 被施以反压而关断。I_d 从 VT_1 换到 VT_3，C_{13} 通过 VD_1、U 相负载、W 相负载、VD_2、VT_2、直流电源和 VT_3 放电，放电路径如图 3-34b 所示，放电电流恒为 I_d，故称恒流放电阶段。u_{C13} 下降到零之前，VT_1 承受反压，反压时间大于 t_q（晶体管关断时间）就能保证晶闸管可靠关断。

2）二极管换流阶段。t_2 时刻 u_{C13} 降到零，之后 C_{13} 反向充电。忽略负载电阻压降，则二极管 VD_3 导通，电流为 i_V，VD_1 电流为 $i_U = I_d - i_V$，此时 VD_1 和 VD_3 同时导通，进入二极管换流阶段，导通路径如图 3-34c 所示。随着 C_{13} 电压增高，充电电流逐渐减小，i_V 逐渐增大，到 t_3 时刻 i_U 减小到零，$i_V = I_d$，VD_1 承受反压而关断，二极管换流阶段结束。

t_3 时刻以后，VT_2、VT_3 进入稳定导通阶段，如图 3-34d 所示。

电感负载时，u_{C13}、i_U、i_V 及 u_{C5}、u_{C3} 波形如图 3-35 所示。图中给出了各换流电容电压 u_{C13}、u_{C3} 和 u_{C5} 的波形。u_{C1} 的波形和 u_{C13} 完全相同，在换流过程中，从 u_{C0} 降为 $-u_{C0}$，C_3 和 C_5 是串联后再和 C_1 并联的，电压变化

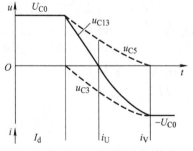

图 3-35　串联二极管晶闸管逆变电路
换流过程波形

的幅度是 C_1 的一半。换流过程中，u_{C3} 从零变到 $-u_{C0}$，u_{C5} 从 u_{C0} 变到零，这些电压恰好符合相隔 $120°$ 后从 VT_3 到 VT_5 换流时的要求，为下次换流做好了准备。

2. 由全控型器件构成的 $120°$ 导电 – 电流型三相无源逆变电路

（1）电路结构

在晶闸管电流型三相无源逆变电路的基础上，去掉串联二极管，去掉换流电容，以 GTO 代替晶闸管，就得到由 GTO 构成的三相桥式电流型逆变器，如图 3-36 所示。电容 C_U、C_V、C_W 起到过电压保护作用，换流时负载电感会感应出巨大的换流过电压而损坏 GTO，于是在负载端并联三相电容 C_U、C_V、C_W，给负载电感中的电流提供流通路径、吸收负载电感中储存的能量，否则将产生巨大的换流过电压而损坏 GTO。由于换相时负载电感中的能量给电容充电，从而变换器的输出电压出现电压尖峰。

3-12 由全控型器件构成的三相电流型无源逆变电路

（2）工作原理

该电路的基本工作方式与前面所介绍的由晶闸管构成的电流型三相无源逆变电路一样，也是 $120°$ 导电方式，6 个 GTO 按 $VT_1 \sim VT_6$ 的顺序每隔 $60°$ 依次导通，每个

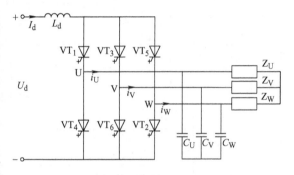

图 3-36 由 GTO 构成的三相 $120°$ 导电-电流型三相无源逆变电路结构

桥臂一个周期内导通 $120°$，每时刻上下桥臂组各有一个臂导通，在上下桥臂组内依次换流，输出波形与前面由晶闸管构成的电流型三相无源逆变电路是相同的，在此不再重复介绍。

3. $120°$ 导电-电流型三相无源逆变电路工作规律总结

1）每个脉冲触发间隔 $60°$ 内，有两个晶闸管器件导通，它们分属于逆变桥的共阴极组和共阳极组。

2）在两个导通器件中，每个器件所对应相的相电流为 I_d。而不导通器件所对应相的电流为 0。

3）共阳极组中器件所通过的相电流为正，共阴极组器件所通过的相电流为负。每个脉冲间隔 $60°$ 内的相电流之和为 0。

3.6 任务 1：单相桥式无源逆变电路的建模与仿真

3.6.1 任务目的

1）通过实验进一步掌握单相桥式无源逆变电路的电路结构及工作原理。

2）根据仿真电路模型的实验结果，观察电路的实际运行状态，熟悉各种故障所对应的现象，初步掌握电路调试和故障排除的方法。

3.6.2 相关原理

本实验的电路为电压型单相全桥无源逆变电路，理论电路波形如图 3-22 所示。电路的

工作原理及输出波形参见本项目 3.4.2 小节的介绍。

3.6.3 任务内容及步骤

1. 元件提取

搭建模型所需要的元件，其提取路径见项目 1 中任务 2 的表 1-8。

2. 仿真模型建立

在 MATLAB 新建一个 Model，命名为 dianlu31，同时建立仿真模型如图 3-37 所示。

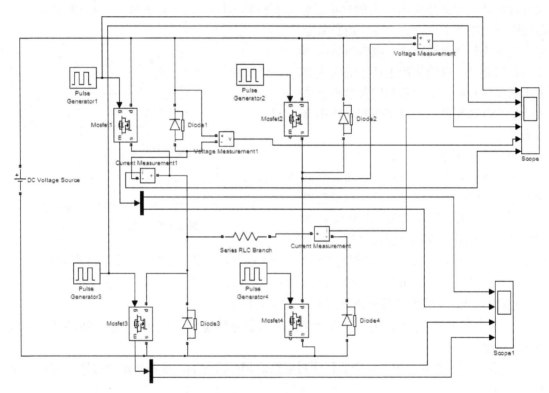

图 3-37　单相桥式无源逆变电路的仿真模型

3. 模型参数设置

（1）直流电源

直流电源电压大小设置为 $E = 100\text{V}$。

（2）脉冲发生器

当 $\alpha = 90°$ 时，Pulse Generator1 和 Pulse Generator4 参数设置相同，如图 3-38a 所示，Pulse Generator2 和 Pulse Generator3 参数设置相同，如图 3-38b 所示。

（3）负载

电阻性负载时，设置为电阻 $R = 2\Omega$，电容 $C =$ "inf"，电感 $L = 0\text{H}$；阻感性负载时，设置为电阻 $R = 2\Omega$，电容 $C =$ "inf"，电感 $L = 0.1\text{H}$。

4. 仿真结果与分析

设定电路元件参数，打开仿真参数窗口 "incremental build"，选择 "ode23tb" 算法，相对误差设置为 "1e-3"，开始仿真时间设置为 0，停止仿真时间设置为 0.8s，触发电压幅值

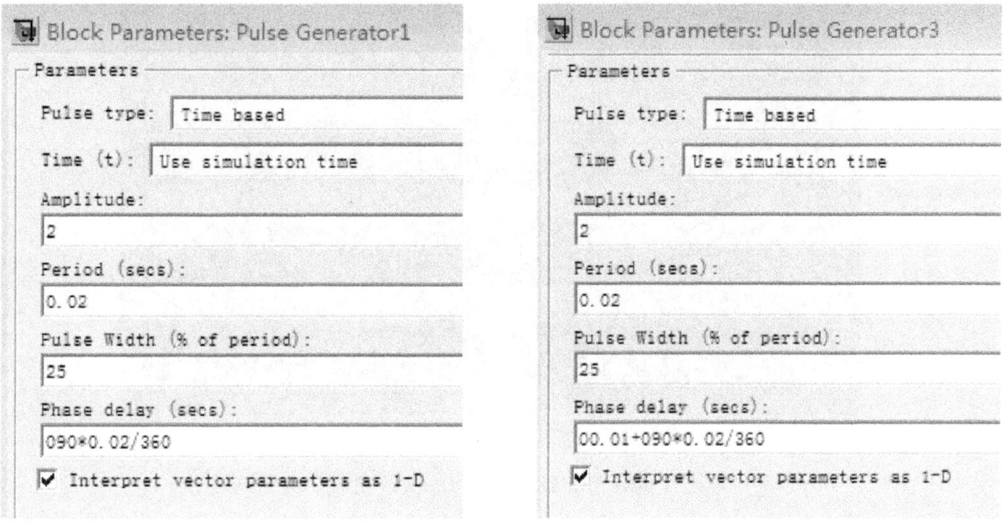

Block Parameters: Pulse Generator1
Parameters
Pulse type: Time based
Time (t): Use simulation time
Amplitude:
2
Period (secs):
0.02
Pulse Width (% of period):
25
Phase delay (secs):
090*0.02/360
Interpret vector parameters as 1-D
Block Parameters: Pulse Generator3
Parameters
Pulse type: Time based
Time (t): Use simulation time
Amplitude:
2
Period (secs):
0.02
Pulse Width (% of period):
25
Phase delay (secs):
00.01+090*0.02/360
Interpret vector parameters as 1-D

a)　　　　　　　　b)

图 3-38　脉冲发生器的参数设置

a）Pulse Generator1 参数设置对话框　b）Pulse Generator3 参数设置对话框

为 5V，进行仿真得出负载输出波形及各电力 MOSFET 的电压和电流波形。

（1）电阻性负载输出波形

图 3-39 中的波形从上到下依次为 MOSFET1 和 MOSFET3 触发脉冲 U_{g1} 和 U_{g3}，负载电流 I_d，负载电压 U_d，二极管电压 U_{DR} 波形及二极管电流 I_{DR} 波形图。

U_{g1}/V
U_{g3}/V
I_d/A
U_d/V
U_{DR}/V
I_{DR}/A
0
0.1
0.2
0.3
0.4
0.5
0.6
0.7
0.8
t/s

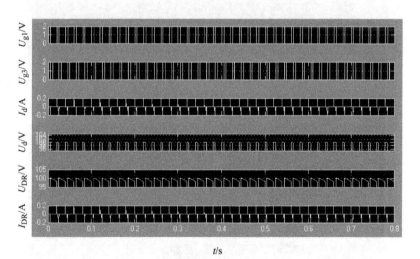

图 3-39　电阻性负载输出波形图

图 3-40 依次为 MOSFET1 的电流 I_{f1} 和电压 U_{f1}、MOSFET3 的电流 I_{f3} 和电压 U_{f3} 波形图。

（2）阻感性负载输出波形图

图 3-41 依次为 MOSFET1 和 MOSFET3 脉冲波形图，负载电流和电压波形图，二极管电压和电流波形图。

图 3-42 依次为 MOSFET1 和 MOSFET3 的电流、电压波形图。

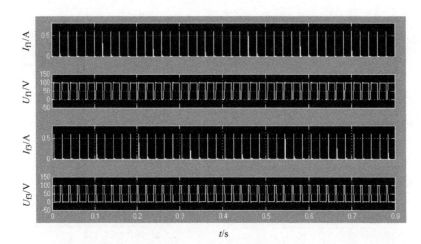

图 3-40　电阻性负载 MOSFET1 和 MOSFET3 电流、电压波形图

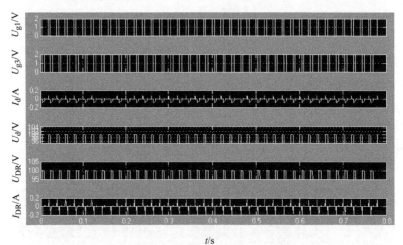

图 3-41　阻感性负载输出波形图

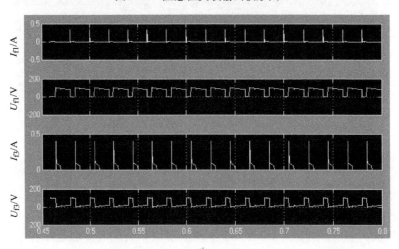

图 3-42　阻感性负载 MOSFET1 和 MOSFET3 电流、电压波形图

3.6.4　任务总结

从仿真结果可以看出输出电压幅值为100V、频率为50Hz的方波，负载电流和负载电压相位相同，说明电路是正确的，仿真成功。

3.7　任务2：三相桥式无源逆变电路的建模与仿真

3.7.1　任务目的

1）通过实验进一步掌握三相桥式无源逆变电路的电路结构及工作原理。

2）根据仿真电路的实验结果，观察电路的实际运行状态，熟悉各种故障所对应的现象，初步掌握电路故障排除的方法。

3.7.2　相关原理

三个单相逆变电路可组合成一个三相逆变电路，三相桥式无源逆变电路结构如图3-27所示，此电路应用最为广泛，电路工作原理、波形及物理量的计算参见本项目3.5.1小节的介绍。

3.7.3　任务内容及步骤

1. 元件提取

搭建模型所需要的元件，其提取路径见项目1中任务2的表1-8。

2. 仿真模型建立

在MATLAB新建一个Model，命名为dianlu32，同时建立模型如图3-43所示。

3. 模型参数设置

（1）电源

打开电源模块组，复制一个三相交流电源Three-Phase Source。打开参数设置对话框，按三相对称正弦交流电源要求设置参数，$U_m = 50V$、$f = 50Hz$，初相位依次为0°、−120°、−240°。

（2）通用变流器桥

打开电力电子模块组，复制一个通用变流器桥到模型窗口中，选择Thyristor类型，桥的结构选择三相。

（3）常数模块及增益模块

打开附加模块组中的控制模块，复制一个同步六脉冲发生器Synchronized 6-Pulse Generator到窗口中。从输入源模块组中复制两个常数模块constant到窗口中，一个常数设置为0，一个设置为30。设为0值的常数模块用于取消对六脉冲发生器的封锁，设为30的常数模块用于定义该触发器的触发角为30°。从数学运算模块组中复制一个Gain模块，参数设置为10，即将六路脉冲放大了10倍，使触发脉冲的功率满足晶闸管触发要求；再通过三个电压表模块，将三相线电压同步。

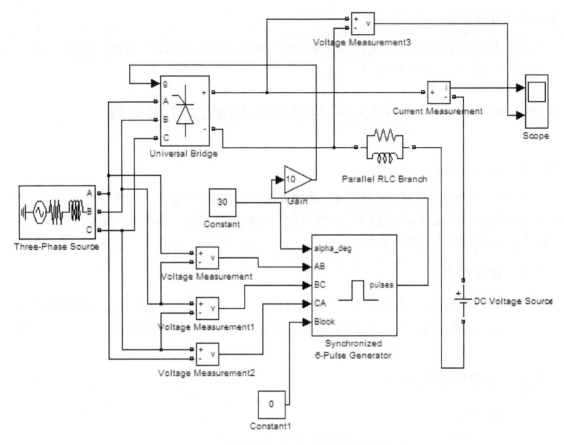

图 3-43　三相桥式无源逆变电路的仿真建模图

（4）直流电源

打开电源模块组，复制一个直流电源到窗口中，设置幅值大小为50V。

（5）负载

打开元件模块组，复制一个 RLC 元件，参数设置为：$R=2\Omega$，$L=0.01\mathrm{H}$，即为阻感性负载。

（6）仿真参数

打开仿真参数窗口 incremental build，选择"ode23tb"算法，相对误差设置为"1e-3"，开始仿真时间设置为0s，停止仿真时间设置为0.08s。

4. 仿真结果与分析

图 3-44、图 3-45、图 3-46 分别为 $\alpha=30°$、$\alpha=60°$、$\alpha=90°$时负载电流和电压波形图。

3.7.4　任务总结

通过仿真研究，三相桥式无源逆变电路输出波形为按正弦规律变化的矩形波，含有一定的谐波分量，若负载为电动机，则这些谐波分量对电动机的定子电流产生较大影响，但对转速基本没有影响。

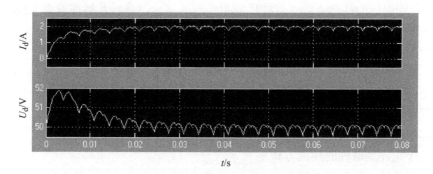

图 3-44 $\alpha = 30°$ 负载电流和电压波形图

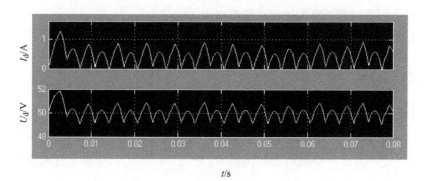

图 3-45 $\alpha = 60°$ 负载电流和电压波形图

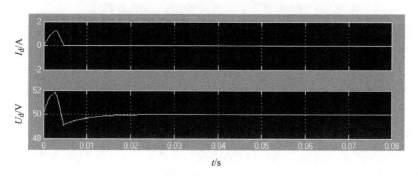

图 3-46 $\alpha = 90°$ 负载电流和电压波形图

3.8 练习题与思考题

一、填空题

1. 请在空格内标出器件的简称：电力晶体管_____；门极关断晶闸管_____；功率场效应晶体管_____；绝缘栅双极型晶体管_____。

2. 绝缘栅双极型晶体管是以_____作为栅极，以电力晶体管作为集电极和发射极复合而成的。

3. 在 GTR 发生一次击穿发生时，若未有效控制 I_C，则 I_C 增大到某个临界点时会突然急剧上升，并伴随电压的陡然下降，这种现象叫作_____，将导致器件的永久损坏，或者工作特性明显衰变。

4. 电力 MOSFET 的通态电阻具有_____温度系数，对器件并联时的_____有利，从反向来看漏源极之间有_____，漏源极间加反向电压时器件导通。

5. 由晶闸管构成的逆变器换流方式有_____换流和_____换流。

6. 外部换流又包括_____、_____两种换流方式。

7. 内部换流包括_____、_____两种换流方式。

8. 适用于全控型器件的换流方式是_____。

9. 单相双半波可控整流电路与_____电路的输出一致，变压器二次绕组的电流波形也一样，变压器同样不存在直流磁化的问题，且只使用两个晶闸管，使相应的_____电路得以简化，导电回路的管压降也比桥式整流减少一个。

10. 按逆变后能量馈送去向的不同来分类，电力电子器件构成的逆变器可分为_____逆变器与_____逆变器两大类。

11. 无源逆变电路可以根据直流侧电源性质不同分类，当直流侧是电压源时，称此电路为_____，当直流侧为电流源时，称此电路为_____。

12. 电流型逆变器直流侧是电流源，通常可控整流输出在最靠近逆变桥侧用_____滤波，输出电压波形为_____波，输出电流波形为_____波。

13. 半桥逆变电路输出交流电压的幅值 U_m 为_____U_d，全桥逆变电路输出交流电压的幅值 U_m 为_____。

14. 单相全桥无源逆变电路，180°导电角的控制方式下，改变输出交流电压的有效值只能通过改变_____来实现，改变_____可改变输出交流电频率。

15. 单相全桥无源逆变电路，180°导电角的控制方式下，为防止同一桥臂的上下两个开关器件同时导通而引起直流侧电源短路，在开关控制上应采取_____的措施。

16. 电压型逆变器直流侧是电压源，通常可控整流输出在最靠近逆变桥侧用_____进行滤波，电压型三相桥式无源逆变电路的换流是在_____器件之间换流，每只晶闸管导电的角度是_____°；而电流型三相桥式无源逆变电路换流是在_____器件之间换流，每只晶闸管导电的角度是_____°。

17. 三相电压型逆变电路中，180°导电角的控制方式下，每个桥臂的导电角度为_____，各相开始导电的角度依次相差_____，在任一时刻有_____个桥臂导通。

18. 三相电流型逆变电路的基本工作方式是120°导电方式，按 VT_1 到 VT_6 的顺序每隔_____依次导通，在任一时刻有_____个桥臂导通，各桥臂之间换流采用_____换流方式。

二、选择题

1. IGBT 是一个复合型的器件，它是（　　）。

A. GTR 驱动的 MOSFET　　　　　　　　B. MOSFET 驱动的 GTR

C. MOSFET 驱动的晶闸管　　　　　　　D. MOSFET 驱动的 GTO

2. 无源逆变电路输出电压大小的调节的方法是（　　）。

A. 改变电力电子器件的导通角　　　　　B. 改变触发信号的强弱

C. 改变整流侧直流电压 U_d 的大小　　　D. 改变交流侧变压器的变比

3. 下列不属于电压型逆变电路特点的有 （　　　）。

A. 直流侧接大电感　　　　　　　　　B. 交流侧电流接正弦波

C. 直流侧电压无脉动　　　　　　　　D. 直流侧电流有脉动

4. 属于电流型逆变电路特点的是 （　　　）。

A. 直流侧接大电感　　　　　　　　　B. 交流侧电流接正弦波

C. 直流侧电压无脉动　　　　　　　　D. 直流侧电流有脉动

5. 采用全控型电力电子器件的电路中，其换流方式为 （　　　）。

A. 器件换流　　　　B. 电网换流　　　　C. 负载换流　　　　D. 强迫换流

6. 设置附加的换流电路，给欲关断的晶闸管强迫施加反向电压或电流的换流方式称为 （　　　）。

A. 器件换流　　　　B. 电网换流　　　　C. 负载换流　　　　D. 强迫换流

7. 负载电流相位超前于负载电压的场合，即对于容性负载，可以实现 （　　　）。

A. 器件换流　　　　B. 电网换流　　　　C. 负载换流　　　　D. 强迫换流

8. 无源逆变电路中，以下半导体器件采用器件换流的有 （　　　），采用强迫换流和负载换流的有 （　　　）。

A. GTO　　　　　　B. SCR　　　　　　C. IGBT　　　　　　D. MOSFET

9. （　　　） 属于自然换流，（　　　） 属于外部换流。

A. 器件换流　　　　　　　　　　　　B. 电网换流

C. 负载换流　　　　　　　　　　　　D. 强迫换流

10. 单相桥式无源逆变电路，当负载为感性负载时，必须要在电力电子器件的两端反并联续流二极管，这种说法是 （　　　）。

A. 正确的　　　　　　　　　　　　　B. 错误的

11. 单相桥式无源逆变电路中，当续流二极管导通时，电能的流向为由负载为直流电源输送电能，这种说法是 （　　　）。

A. 正确的　　　　　　　　　　　　　B. 错误的

12. 电流型逆变电路特点的有 （　　　）。

A. 直流侧接大电感　　　　　　　　　B. 交流侧电流接正弦波

C. 直流侧电压无脉动　　　　　　　　D. 直流侧电流有脉动

13. 180°导电型-电压型三相桥式逆变电路，其换相是在如下哪种情形的上、下两个开关之间进行 （　　　）。

A. 同一相　　　　B. 不同相　　　　C. 固定相　　　　D. 不确定相

三、问答题

1. 单相双半波可控整流电路与单相桥式可控整流电路相比的优缺点是什么？

2. 什么是 GTR 的二次击穿？GTR 的安全工作区由哪些参量限定？

3. 什么是电力 MOSFET 的开启电压或阀值电压？

4. 本项目中电力电子器件中哪些是电流控制型的，哪些是电压控制型的？

5. 什么是 IGBT 的擎住效应？

6. 试说明 IGBT、GTR、GTO 和电力 MOSFET 各自的优缺点。

7. 无源逆变电路和有源逆变电路的区别有哪些？

8. 什么是电压型逆变电路和电流型逆变电路？各有什么特点？

9. 在三相桥式整流电路中，为什么三相电压的六个交点就是对应桥臂的自然换流（相）点？请以 U、V 两相电压正半周交点为例，说明自然换流（相）原理。

10. 试述 180°导电–电压型逆变电路的换流顺序及每 60°区间哪个管导通。

11. 写出电流型三相桥式无源逆变电路的换流顺序。

12. 单相电压型无源逆变电路中，电阻性负载和电感性负载时对输出电压、电流有何影响？电路结构有哪些变化？

13. 电压型逆变电路各桥臂上并联二极管的作用是什么？电流型逆变电路中有没有这样的二极管？为什么？

14. 图 3-47 所示为单相桥式无源逆变电路及其输出电流波形，在 $0 \sim T/4$、$T/4 \sim T/2$ 区间内，导通的电力电子器件分别是哪些？

15. 说明图 3-47 中二极管的作用。

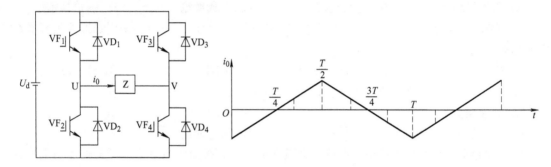

图 3-47　问答题第 14 题、15 题图

项目4 认识三相异步电动机的 三相交流调压软起动装置

4.1 知识点引入

4-1 项目导入

【项目描述】

1. 三相异步电动机使用软起动装置的意义

三相异步电动机由于结构简单、控制维护方便、性能稳定、效率高等优点而被广泛地应用于各种机械设备的拖动中。但三相异步电动机起动电流高达额定电流的 5 ~ 8 倍，对电网造成较大干扰，尤其是在工业领域的重载起动，有时可能对设备安全构成严重威胁，同时由于起动应力较大，使负载设备的使用寿命降低，因此常采用降压起动方式来减小这些影响。但是，传统的降压起动方式，如星-三角降压起动、自耦变压器起动等，要么起动电流和机械冲击过大，要么体积庞大笨重、损耗大，要么起动力矩小、维修率高等，都不尽人意。随着电子技术的发展，利用软起动技术不仅实现在整个起动过程中无冲击且平滑地起动电动机，而且可以根据电动机负载的特性来调节起动过程中的参数，如限流值、起停时间等，以达到最佳起停状态，从而延长机械设备的使用寿命，减少设备的维修量，提高经济效益。各类三相异步电动机的传统起动方式与软起动方式相比较的优缺点见表4-1。

表4-1 三相异步电动机不同起动方式比较

起动方式 技术指标	传统起动方式				软起动器起动方式
	直接起动	自耦变压器起动	定子串电阻起动	星-三角起动	
起动电流为直接 起动电流的倍数	100%	30% ~ 40%	58% ~ 70%	33%	根据设定，最大90%
起动转矩为直接 起动转矩的倍数	100%	30% ~ 40%	33% ~ 49%	33%	根据设定，最大80%
特点	电流转矩冲击都很大，对电网电动机和机械设备带来不利影响	切换时会产生冲击电流和瞬间转矩波动	机械设备庞大，维护费用和初投资费用高，起动频率较低	从 Y 型到 △型转换时冲击电压可达全电压堵转电流，瞬间转矩波动可达全负载转矩的 1.5 倍	能使电动机转矩特性与负载密切配合，达到平稳起动，又由于采用微电脑控制，可增加许多新功能，如自诊断、测量和保护、软停止等

2. 三相交流调压软起动装置的基本原理

软起动是指运用串接于电源与被控电动机之间的软起动器，控制其内部晶闸管的导通角，使电动机输入电压从零以预设函数关系逐渐上升，直至起动结束，赋予电动机全电压的起动方法。三相异步电动机的三相交流调压软起动装置是一种集电机软起动、软停车、轻载节能和多种保护功能于一体的电机控制装置，它的主要构成是串接于电源与被控电机之间的三相反并联晶闸管及其电子控制电路，电路构成的基本原理如图4-1所示。通过控制三相反向并联晶闸管的导通角，使被控电动机的输入电压按不同的要求而变化，就可实现不同的功能。

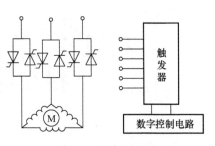

图 4-1　基本原理图

软起动器及其在配电柜中的使用如图 4-2 所示，它通过单片机及相应的数字电路控制晶闸管触发脉冲的时间来改变触发延迟角的大小，从而改变晶闸管的导通时间，最终改变加到电动机三相绕组的电压大小。由于电动机转矩近似与定子电压的二次方成

a)

b)

图 4-2　软起动器

a）软起动器　b）软起动器在配电柜中的应用

正比，电流也和定子电压成正比，这样，电动机的起动转矩和起动电流的限制可以通过定子电压的控制来实现。在三相交流调压软起动装置中，定子电压通过控制三相反向并联晶闸管的导通角，使被控电动机的输入电压按不同的要求而变化。在电动机的起动过程中，通过晶闸管的控制电路使晶闸管的导通角从零开始逐渐增大，晶闸管的输出电压也逐渐增加，电动机从零开始加速，直到晶闸管全导通，从而实现电动机的无级平滑起动，并使电动机工作在额定电压的机械特性上。电动机的起动转矩和起动电流的最大值可根据负载而设定，以满足不同的负载起动要求。

【相关知识点】

三相交流调压软起动装置中的三相反并联晶闸管构成的是一个典型的三相交流调压电路，是一种交流-交流的电力电子变流电路，通过本章能够理解电动机的软起动装置，获取此类电路的实际分析和应用能力。

本项目中主要学习的知识点如下：
- 知识点 1：双向晶闸管。
- 知识点 2：单相交流调压电路。
- 知识点 3：三相交流调压电路。

- 扩展知识点1：晶闸管交流开关及交流调功器。
- 扩展知识点2：交-交直接变频器。

【学习目标】

1）掌握双向晶闸管的结构、工作原理及参数选择。
2）掌握单相及三相交流调压电路的结构、工作原理及相关物理量的计算。
3）熟悉常见的晶闸管交流开关的电路形式与工作原理。
4）掌握晶闸管交流调功器的电路结构及工作原理。
5）掌握交-交直接变频的工作原理。

4.2 知识点1：双向晶闸管

4.2.1 双向晶闸管的结构与外形

4-2 双向晶闸管
的结构与外形

软起动器的每一相电源与定子绕组之间串入一个由两个反并联的晶闸管构成的开关模块，通过控制每个周期晶闸管的导通角来实现电动机的降压起动，在实际电路中，往往以一个双向晶闸管来代替两个反并联的晶闸管。

1. 双向晶闸管的外形

双向晶闸管（TRIode AC semiconductor switch，TRIAC）的外形与普通晶闸管类似，封装形式同样有塑封式、螺栓式和平板式，其外形如图4-3所示。

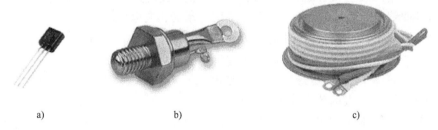

a)   b)   c)

图4-3 双向晶闸管的外形

a）小电流塑封式 b）螺栓式 c）平板式

2. 双向晶闸管的结构

双向晶闸管的内部由 N-P-N-P-N 五层结构的半导体材料制成，对外引出三个电极。有两个主电极 T_1、T_2，一个门极 G，其图形符号如图4-4a所示，内部结构、等效电路分别如图4-4b、c所示。

从图中可见，双向晶闸管相当于两个普通晶闸管反并联，

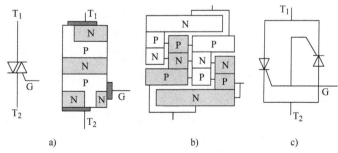

图4-4 双向晶闸管的内部结构、等效电路及图形符号

a）图形符号 b）内部结构 c）等效电路

不过它只有一个门极 G，由于靠近 T_2 的两个 N 区的存在，使得门极 G 相对于 T_1 端无论是正的或是负的，都能触发，而且 T_1 相对于 T_2 既可以是正，也可以是负。

常见的双向晶闸管引脚排列如图 4-5 所示。

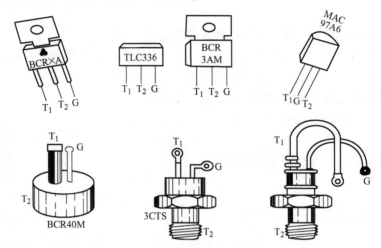

图 4-5　常见双向晶闸管引脚排列

4.2.2　双向晶闸管的伏安特性与触发方式

1. 双向晶闸管的伏安特性

双向晶闸管通断的是交流电，在每个周期晶闸管两端电源电压波形的正半周和负半周各触发导通一次，因此双向晶闸管具有正反向对称的伏安特性曲线，如图 4-6 所示。当双向晶闸管承受正向电压时，以一定大小的触发延迟角在特定的时刻给门极施加触发信号，则双向晶闸管正向导通，流过正向电流，对应第 Ⅰ 象限的伏安特性，可以看出与普通晶闸管在第 Ⅰ 象限的伏安特性是一致的。反之当晶闸管承受反向电压触发导通时，流过反向电流，对应第 Ⅲ 象限的伏安特性，与第 Ⅰ 象限的伏安特性对称。

4-3　双向晶闸管的伏安特性、触发方式与参数

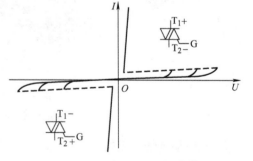

图 4-6　双向晶闸管伏安特性

2. 双向晶闸管的触发方式

由双向晶闸管的伏安特性可知其可以工作于第 Ⅰ 和第 Ⅲ 两个象限，正反两个方向都能导通，而双向晶闸管的门极也可以施加两种极性的触发信号，也就是正的和负的脉冲电压都能触发其导通。由主电极电压与触发电压的不同组合，可以得到四种触发方式：

1）I_+ 触发方式

主电极 T_1 电压为正，T_2 电压为负；门极 G 电压为正，T_2 电压为负。特性曲线在第 Ⅰ 象限。

2）I_- 触发方式

主电极 T_1 电压为正，T_2 电压为负；门极电压 G 电压为负，T_2 电压为正。特性曲线在第 Ⅰ 象限。

3）Ⅲ₊触发方式

主电极 T_1 电压为负，T_2 电压为正；门极电压 G 电压为正，T_2 电压为负。特性曲线在第Ⅲ象限。

4）Ⅲ₋触发方式

主电极 T_1 电压为负，T_2 电压为正；门极电压 G 电压为负，T_2 电压为正。特性曲线在第Ⅲ象限。

由于双向晶闸管的内部结构原因，4 种触发方式的灵敏度不相同，4 种触发方式的灵敏度见表 4-2。其中以Ⅲ₊触发方式灵敏度最低，使用时要尽量避开，常采用的触发方式为Ⅰ₊和Ⅲ₋触发方式。

表 4-2 4 种触发方式的特性

触发方式		被触发的主晶闸管	T_1 端极性	门极极性	触发灵敏性
第一象限	Ⅰ₊	$P_1 - N_1 - P_2 - N_2$	+	+	1
第二象限	Ⅰ₋	$P_1 - N_1 - P_2 - N_2$	+	−	近似 1/3
第三象限	Ⅲ₊	$P_2 - N_1 - P_1 - N_4$	−	+	近似 1/4
第四象限	Ⅲ₋	$P_2 - N_1 - P_1 - N_4$	−	−	近似 1/2

4.2.3 双向晶闸管的参数与选择

1. 双向晶闸管的型号与参数

双向晶闸管的主要参数中只有额定电流的定义与普通晶闸管有所不同，其他参数的定义与晶闸管相同。由于双向晶闸管工作在交流电路中，正反向电流都可以流过，所以它的额定电流不用平均值而是用有效值来表示。双向晶闸管的额定电流定义：在标准散热条件下，当器件的单向导通角大于 170°，允许流过器件的最大正弦交流电流的有效值，用 $I_{T(RMS)}$ 表示。

双向晶闸管额定电流与普通晶闸管额定电流之间的换算关系式为

$$I_{T(AV)} = \frac{\sqrt{2}}{\pi} I_{T(RMS)} = 0.45 I_{T(RMS)} \qquad (4-1)$$

以此推算，一个 100A 的双向晶闸管与两个反并联 45A 的普通晶闸管电流容量相等。

国产双向晶闸管用 KS 表示，型号规格表达如下：

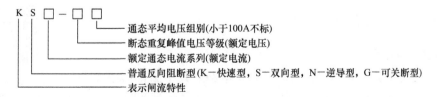

如型号 KS50 - 10 - 21 表示额定电流 50A，额定电压 10 级（1000V），断态电压临界上升率 du/dt 为 2 级（不小于 200V/μs），换向电流临界下降率 di/dt 为 1 级（不小于 1% $I_{T(RMS)}$）的双向晶闸管。有关 KS 型双向晶闸管的主要参数和分级的规定见表 4-3。

表 4-3　双向晶闸管的主要参数

参数 系列	额定通态电流（有效值）$I_{T(RMS)}$ /A	断态重复峰值电压（额定电压）U_{DRM}/V	断态重复峰值电流 I_{DRM} /mA	额定结温 T_{jm}/C	断态电压临界上升率 du/dt /(V/μs)	通态电流临界上升率 di/dt /(A/μs)	换向电流临界下降率（di/dt）/(A/μs)	门极触发电流 I_{GT} /mA	门极触发电压 U_{GT} /V	门极峰值电流 I_{GM} /A	门极峰值电压 U_{GM} /V	维持电流 I_H /mA	通态平均电压 $U_{T(AV)}$ /V
KS1	1		<1	115	≥20	—		3 ~ 100	≤2	0.3	10		上限值（各厂由浪涌电流和结温的合格形式试验决定并满足 | U_{T1} - U_{T2} | ≤ 0.5V）
KS10	10		<10	115	≥20	—		5 ~ 100	≤3	2	10		
KS20	20		<10	115	≥20	—		5 ~ 200	≤3	2	10		
KS50	50	100 ~ 200	<15	115	≥20	10	≥0.2%$I_{T(RMS)}$	8 ~ 200	≤4	3	10	实测值	
KS100	100		<20	115	≥50	10		10 ~ 300	≤4	4	12		
KS200	200		<20	115	≥50	15		10 ~ 400	≤4	4	12		
KS400	400		<25	115	≥50	30		20 ~ 400	≤4	4	12		
KS500	500		<25	115	≥50	30		20 ~ 400	≤4	4	12		

2. 双向晶闸管主要参数的选择

为保证交流开关的可靠运行，必须根据开关的工作条件，合理选取双向晶闸管的额定通态电流、断态重复峰值电压（铭牌额定电压）及断态电压临界上升率。

（1）额定通态电流 $I_{T(RMS)}$ 的选择

双向晶闸管交流开关较多用于频繁启动和制动，对可逆运转的交流电动机，要考虑起动或者反接电流峰值来选取器件的额定通态电流 $I_{T(RMS)}$。对于绕线转子电动机，最大电流为电动机额定电流的 3 ~ 6 倍，对笼型电动机则取 7 ~ 10 倍，如对于 30kW 的绕线转子电动机和 11kW 的笼型电动机要选用 200A 的双向晶闸管。

（2）断态重复峰值电压 U_{DRM} 的选择

断态重复峰值电压 U_{DRM} 即双向晶闸管的额定电压，实际选择时通常取 2 倍的安全裕量。380V 电路用的交流开关，一般应选择 1000 ~ 1200V 的双向晶闸管。

（3）断态电压临界上升率 du/dt 的选择

断态电压临界上升率 du/dt 是标志双向晶闸管换向能力的重要参数。一些双向晶闸管的交流开关经常发生短路事故，主要原因之一是器件允许的 du/dt 太小。通常解决的办法是：① 在交流开关的主电路中串入空心电抗器，抑制电路中的断态电压临界上升率，降低对双向晶闸管换向能力的要求。② 选用 du/dt 值高的器件，一般为 200V/μs。

4.2.4　双向晶闸管的触发电路

1. 简易触发电路

如图 4-7 所示为双向晶闸管的简易触发电路。其中图 4-7a 所示为简单有级交流调压电路。当开关 S 拨至 "2"，双向晶闸管 VT 只能在电源电压的正半周期触发，即采用 I_+ 触发方式，负载 R_L 上仅得到正半周的输出电压；当 S 拨至 "3" 时，VT 在电源电压的正、负半周分别以 I_+ 、III_- 触发方式被触发导通，R_L 上可以得到正、负两个半周的输出电压，因而比 S 置 "2" 时的输出电压有效值大，从而达到调节

4-4　双向晶闸管的触发电路

输出电压的目的。

图 4-7b 所示为采用触发二极管的交流调压电路，其中触发二极管 VD 具有对称的击穿特性，这种二极管在其两端电压达到击穿电压数值（通常为 30V 左右，不分极性）时被击穿导通。在电源的正半周或负半周时，通过 R_{RP} 给电容充 C_1 电，当 C_1 两端电压绝对值达到一定大小时，击穿双向二极管 VD，并触发双向晶闸管导通，通过调节 R_{RP} 的大小来改变电容电压以达到双向二极管击穿电压的时刻，进而调节触发延迟角 α 的大小，但当工作于大 α 值时，因 R_{RP} 阻值较大，使 C_1 充电缓慢，到 α 角时电源已经过峰值并降得过低，则 C_1 上充电电压过小不足以击穿双向触发二极管 VD。

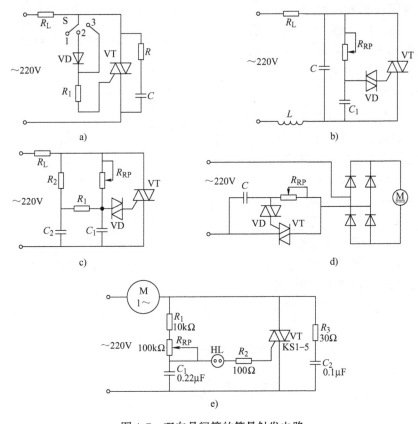

图 4-7 双向晶闸管的简易触发电路

图 4-7c 所示电路是在 4-7b 图电路的基础上增设 R_1、R_2、C_2。这样在触发延迟角 α 较大时，可由 C_2 两端在触发时刻前所储存的电压 U_{C2} 给电容 C_1 增加一个充电电路，保证在触发延迟角 α 较大时 VT 能可靠触发。

图 4-7d 为电动机调速电路，相当于 4-7b 图所示电路的一个应用电路，为交-交-直变流。电路首先通过双向晶闸管进行交流调压，再经过不可控整流桥将调压后的交流电转换为直流电，用以驱动直流电动机转动。

图 4-7e 为电风扇无级调速电路图，接通电源后，电容 C_1 充电，当电容 C_1 两端电压的峰值达到氖管 HL 的阻断电压时，氖管 HL 亮，双向晶闸管 VT 被触发导通，电风扇转动。改变电位器 R_{RP} 的大小，即改变了 C_1 的充电时间常数，使 VT 的导通角发生变化，也就改变了

电动机两端的电压，因此电扇的转速改变。由于R_{RP}是无级变化的，因此电扇的转速也是无级变化的。

2. 单结晶体管触发电路

图4-8为单结晶体管触发的交流调压电路，由二极管$VD_1 \sim VD_4$、电阻R_2、稳压二极管VZ以及由R_{RP}、C_1、R_1、VU_1所组成的单结晶体管自激振荡电路构成单结晶体管触发电路，该电路与项目1调光灯电路的触发电路是一样的，在项目1中做过详细介绍，调节R_{RP}阻值可改变负载R_L上电压的大小，双向晶闸管的触发方式为 I _ 和Ⅲ_ 触发方式。

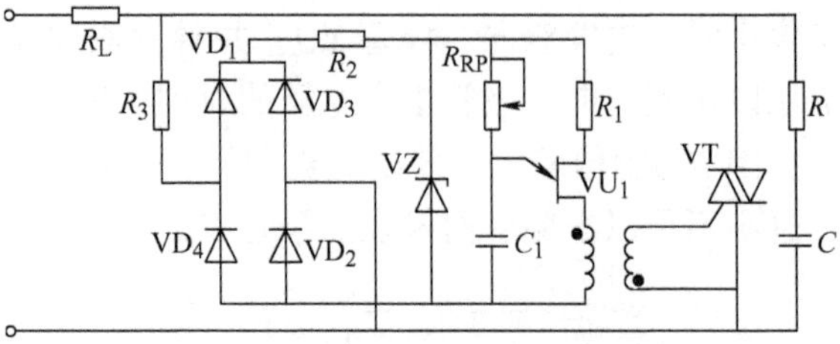

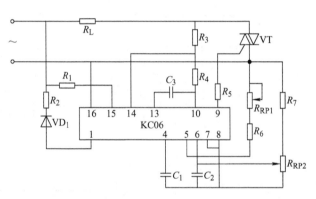

图4-8 由单结晶体管组成的触发电路

3. 集成触发器

图4-9所示即为KC06集成触发器组成的双向晶闸管移相交流调压电路。该电路主要适用于交流直接供电的双向晶闸管或反并联普通晶闸管的交流移相控制，能由交流直接供电而不需要外加同步、输出脉冲变压器和外接直流工作电源，能直接与晶闸管门极相连接。它具有锯齿波线性好、移相范围宽、控制方向简单、输出电流大等优点。其中R_{RP1}用于调节触发电路锯齿波斜率，R_4、C_3用于调节脉冲宽度，R_{RP2}为移相控制电位器，用于调节输出电压的大小。

图4-9 KC06集成触发器组成的双向晶闸管移相交流调压电路

4.3 知识点2：单相交流调压电路

交流调压电路指的是将一种幅值的交流电能转化为同频率的另一种幅值的交流电能的变流电路。本项目中三相异步电机的起动和调速实际上就是通过接于三相交流电源和三相定子绕组之间的三相交流调压电路来实现的。

4.3.1 电阻性负载的单相交流调压电路

图4-10a所示为一双向晶闸管与电阻性负载R_L组成的单相交流调压主电路，图中的双向晶闸管也可改用两只反并联的普通晶闸管来代替，但需要两组独立的触发电路分别控制两只晶闸管。

4-5 单相交流调压电路带电阻性负载

在电源正半周$\omega t = \alpha$时，触发VT使其导通，有正向电流流过R_L，负载两端得到的输出电压U_R在忽略晶闸管管压降的情况下等于电源电压，此时为正值，电流过零时 VT 自行关断；在电源负半周的 $\omega t = \pi + \alpha$ 时刻，再次触发 VT 使其导通，有反向电流流过 R_L，其端电压 U_R 在忽略晶闸管管压降的情况下等于电源电压，此时为负值，到电流过零时 VT 再次自行关断。然后每个周期重复上述过程。负载电压 U_R 波形、触发脉冲 U_g 波形及晶闸管 VT_1 两端电压 U_{VT1} 波形如图4-10b所示，电阻性负载上交流电压有效值为

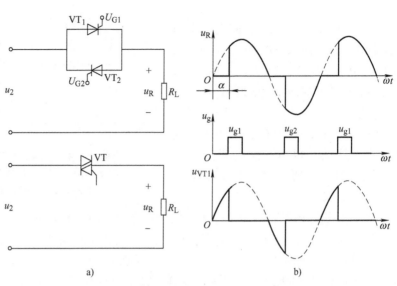

图 4-10　单相交流调压电路结构及波形分析

a) 单相交流调压主电路图　b) 单相交流调压波形图

$$U_R = \sqrt{\frac{1}{\pi}\int_{\alpha}^{\pi}(\sqrt{2}U_2\sin\omega t)^2\mathrm{d}(\omega t)} = U_2\sqrt{\frac{1}{2\pi}\sin2\alpha + \frac{\pi-\alpha}{\pi}} \tag{4-2}$$

流过负载的电流有效值为

$$I = \frac{U_R}{R} = \frac{U_2}{R}\sqrt{\frac{1}{2\pi}\sin2\alpha + \frac{\pi-\alpha}{\pi}} \tag{4-3}$$

电路功率因数为

$$\cos\varphi = \frac{P}{S} = \frac{U_R I}{U_2 I} = \sqrt{\frac{1}{2\pi}\sin2\alpha + \frac{\pi-\alpha}{\pi}} \tag{4-4}$$

只要在正负半周对称的相应时刻（α、$\pi+\alpha$）给晶闸管施加触发脉冲，通过改变 α 可得到不同的输出电压有效值，从而达到交流调压的目的。通过波形以及公式（4-2）可知触发脉冲的移相范围为 $0 \sim \pi$。

交流调压电路的触发电路完全可以套用整流移相触发电路，但是脉冲的输出必须通过脉冲变压器，其两个二次线圈之间要有足够的绝缘。

4.3.2　阻感性负载的单相交流调压电路

图 4-11a、b 所示为阻感性负载的单相交流调压电路和相位关系图。由于电感的作用，在电源电压由正向负过零时，负载中电流要滞后一定 ϕ 角度（负载的功率因数角）才能到零，即晶闸管要继续导通到电源电压的负半周才能关断。晶闸管的导通角 θ 不仅与触发延迟角 α 有关，而且与负载的功率因数角 ϕ 有关。触发延迟角越小则导通角越大，负载的功率因数角 ϕ 越大，表明负载感抗大，自感电动势使电流过零的时间越长，因而导通角 θ 越大。

4-6　单相交流调压电路带阻感性负载

当触发延迟角 α 大小变化时，电路工作情况不同，下面分三种情况加以讨论。

（1）$\alpha > \phi$

当 $\alpha > \phi$ 时，$\theta < 180°$，即正负半周电流断续，且 α 越大，θ 越小。可见，α 在 $\phi \sim 180°$ 范围内，交流电压连续可调。电流和电压波形如图 4-12a 所示。

（2）$\alpha = \phi$

当 $\alpha = \phi$ 时，$\theta = 180°$，即正负半周电流临界连续。相当于晶闸管失去控制，电流和电压波形如图 4-12b 所示。

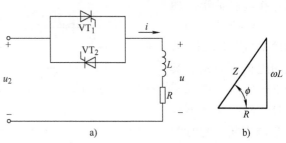

图 4-11　单相交流调压阻感性负载电路图
a）单相交流调压阻感性负载主电路图
b）单相交流调压阻感性负载相位图

（3）$\alpha < \phi$

此种情况若开始给 VT_1 以触发脉冲，VT_1 导通，而且 $\theta > 180°$。如果触发脉冲为窄脉冲，当 u_{g2} 出现时，VT_1 的电流还未到零，VT_1 不关断，VT_2 不能导通。当 VT_1 电流到零关断时，u_{g2} 脉冲已消失，此时 VT_2 虽已受正压，但也无法导通。到第三个半波时，u_{g1} 又触发 VT_1 导通，电流电压波形如图 4-12c 所示。这样负载电流只有正半波部分，出现很大直流分量，电路不能正常工作。因而电感性负载时，晶闸管不能用窄脉冲触发，可采用宽脉冲或脉冲列触发。

综上所述，单相交流调压有如下特点：

① 电阻负载时，负载电流波形与单相桥式可控整流交流侧电流一致。改变触发延迟角 α 可以连续改变负载电压有效值，达到交流调压的目的。

② 电感性负载时，不能用窄脉冲触发。否则当 $\alpha < \phi$ 时，会出现一个晶闸管无法导通，产生很大直流分量电流，烧毁熔断器或晶闸管。

③ 电感性负载时，最小触发延迟角 $\alpha_{min} = \beta$（阻抗角）。所以 α 的移相范围为 $\phi \sim 180°$，电阻负载时移相范围为 $0° \sim 180°$。

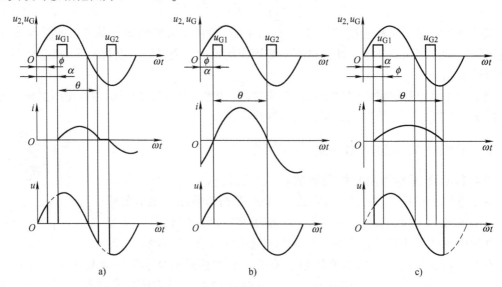

图 4-12　单相交流调压阻感性负载波形图
a）$\alpha > \phi$　b）$\alpha = \phi$　c）$\alpha < \phi$

【例】 一个单相晶闸管交流调压电路，用以控制送至电阻 $R = 0.23\Omega$、电抗 $\omega L = 0.23\Omega$ 的电感性负载上的功率，设电源电压有效值 $U_1 = 230\mathrm{V}$，试求：

（1）移相控制范围。

（2）负载电流的最大有效值。

（3）最大功率和功率因数。

解：

（1）移相控制范围

当输出电压为零时，$\theta = 0°$，$\alpha = \alpha_{MAX} = \pi$

当输出最大电压时，$\theta = 180°$，$\alpha = \alpha_{MAX} = \phi L = \arctan\left(\dfrac{0.23}{0.23}\right) = \dfrac{\pi}{4}$

故 $\dfrac{\pi}{4} \le \alpha \le \pi$。

（2）负载电流最大有效值 I_{MAX}

当 $\alpha = \phi L$ 时，电流连续，为正弦波，则

$$I_{MAX} = \frac{U_1}{\sqrt{R^2 + (\omega L)^2}} = \frac{230}{\sqrt{(0.23)^2 + (0.23)^2}}\mathrm{A} = 707\mathrm{A}$$

（3）最大功率和功率因数

$$P_{MAX} = I_{MAX}^2 R = (707)^2 \times 0.23\mathrm{W} = 1.15 \times 10^5 \mathrm{W}$$

$$(\cos\phi)_{MAX} = \frac{P_{MAX}}{U_1 I_{MAX}} = \frac{1.15 \times 10^5}{230 \times 707} = 0.707$$

4.4　知识点3：三相交流调压电路

4-7　三相
交流调压电路

本项目中的单相交流调压电路适用于单相小容量电动机进行调压，如果单相负载容量过大，就会引起三相不平衡，影响电网供电质量，所以当需要使用容量较大的电动机时通常采用三相电动机，对应的功率控制电路采用三相交流调压电路。三相交流调压电路还可以用在三相电热炉、电解与电镀等设备中。三相交流调压的电路有多种形式，本项目中的三相交流调压电路负载通常连接成△或丫形。

4.4.1　星形联结的三相交流调压电路

星形联结的三相交流调压电路是最常用的三相交流调压电路。这种电路又可分为三相三线和三相四线两种接线方式。采用三相四线接法时相当于三个单相交流调压电路的组合，三相互相错开120°工作，单相交流调压电路的工作原理和分析方法均同样适用于这种电路。下面重点分析三相三线接法时的工作原理。

1. 三相交流调压电路带纯电阻负载时工作情况

（1）工作原理

电路结构如图 4-13 所示。在该电路中，任一相在导通时必须和另一相构成回路，因此和三相桥式全控整流电路一样，电流流通路径中有两个晶闸管，所以应采用双脉冲或

宽脉冲触发。三相的触发脉冲应依次相差120°，同一相的两个反并联晶闸管触发脉冲应相差180°，六个晶闸管的触发顺序也依次是VT_1、VT_2、…、VT_6，相邻两个晶闸管触发脉冲相差60°。

如果把晶闸管换成二极管后可以看出，相电流和相电压同相位，且相电流过零时二极管开始导通。因此把相电压过零点定为触发延迟角α的起点。三相三线接法的三相交流调压电路中，两相间导通时是靠线电压导通的，而线电压超前相电压30°，因此α角的移相范围是0°~150°。

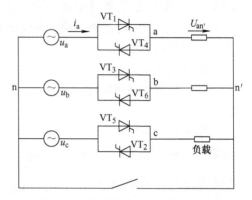

图4-13　星形联结三相交流调压电路

在该电路运行过程当中的任一时刻，晶闸管的导通情况有可能是三相中各有一个晶闸管导通，这时负载相电压就是电源相电压；也可能是两相中各有一个晶闸管导通，另一相不导通，这时导通相的负载相电压是电源线电压的一半。根据任一时刻晶闸管导通个数以及半个周期内电流是否连续，可将0°~150°的移相范围分为如下四段：

1）0°≤α<60°范围内，电路处于三个晶闸管导通与两个晶闸管导通的交替状态，每个晶闸管导通角度为α–180°。但是α=0°时是一种特殊情况，一直是三个晶闸管导通。

2）60°≤α<90°范围内，任一时刻都是两个晶闸管导通，每个晶闸管的导通角度为120°。

3）90°≤α<150°，电路处于两个晶闸管导通与无晶闸管导通的交替状态，每个晶闸管导通角度为300°–2α，而且这个导通角被分割为不连续的两个部分，在半个周期内形成两个断续的波头，各占150°–α。

4）当α≥150°时，输出电压减小到零，因此带电阻性负载的三相交流调压电路的移相范围为0°~150°。

（2）波形分析

以U相为例，不同触发延迟角α下，负载上的输出相电压u_{RU}、相电流i_U波形如图4-14所示。

1）α=0°时

α=0°时，波形如图4-14a所示。

ωt=0°时触发导通VT_1，以后每隔$\pi/3$依次触发VT_2、VT_3、VT_4、VT_5、VT_6。

$\omega t \in [0, \pi/3)$：u_U为正，u_V为负，VT_5、VT_6、VT_1同时导通。

$\omega t \in [\pi/3, 2\pi/3)$：$u_U$为正，$u_V$、$u_W$为负，$VT_6$、$VT_1$、$VT_2$同时导通。

$\omega t \in [2\pi/3, \pi)$：$u_U$、$u_V$为正，$u_W$为负，$VT_1$、$VT_2$、$VT_3$同时导通。

由于任何时刻均有3只晶闸管同时导通，中性点电位为零，每相晶闸管承受的是本相的相电压，每相负载上得到的输出电压也是本相电压，负载上获得全电压。各相电压、电流波形是完整的正弦波形且三相平衡。

2）α=30°时

α=30°时，波形如图4-14b所示。此时情况复杂，须分子区间分析。

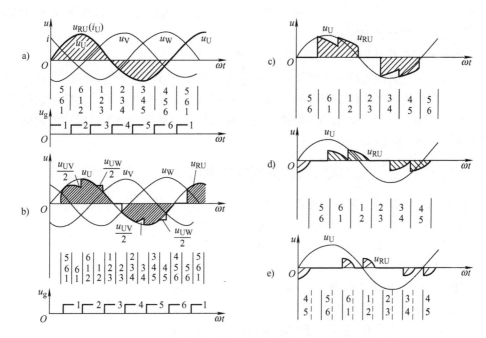

图 4-14 星形联结三相交流调压电路输出电压、电流波形

a) $\alpha = 0°$ b) $\alpha = 30°$ c) $\alpha = 60°$ d) $\alpha = 90°$ e) $\alpha = 120°$

5、6、1—图 4-13 中 VT_5、VT_6 和 VT_1 导通,其他数字表达类似

$\omega t \in [0, \pi/6)$:$\omega t = 0$ 时 u_U 变正,VT_4 关断,但 u_{g1} 未到位,VT_1 无法导通,U 相负载电压 $u_U = 0$。

$\omega t \in [\pi/6, \pi/3)$:$\omega t = \pi/6$ 时,触发导通 VT_1,V 相 VT_6、W 相 VT_5 均仍承受正向阳极电压保持导通。由于 VT_5、VT_6、VT_1 同时导通,三相均有电流,此子区间内 U 相负载电压 $u_{RU} = u_U$。

$\omega t \in [\pi/3, \pi/2)$:$\omega t = \pi/3$ 时,$u_W = 0$,VT_5 关断,VT_2 触发脉冲尚未到来,不导通,三相中仅 VT_6、VT_1 导通。此时线电压 u_{UV} 施加在 R_U、R_V 上,故此子区间内 U 相负载电压 $u_{RU} = u_{UV}/2$。

$\omega t \in [\pi/2, 2\pi/3)$:$\omega t = \pi/2$ 时,VT_2 触发导通,此时 VT_6、VT_1、VT_2 同时导通。故此子区间内 U 相负载电压 $u_{RU} = u_U$。

$\omega t \in [2\pi/3, 5\pi/6)$:$\omega t = 2\pi/3$ 时,$u_V = 0$,此时 VT_6 关断,仅 VT_1、VT_2 导通。故此子区间内 U 相负载电压 $u_{RU} = u_{UW}/2$。

$\omega t \in [5\pi/6, \pi]$:$\omega t = 5\pi/6$ 时,VT_3 触发导通,此时 VT_1、VT_2、VT_3 同时导通。故此子区间内 U 相负载电压 $u_{RU} = u_U$。

负半周可按相同方式分子区间做出分析,从而得知 4-13b 图中阴影区域所示的一个周波的 U 相负载电压 u_{RU} 波形。U 相电流波形与电压波形成比例。

3)用同样的分析法可得 $\alpha = 60°$、$\alpha = 90°$、$\alpha = 120°$ 时 U 相电压波形,如图 4-14c、d、e 所示。

需要说明的是,从图 4-14d、e 图可以看出当 $\alpha \geq 90°$ 以后,在晶闸管换流时,当下一个晶闸管的触发脉冲到来,上一个晶闸管已经关断,这就需要晶闸管的触发电路能够产生单宽脉冲（脉冲宽度大于60°）或双窄脉冲（两个窄脉冲之间间隔60°），以保障换流时能够有两个晶闸管同时触发导通构成回路。

2. 三相交流调压电路带阻感性负载的工作情况

单相交流调压电路在阻感性负载下的工作情况，在4.3节已做了较详细的分析。三相交流调压电路在阻感性负载下的情况要比单相交流调压电路复杂得多，很难用数学表达式进行描述。从实验可知，当三相交流调压电路带阻感性负载时，同样要求触发脉冲为宽脉冲，而脉冲移相范围为$\phi \leqslant \alpha \leqslant 150°$。

4.4.2 支路控制的三角形联结三相交流调压电路

支路控制的三角形联结三相交流调压电路结构如图4-15所示，这种调压电路由三个单相交流调压电路组成，三个单相电路分别在不同的线电压的作用下单独工作。因此，单相交流调压电路的分析方法和结论完全适用于支路控制三角形联结的三相交流调压电路。在求取输入线电流（电源电流）时，只要把与该线相连的两个负载相电流求和就可以了。

此电路的一个典型用例是晶闸管控制电抗器（Thyristor Controlled Reactor，TCR），可以连续调节流过电抗器的电流，从而调节电路从电网中吸收的无功功率。如配以固定电容器，就可以从容性到感性的范围内连续调节无功功率，被称为静止无功补偿装置（Static Var Campensator，SVC）。这种装置在电力系统中广泛用来对无功功率进行动态补偿，以减小电压波动或闪变。

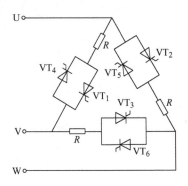

图4-15 支路控制三角形联结三相交流调压电路

4.4.3 其他形式三相交流调压电路

实际上，三相交流调压电路并不限于以上所介绍的两种形式，将常用的三相交流调压电路的四种接线形式、其电路相关参数与性能特点进行总结，见表4-4。

表4-4 三相交流调压电路的接线方式及性能特点

电路名称	电路图	晶闸管工作电压（峰值）	晶闸管工作电流（峰值）	移相范围	电路性能特点
星形带中性线的三相交流调压		$\sqrt{\dfrac{2}{3}} U_{\mathrm{VT_1}}$	$0.45 I_{\mathrm{VT_1}}$	$0° \sim 180°$	1. 是三个单相电路的组合 2. 输出电压、电流波形对称 3. 因有中性线可流过谐波电流，特别是3次谐波电流 4. 适用于中小容量可接中性线的各种负载

电路名称	电路图	晶闸管工作电压（峰值）	晶闸管工作电流（峰值）	移相范围	电路性能特点
晶闸管与负载连接成内三角形的三相交流调压		$\sqrt{2}\,U_{VT_1}$	$0.26I_{VT_1}$	$0° \sim 150°$	1. 是三个单相电路的组合 2. 输出电压、电流波形对称 3. 与 Y 联结比较，相同容量时，此电路可选电流小、耐压高的晶闸管 4. 此种接法实际应用较少
三相三线交流调压		$\sqrt{2}\,U_{VT_1}$	$0.45I_{VT_1}$	$0° \sim 150°$	1. 负载对称，且三相皆有电流时，如同三个单相组合 2. 应采用双窄脉冲或大于60°的宽脉冲触发 3. 不存在 3 次谐波电流 4. 适用于各种负载
控制负载中性点的三相交流调压		$\sqrt{2}\,U_{VT_1}$	$0.68I_{VT_1}$	$0° \sim 210°$	1. 电路简单，成本低 2. 适用于三相负载 Y 联结，且中性点能拆开的场合 3. 因线间只有一个晶闸管，属于不对称控制

4.5 扩展知识点1：晶闸管交流开关及交流调功器

4.5.1 晶闸管交流开关

1. 晶闸管交流开关的基本形式

晶闸管交流开关是以其门极中毫安级的触发电流，来控制其阳极中几安至几百安大电流通断的装置。在电源电压为正半周时，晶闸管承受正向电压并触发导通，在电源电压过零或为负时晶闸管承受反向电压，在电流过零时自然关断。由于晶闸管总是在电流过零时关断，因而在关断时不会因负载或电路中的电感储能而造成暂态过电压。

4-8 晶闸管交流开关

图 4-16 所示为几种晶闸管交流开关的基本形式。图 4-16a 所示是普通晶闸管反并联形式。当开关 S 闭合时，两只晶闸管均以本身的阳极电压作为触发电压进行触发，这种触发属于强触发，对要求大触发电流的晶闸管也能可靠触发。随着交流电源的正负交变，两管轮流导通，在负载上得到基本为正弦波的电压。图 4-16b 所示为双向晶闸管交流开关，双向晶闸管工作于 I_+、III_- 触发方式，这种电路比较简单，但其工作频率低于反并联形式的。图4-16c所示为带整流桥的晶闸管交流开关，该电路只用一只普通晶闸管，且晶闸

管不受反压，其缺点是串联器件多，压降损耗较大。

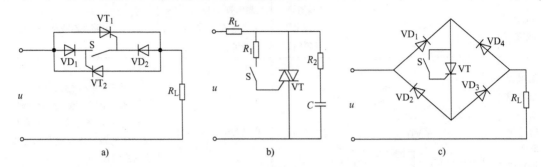

图 4-16　晶闸管交流开关的基本形式

a）普通晶闸管反并联交流开关　b）双向晶闸管交流开关　c）带整流桥的晶闸管交流开关

2. 固态开关

固态开关也称为固态继电器或固态接触器，它是以双向晶闸管为基础构成的无触点通断组件，如图 4-17 所示。

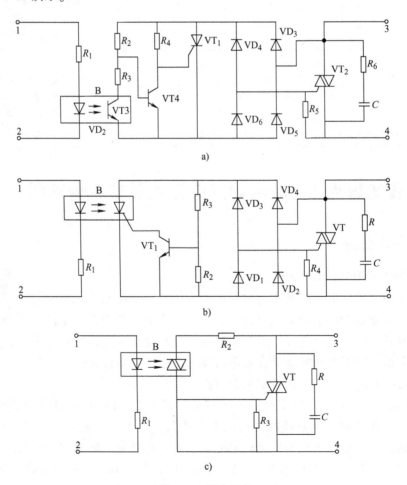

图 4-17　固态开关

a）光电晶体管耦合器的"0"压固态开关　b）光电晶闸管耦合器"0"电压开关　c）光电双向晶闸管耦合器非"0"电压开关

其中图 4-17a 为采用光电晶体管耦合器的 "0" 压固态开关内部电路。1、2 为输入端，相当于继电器或接触器的线圈；3、4 为输出端，相当于继电器或接触器的一对触点，与负载串联后接到交流电源上。

输入端接上控制电压，使发光二极管 VD_2 发光，光电晶体管 VT_3 阻值减小，适当选取 R_2 与 R_3 的比值，使交流电源的电压在接近零值区域时，VT_4 截止，在非零值附近区域时 VT_4 饱和导通。当交流电源电压在零值附近（±25V）时，晶体管 VT_4 截止，晶闸管 VT_1 通过 R_4 被触发导通，3、4 两个输出端以交流电源形式通过负载、二极管 $VD_1 \sim VD_6$、VT_1 以及 R_5 并构成通路，在电阻 R_5 上产生电压降作为双向晶闸管 VT_2 的触发信号，使 VT_2 导通，负载得电。当交流电源在非零值区域时 VT_4 饱和导通，输出端以交流电源形式通过负载、二极管 $VD_1 \sim VD_6$、R_4 以及 VT_4 构成回路，由于该回路电阻较大，电流较小，在 R_5 上产生的电压降不足以触发双向晶闸管 VT_2 导通，而使其处于关断状态。由于 VT_2 的导通区域处于电源电压的 "0" 点附近，因而具有 "0" 电压开关功能。

图 4-17b 为光电晶闸管耦合器 "0" 电压开关。由输入端 1、2 输入信号，光电晶闸管耦合器 B 中的光控晶闸管导通；电流经 3—VD_4—B—VD_1—R_4—4 构成回路；借助 R_4 上的电压降向双向晶闸管 VT 的控制极提供分流，使 VT 导通。由 R_3、R_2 与 VT_1 组成 "0" 电压开关功能的电路。即当电源电压过 "0" 并升至一定幅值时，VT_1 导通，光电晶闸管则被关断。

图 4-17c 为光电双向晶闸管耦合器非 "0" 电压开关。由输入端 1、2 输入信号时，光电双向晶闸管耦合器 B 导通；电流经 3—R_2—B—R_3—4 形成回路，R_3 提供双向晶闸管 VT 的触发信号。这种电路相对于输入信号的任意相位，交流电源均可同步接通，因而称为非 "0" 电压开关。

4.5.2　晶闸管交流调功器

前述各种晶闸管可控整流电路都是采用移相触发控制。这种触发方式的主要缺点是其所产生的缺角正弦波中包含较大的高次谐波，对电力系统形成干扰。过零触发（亦称零触发）方式则可克服这种缺点。晶闸管过零触发开关是在电源电压为零或接近零的瞬时给晶闸管以触发脉冲使之导通，

4-9　晶闸管
交流调功器

利用晶闸管电流小于维持电流使晶闸管自行关断。这样，晶闸管的导通角是 2π 的整数倍，不再出现缺角正弦波，因而对外界的电磁干扰最小。

利用晶闸管的过零控制可以实现交流功率调节，这种装置称为调功器或周波控制器。其控制方式有全周波连续式和全周波断续式两种，输出波形如图 4-18 所示。如果在设定周期内，将电路接通几个周波，然后断开几个周波，通过改变晶闸管在设定周期内通断时间的比例，达到调节负载两端交流电压有效值，即负载功率的目的。

如在设定周期 T_C 内导通的周波数为 n，每个周波的周期为 T（50Hz，$T = 20\text{ms}$），则调功器的输出功率为

$$P = \frac{nT}{T_C}P_n \tag{4-5}$$

调功器输出电压有效值为

$$U = \sqrt{\frac{nT}{T_C}}U_n \tag{4-6}$$

其中P_n、U_n为在设定周期T_C内晶闸管全导通时调功器输出的功率与电压有效值。显然，改变导通的周波数n就可改变输出电压或功率。

调功器可以用双向晶闸管，也可以用两只晶闸管反并联来代替，其触发电路可以采用集成过零触发器，也可利用分立器件组成的过零触发电路。如图4-19所示为全周波连续式的过零触发电路。电路由锯齿波产生、信号综合、直流开关、同步电压与过零脉冲输出五个环节组成。

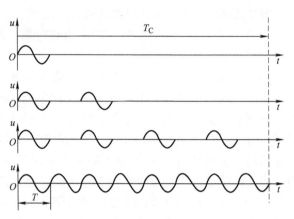

图4-18　全周波过零触发输出电压波形

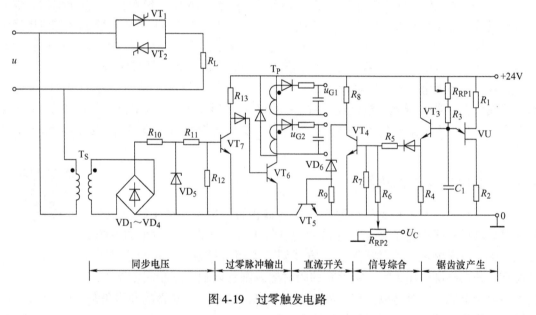

图4-19　过零触发电路

1）锯齿波是由单结晶体管 VU、R_1、R_2、R_3、R_{RP1}和C_1组成张弛振荡器产生的，经射极跟随器（VT_3、R_4）输出。其波形如图4-20a所示。锯齿波的底宽对应着一定的时间间隔（T_C）。调节电位器R_{RP1}即可改变锯齿波的斜率。由于单结晶体管的分压比一定，故电容C_1放电电压为一定，斜率的减小，就意味着锯齿波底宽增大（T_C增大），反之底宽减小。

2）控制电压（U_C）与锯齿波电压进行叠加后送至VT_4基极，合成电压为U_S。当$U_S > 0$，则VT_4导通；$U_S < 0$，则VT_4截止，如图4-20b所示。

3）由VT_4、VT_5及R_8、R_9、VD_6组成一直流开关。当VT_4基极电压$U_{be2} > 0$时，VT_4管导通，U_{be3}接近零电位，VT_5管截止，直流开关阻断。当$U_{be2} < 0$时，VT_4截止，由R_8、VD_6和R_9组成的分压电路使VT_5导通，直流开关导通，输出24V直流电压，VT_5通断时刻如图4-20c所示。VD_6为VT_5基极提供一阀值电压，使VT_4导通时，VT_5更可靠地截止。

4）过零脉冲输出。由同步变压器T_S，整流桥$VD_1 \sim VD_4$及R_{10}、R_{11}、VD_5组成一削波

同步电源，如图 4-20d 所示。它与直流开关输出电压共同去控制 VT_7 和 VT_6，只有当直流开关导通期间，VT_7 和 VT_6 集电极和发射极之间才有工作电压，才能进行工作。在这期间，同步电压每次过零时，VT_7 截止，其集电极输出一正电压，使 VT_6 由截止转为导通，经脉冲变压器输出触发脉冲。此脉冲使晶闸管导通，如图 4-20e 所示。于是在直流开关导通期间，便输出连续的正弦波，如图 4-20f 所示。增大控制电压，便可加长开关导通的时间，也就增多了导通的周波数，从而增加了输出的平均功率。

过零触发虽然没有移相触发的高频干扰问题，但其通断频率比电源频率低，特别是当通断比较小时，会出现低频干扰，如照明时出现的人眼能觉察到的闪烁、电表指针的摇摆等。所以调功器通常用于热惯性较大的电热负载。

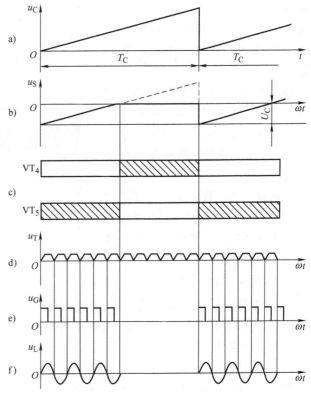

图 4-20　过零触发电路的电压波形

4.6　扩展知识点 2：交-交直接变频器

晶闸管交-交变频器，也称周波变流器（Cycloconvertor），它把电网频率的交流电变成可调频率的交流电的变流电路，属于直接变频电路。广泛用于大功率交流电动机调速传动系统，实际使用的主要是三相输出交-交变频电路。

4.6.1　单相交-交变频电路

1. 电路结构和基本工作原理

如图 4-21 所示是单相交-交变频电路的电路原理图和输出电压波形。电路由 P 组和 N 组的反并联的晶闸管变流电路构成。变流器 P 和 N 都是相控整流电路，P 组工作时，负载电流 i_o 为正，N 组工作时，i_o 为负。让两组变流器按一定的频率交替工作，负载就得到该频率的交流电。改变两组变流器的切换频率，就可以改变输出频率 ω_o。改变变流电路工作时的触发延迟角 α，就可以改变交流输出电压的幅值。

4-10　单相交-交变频电路

为使 u_o 的波形接近正弦波，可按正弦规律对 α 角进行调制。如图 4-21b 所示，在半个周期内让 P 组 α 角按正弦规律从 90°减到 0°或某个值，再逐渐增加到 90°，每个控制间隔内的平均输出电压就按正弦规律从零增至最高，再减到零；如图中虚线所示，另外半个周期可对 N 组进行同样的控制。

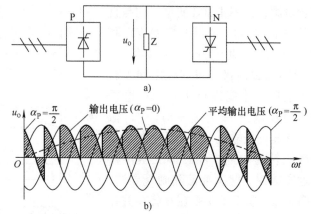

如图 4-21b 所示的输出波形是变流器 P 和 N 三相半波可控电路时的波形。可以看出输出电压 u_o 并不是平滑的正弦波，而是由若干段电源电压拼接而成。在输出电压的一个周期内，包含的电源电压段数越多，其波形就越接近正弦波。因此交-交变频电路通常采用 6 脉波的三相桥式电路或 12 脉波变流电路。

图 4-21 单相交-交变频电路原理图和输出电压波形
a）电路原理图 b）输出电压波形

2. 整流与逆变工作状态

交-交变频电路的负载可以是阻感负载、电阻负载、阻容负载和交流电动机负载，这里以阻感性负载为例来说明电路的整流与逆变工作状态，也适用于交流电动机负载。

把交-交变频电路理想化，忽略变流电路换相时 u_o 的脉动分量，可把电路等效成图 4-22a 所示的正弦波交流电源和二极管的串联。其中交流电源表示变流器可以输出交流正弦电压，二极管体现了变流电路中电流的单方向性。

假设负载阻抗角为 ϕ，则输出电流滞后输出电压 ϕ 角。两组变流电路采取无环流工作方式（两组变流电路在工作时，不同时施加触发脉冲，即一组变流电路工作时，封锁另一组变流电路的触发脉冲）。

图 4-22b 给出了一个周期中负载电压、电流波形及正反组变流器的电压、电流波形。

$t_1 \sim t_3$ 期间：i_o 处于正半周，正组工作，反组被封锁。

$t_1 \sim t_2$：u_o 和 i_o 均为正，正组整流，输出功率为正。

$t_2 \sim t_3$：u_o 反向，i_o 仍为正，正组逆变，输出功率为负。

$t_3 \sim t_5$ 期间：i_o 处于负半周，反组工作，正组被封锁。

$t_3 \sim t_4$：u_o 和 i_o 均为负，反组整流，输出功率为正。

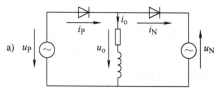

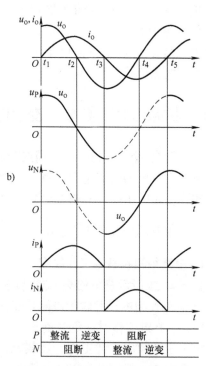

图 4-22 理想化交-交变频电路的整流和逆变工作状态
a）交-交变频理想化电路 b）负载电压、电流波形及正反组变流器的电压、电流波形

$t_4 \sim t_5$：u_o反向，i_o仍为负，反组逆变，输出功率为负。

可以看出在阻感性负载下，在一个输出电压周期内交-交变频器有 4 种工作状态。哪一组工作由 i_o 方向决定，与 u_o 极性无关。工作在整流还是逆变，则根据 u_o 方向与 i_o 方向是否相同确定。

图 4-23 所示是单相交-交变频电路输出电压和电流的波形图。考虑无环流工作方式下 i_o 过零的死区时间，一周期可分为 6 段。

第 1 段：$i_o < 0$，$u_o > 0$，反组逆变。

第 2 段：电流过零，为无环流死区。

第 3 段：$i_o > 0$，$u_o > 0$，为正组整流。

第 4 段：$i_o > 0$，$u_o < 0$，为正组逆变。

第 5 段：无环流死区。

第 6 段：$i_o < 0$，$u_o < 0$，为反组整流。

当 u_o 和 i_o 的相位差小于 90°时，一周期内电网向负载提供能量的平均值为正，电机工作在电动状态。当二者相位差大于 90°时，一周期内电网向负载提供能量的平均值为负，电网吸收能量，电机为发电状态。

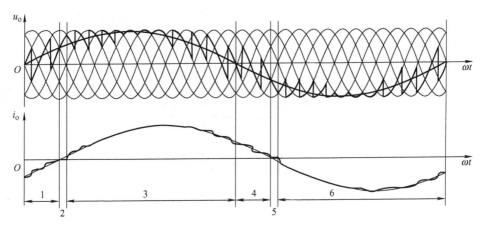

图 4-23　单相交-交变频电路输出电压和电流波形

4.6.2　三相交-交变频电路

交-交变频电路主要应用于大功率交流电机调速系统，这种系统使用的是三相交-交变频电路，三相交-交变频电路是由三组输出电压相位差 120°的单相交-交变频电路组成的，因此上一节的许多分析和结论对三相交-交变频电路都是适用的。

三相交-交变频电路主要有两种接线方式，即公共交流母线进线方式和输出星形联结方式。

1. 公共交流母线进线方式

图 4-24 所示是公共交流母线进线的三相交-交变频电路简图。它由三组彼此独立的、输出电压相位相互错开 120°的单相交-交变频电路构成。它们的电源进线通过进线电抗器接在公共的交流母线上。因为电源进线端公用，所以三组的输出端必须隔离。为此，交流电动机

的三个绕组必须拆开，共引出 6 根线。这种电路主要用于中等容量的交流调速系统。

2. 输出星形联结方式

如图 4-25 所示是输出星形联结方式的三相交-交变频电路原理图。其中 4-25a 为简图，4-25b 为详图。三组三相交-交变频电路的输出端是星形联结，电动机的三个绕组也是星形联结，电动机中点不与变频器中点接在一起，电动机只引出三根线即可。因为三组输出接在一起，其电源进线必须隔离，因此分别用三个变压器供电。

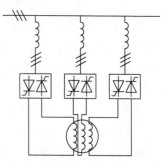

图 4-24　公共交流母线进线的
三相交-交变频电路简图

由于变频器输出端中点不与负载中点相连接，所以在构成三相变频电路的六组桥式电路中，至少要有不同输出相的两组桥中的四个晶闸管同时导通才能构成回路，形成电流。与整流电路一样，同一组桥内的两个晶闸管靠双触发脉冲保证同时导通。而两组桥之间则是靠各自的触发脉冲有足够的宽度，以保证同时导通。

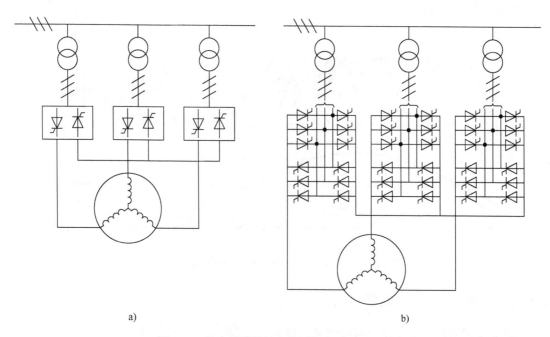

a)　　　　　　　　　　　　　　　　b)

图 4-25　输出星形联结方式三相交-交变频电路
a）三相交-交变频电路简图　b）三相交-交变频电路详图

4.6.3　交-交变频电路与交-直-交变频电路的区别

在项目 3 中对交-直-交变频电路进行了分析，同交-直-交变频电路相比，交-交变频电路有以下优缺点：

1. 交-交变频电路的优点

1）只有一次变流，且利用电网电源进行换流，不需要另接换流器件，提高了变流效率。

2）可以很方便地实现四个象限的工作。

3）低频时输出波形接近正弦波。

2. 交-交变频电路的缺点

1）接线复杂，使用的晶闸管数目多。

2）受电网频率和交流电路各脉冲数的限制，输出频率低。

3）采用相控方式，功率因数较低。

由于上述的优缺点，交-交变频电路主要用于 500kW 或 1000kW 以上，转速在 600r/min 以下的大功率、低转速的交流调速装置中，目前已在矿山碎石机、水泥球磨机、卷扬机、鼓风机及轧钢机主要作为传动装置中获得较多的应用。它既可用于异步电动机传动，也可用于同步电动机传动。

而交-直-交变频电路主要用作金属熔炼、感应加热的中频电源装置，例如可将蓄电池的直流电变换为 50Hz 交流电的不停电电源（无间断电源）、变频变压电源（VVVF）和恒频恒压电源等。通常又将交-直-交变频电路称为无源逆变电路。

4.7 任务1：单相交流调压电路的建模与仿真

4.7.1 任务目的

1）通过仿真实验熟悉单相交流调压电路的电路结构和调压原理。

2）通过实验进一步熟悉双向晶闸管的工作特性。

3）根据仿真电路模型的实验结果，观察电路的实际运行状态，熟悉各种故障所对应的现象，初步掌握电路故障排除的方法。

4.7.2 相关原理

电路结构如图 4-10 所示，电阻负载单相交流调压电路中，VT_1 和 VT_2 可以用一个双向晶闸管代替，在交流电源的正半周和负半周，分别对晶闸管的导通角进行控制就可以调节输出电压。

4.7.3 任务内容及步骤

1. 元件提取

按照项目 1 中任务 2 的表 1-8 的元件提取路径提取搭建本任务模型所需的元件。

2. 仿真模型建立

在 MATLAB 新建一个 Model，命名为 dianlu41，同时建立模型如图 4-26 所示。

3. 模型参数设置

（1）直流电源

直流电源电压设置为 100V，频率设置为 50Hz。

（2）脉冲发生器

脉冲发生器参数依次设置为：幅值 2V；周期 0.02s；脉宽占比 5%；两个脉冲发生器的

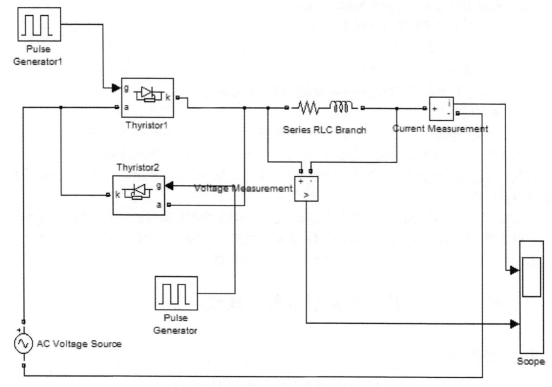

图 4-26　单相交流调压电路的仿真模型（阻感性负载）

脉冲延迟时间分别为 1/300s 和 （1/300 + 0.01）s。

（3）晶闸管参数

使用默认设置。

（4）电力场效应晶体管 MOSFET

参数依次设置为：导通电阻 0.001Ω，导通电感 $1 \times 10^{-6}H$，内部二极管电阻 0.001Ω，内部电流 0A，固定电阻 "1e5"，固定电容 "inf"。

（5）二极管

二极管参数依次设置为：导通电阻 0.0001Ω，导通电感 0H，向前电压 0.8V，内部电流 0A，固定电阻 500Ω，固定电容 $2.5 \times 10^{-7}F$。

（6）负载

电阻性负载参数中的电阻设为 2Ω、电容设为 "inf"、电感设置为 0H。

阻感性负载参数中的电阻设为 2Ω、电容设为 "inf"、电感设置为 0.1H。

4. 仿真结果与分析

将负载设为电阻性负载、$\alpha = 60°$ 时所对应的电路仿真波形如图 4-27 所示。

将负载设为阻感负载、$\alpha = 60°$ 时所对应的电路仿真波形如图 4-28 所示。

4.7.4　任务总结

通过仿真实验结果可以看到 $\alpha = 60°$ 时单相交流调压电路带电阻性负载时的电压和电流的仿真波形。当晶闸管触发延迟角 $\alpha = 0°$ 时，$U = U_2$，负载两端的电压 U_d 和流过其电流 I_d

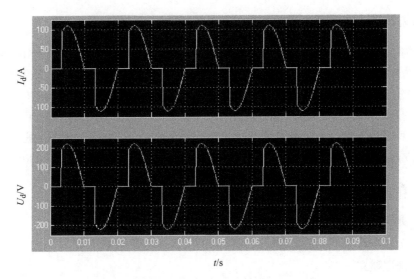

图 4-27 电阻性负载、α = 60°时的仿真波形图

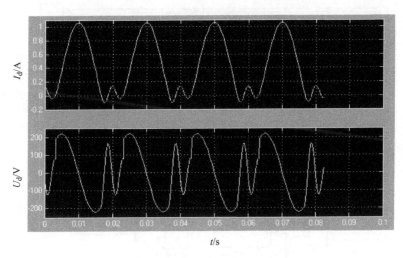

图 4-28 阻感性负载、α = 60°时的仿真波形图

的波形均为正弦波。当 α > 0°时，U_d、I_d 的波形为正负半周缺角相同的正弦波，触发延迟角 α 从 0° ~ 180°范围改变时，输出电压有效值 U_d 从 U_2 下降到 0，触发延迟角 α 对输出电压 U 的移相可控区域是 0° ~ 180°。

4.8 任务2：三相交流调压电路的建模与仿真

4.8.1 任务目的

1）通过仿真实验熟悉三相交流调压电路的电路结构和工作原理。

2）根据仿真电路模型的实验结果，观察三相交流调压电路不同负载和不同触发延迟角下的实际运行状态，熟悉各种故障所对应的现象，初步掌握电路故障排除的方法。

4.8.2 相关原理

电路结构如图 4-13 所示。电路中，至少要有一相正向晶闸管与另外一相的反向晶闸管同时导通，为确保触发时有两个晶闸管同时导通，要求晶闸管采用宽脉冲或双窄脉冲触发；对于晶闸管的各触发信号来说，要求各晶闸管触发脉冲的序列应按照 VT_1、VT_2、VT_3、VT_4、VT_5、VT_6 的次序，相邻两个晶闸管的触发信号相位差为 60°，即 U、V、W 三相电路中正向晶闸管 VT_1、VT_3、VT_5 的触发信号相位互差 120°，反向晶闸管的触发信号相位也互差 120°，而同一相中反并联的两个正、反向晶闸管的触发脉冲相位应互差 180°。

4.8.3 任务内容及步骤

1. 元件提取

搭建模型所需要的元件提取路径见项目 1 中任务 2 的表 1-8。

2. 仿真模型建立

在 MATLAB 新建一个 Model，命名为 dianlu42，同时建立模型如图 4-29 所示。

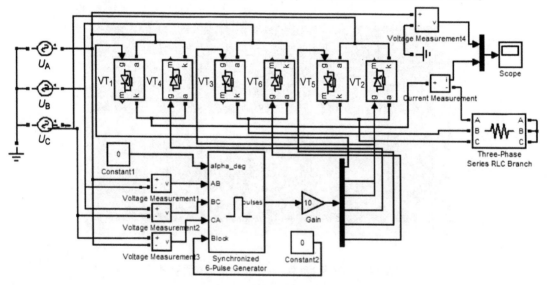

图 4-29　三相交流调压电路仿真模型

3. 模型参数设置

（1）三相交流电源

对称正弦交流电，220V，频率为 50Hz，U_U，U_V，U_W 初始相位分别为 0°、−120°、120°。

（2）负载

电阻 $R = 1\Omega$，电感 $L = 0.001H$，电容 $C = $"inf"（无穷小）。

（3）同步 6 脉冲发生器

频率设置为 50Hz，脉冲宽度设置为 10°，并选择用双脉冲。

（4）仿真参数

仿真开始时间为 0s，停止时间为 0.1s，数值算法采用"ode23tb"，其他采用默认参数。

4. 仿真结果与分析

将负载设为阻感性负载，α 取 30°、60°时，所对应的电路仿真波形如图 4-30、图 4-31 所示。可根据需要设置其他触发延迟角进行仿真波形模拟。

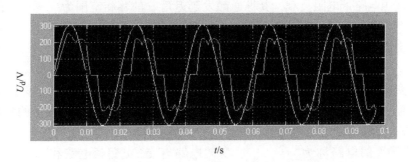

图 4-30　$\alpha = 30°$三相交流调压电路输出电压波形

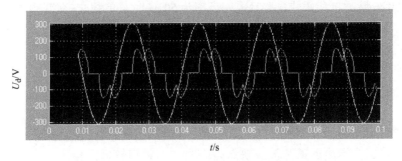

图 4-31　$\alpha = 60°$三相交流调压电路输出电压波形

4.8.4　任务总结

通过仿真实验结果可以看到 α 分别为 30°、60°时三相交流调压电路带阻感性负载时电压和电流的仿真波形。无论是负载电压波形还是负载电流波形，交流调压所输出的都不是正弦波，并且当 α 角增大时，负载电压相应会逐渐变小，负载电流则开始出现断续。当带电感性负载时，交流调压输出的波形就不仅与 α 有关，也与负载的 ϕ 有关，这时负载电流和负载电压也不再同相了，其移相角范围为 $\phi \sim 150°$。

4.9　练习题与思考题

一、填空题

1. 三相交流调压软起动装置通过单片机及相应的数字电路控制晶闸管_____的触发时间来改变_____的大小，从而改变晶闸管的_____，最终改变加到电动机三相绕组的_____大小。

2. 双向晶闸管的类型有_____、_____和平板式，对外引出_____个电极。

3. 一个 100A 的双向晶闸管与两个反并联_____A 的普通晶闸管电流容量相等。

4. 型号 KS100-11-21 表示额定电流_____A，额定电压_____V，断态电压临界上升率 du/dt 为 2 级（不小于 200V/μs），换向电流临界下降率 di/dt 为 1 级（不小于

$1\%I_{T(RMS)}$）的双向晶闸管。

5. 双向晶闸管的主电压与触发电压相互配合，可以得到_____种触发方式。

6. 380V 电路用的交流开关，额定电压 U_{Tn}一般应选择_____的双向晶闸管。

7. 单相调压电路带电阻负载，其导通触发延迟角 α 的移相范围为_____，随 α 的增大，U_R _____。

8. 单相交流调压电路带电感性负载时，最小触发延迟角 α_{min} = _____。所以 α 的移相范围为_____。

9. 单相交流调压电路适用于对小容量电机进行调压，如果单相负载容量过大，就会引起三相不平衡，影响电网供电质量，所以通过对交流功率调节使用容量较大的电机时通常采用三相电动机，对应的功率控制电路采用_____。

10. 改变频率的电路称为_____，变频电路有交–交变频电路和_____电路两种形式。

11. 当采用 6 脉波三相桥式电路且电网频率为 50Hz 时，单相交–交变频电路的输出上限频率约为_____。

12. 三相交–交变频电路主要有两种接线方式：_____和_____。

13. 晶闸管过零调功器两种控制方式为_____和_____。

14. 交流变换电路是对电网提供的正弦交流电的_____、_____和_____进行控制和变换。

15. 交–交变频的优点：只用_____变流，效率较高；可方便地实现_____象限工作；_____输出波形接近正弦波。缺点是_____频率较低；输入_____较低；输入_____含量大，频谱复杂。

二、选择题

1. 双向晶闸管的内部结构与普通晶闸管不一样，它的内部有（   ）。

A. PNP 三层、两个 PN 结　　　　　　　B. NPNP 四层、3 个 PN 结

B. NPNPN 五层、4 个 PN 结　　　　　　D. NP 两层、一个 PN 结

2. 双向晶闸管的通态电流（额定电流）是用电流的（   ）来表示的。

A. 有效值　　　　　　　　　　　　　　B. 最大值

C. 平均值　　　　　　　　　　　　　　D. 最小值

3. 双向晶闸管是用于交流电路中的，其外部有（   ）电极。

A. 一个　　　　　　　　　　　　　　　B. 两个

C. 三个　　　　　　　　　　　　　　　D. 四个

4. 双向晶闸管的四种触发方式中，灵敏度最低的是（   ）。

A. I_+　　　　　　　　　　　　　　　B. I_-

C. III_+　　　　　　　　　　　　　D. III_-

5. 对于单相交流调压电路，下面说法错误的是（   ）。

A. 晶闸管的触发延迟角大于电路的功率因素角时，晶闸管的导通角小于 180°

B. 晶闸管的触发延迟角小于电路的功率因素角时，必须加宽脉冲或脉冲列触发，电路才能正常工作

C. 晶闸管的触发延迟角小于电路的功率因素角且能正常工作并达到稳态时，晶闸管的

导通角为180°

D. 晶闸管的触发延迟角等于电路的功率因素角时，晶闸管的导通角不为180°

6. 对于单相交流调压电路，改变触发延迟角可以改变负载电压的（　　）。

A. 平均值　　　　　　　　　　　　B. 有效值

C. 峰值　　　　　　　　　　　　　D. 频率

7. （　　）将负载与交流电源接通几个整周波，再断开几个整周波，通过改变接通周波数与断开周波数的比值来调节负载所消耗的平均功率。

A. 交流电力电子开关　　　　　　　B. 交流调功电路

C. 单相交流调压电路　　　　　　　D. 三相交流调压电路

8. 在三相三线交流调压电路中，输出电压的波形如图 4-32 所示，在 $t_1 \sim t_2$ 时间段内，有（　　）晶闸管导通。

A. 1 个　　　　　　　　　　　　　B. 2 个

C. 3 个　　　　　　　　　　　　　D. 4 个

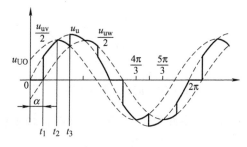

图 4-32　选择题第 8 题图

u_{UO}—u 相输出电压

9. 单相交-交变频电路如图 4-33 所示，在 $t_1 \sim t_2$ 时间段内，P 组晶闸管变流装置与 N 组晶闸管变流装置的工作状态是（　　）。

A. P 组阻断，N 组整流　　　　　　B. P 组阻断，N 组逆变

C. N 组阻断，P 组整流　　　　　　D. N 组阻断，P 组逆变

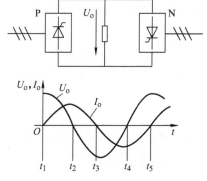

图 4-33　选择题第 9 题图

10. 一般认为交-交变频输出的上限频率（　　）。

A. 与电网有相同的频率　　　　　　B. 高于电网频率

C. 可达电网频率的 80%　　　　　　D. 为电网频率的 1/2 ~ 1/3

11. 对于感性负载的三相交流调压电路，触发延迟角正确移相范围的是（　　）。

A. α 的移相范围为 $0° < \alpha < 150°$

B. α 的移相范围为 $30° < \alpha < 150°$

C. α 的移相范围为 $\phi < \alpha < 150°$

D. 以上说法均是错误的

三、问答题

1. 双向晶闸管和普通晶闸管在器件参数上有哪些不同？

2. 图 4-34 为一单相交流调压电路，试分析当开关 Q 置于位置 1、2、3 时，电路的工作情况并画出开关置于不同位置时，负载上得到的电压波形。

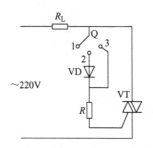

图 4-34　问答题第 2 题图

3. 说明为什么当单相交流调压电路负载为感性负载时，必须使用宽脉冲来触发双向晶闸管。

4. 什么叫过零触发？与移相触发比较有什么优点？

5. 交流调压电路和交流调功电路有什么区别？二者各运用于什么样的负载，为什么？

6. 使三相交流调压电路正常运行，必须要满足哪些要求？

7. 试分析带电阻性负载的星形接法三相交流调压电路，在触发延迟角 $\alpha = 30°$、$45°$、$120°$ 三种情况下的晶闸管导通区间分布及主电路输出电压的波形。

8. 使三相交流调压电路正常运行，必须要满足哪些要求？

9. 交-交变频如何改变其输出电压和频率？最高输出频率受什么限制？交-交变频适用于什么场合？为什么？

10. 实现交-交变频的变流方案有哪几种，说明每种变流方案的调压和调频方式。

11. 比较说明三相交流调压电路采用公共交流母线进线方式和输出星形联结方式的不同之处。

四、计算题

1. 晶闸管反并联的交流调功电路，输入电压 220V，负载电阻 $R = 10\Omega$，如果晶闸管交流开关通断比为 0.5，试求：① 输出电压有效值。② 输出平均功率。③ 单个晶闸管的电流有效值。

2. 调光台灯由单相交流调压电路供电，设该台灯可看作电阻负载，在 $\alpha = 0°$ 时输出功率为最大值，试求功率为最大输出功率的 80% 和 50% 时所对应的导通角 α。

3. 如图 4-35 所示的单相交流调压电路中，$L = 5.516\text{mH}$，$R = 1\Omega$，试求：

（1）触发延迟角的移相范围。

（2）若 $U_o = 200V$，求负载电流的有效值。

（3）最大输出功率和功率因数。

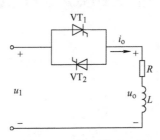

图 4-35　计算题第 3 题图

4. 一台工业炉由额定电压为单相交流 220V 供电，额定功率为 10kW。现改用双向晶闸管组成的单相交流调压电源供电，如果正常工作时负载只需要 5kW。试问双向晶闸管的触发延迟角 α 应为多少度？试求此时的电流有效值。

5. 采用两晶闸管反并联相控的交流调功电路，输入电压 $U_i = 220V$，负载电阻 $R = 5\Omega$，晶闸管导通 20 个周期，关断 40 个周期，求：

（1）输出电压有效值 U_o。

（2）负载功率 P_o。

项目5 认识变速恒频风力发电机变流装置

5.1 知识点引入

5-1 项目导入

【项目描述】

1. 风力发电系统简介

随着煤炭、石油、天然气等不可再生资源的日益短缺，以及这些传统资源在使用过程中环境污染问题日趋严重，可再生新能源的开发在能源产业中显得尤为重要。风力发电是目前可再生能源开发利用的重要方式之一，具有建设周期短、装机规模灵活、可靠性高、造价低、运行和维护简单、实际占地面积小、发电方式多样化等优点。各国都在大力发展风电产业，尤其在芬兰、丹麦等国家，我国近几年风电产业也突飞猛进。我国风能总量较为丰富，主要集中于沿海地区和西部、西北部地区。这些地区多数已建立了风力电站，对传统能源发电起到了一定的补充作用。

风力发电的过程就是把风能经由机械能转换为电能的过程，风能转化为机械能的过程由风轮实现，机械能转化为电能的过程由风力发电机及其控制系统实现。风力发电厂电气一次系统如图5-1所示，具体的风力发电过程为：风吹动风机叶轮使其旋转，将风能转换为动能，经传动装置和齿轮箱进行增速后将该旋转的动能传递给发电机转子，从而由发电机产生频率及大小都随风速变化的不稳定的交流电，再经过变流器进行变流，即将发电机产生的电能转换为频率与电网频率相同的稳定交流电，而后将变流器输出的可并网的交流电通过机组

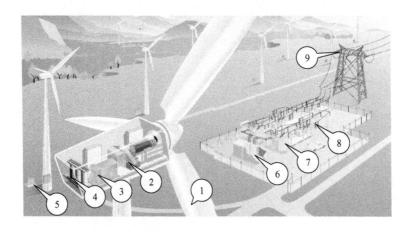

图 5-1 风力发电厂电气一次系统

1—风机叶轮 2—传动装置与齿轮箱 3—发电机 4—变流器 5—机组升压变压器
6—升压站中的配电装置 7—升压站中的升压变压器 8—升压站中的高压配电装置 9—架空线路

升压变压器升压后，再经后续输配电装置通过架空线路送入电网。其中变流器是风力发电机实现电能转换的重要组成部分，是必须掌握的知识重点。为确保风电电能质量，电力电子变流技术是风力发电机的应用趋势。

2. 风力发电系统结构及原理

风力发电机通过变流器变流的原理（如图5-2所示），经发电机发出的电能经变流器变流后输入升压变压器，从而进入高压电网，变流器主要由三部分组成，即发电机侧变流器、直流环节和网侧变流器。其中，发电机侧变流器将发电机产生的频率大小不稳定的交流电转换为直流电，该部分通常使用不可控整流电路。直流环节采用升压直流斩波电路。网侧变流器将直流电转换为50Hz频率固定的交流电输入电网，该变流器通常采用PWM（脉宽调制变频器）电路来实现。变流器电路系统结构如图5-3所示。

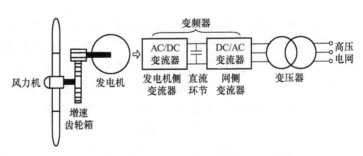

图5-2 风力发电机变流器变流原理示意图

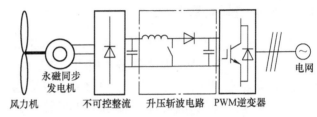

图5-3 风力发电机变流器电路系统结构

【相关知识点】

了解了风力发电系统的工作原理后，可知道风力发电系统的主电路主要包括发电机侧的整流电路、中间环节的直流升压电路和网侧的PWM逆变电路三个部分，其中整流电路已在项目2当中进行了介绍，要想理解风力发电系统的的工作原理，还需要学习以下几个知识点：

- 知识点1：正弦脉宽调制逆变器。
- 知识点2：直流-直流变换电路。

在实际的电力电子电路中，不可避免会出现过电流、过电压的情况，为了保护电力电子器件的不受损坏，保证电路的正常运行，都需要在电路中设置保护电力电子器件的环节，为此增设了电力电子器件的保护，即：

- 扩展知识点：电力电子器件的保护。

【学习目标】

完成本项目后，能够：

1）掌握正弦脉宽调制变频器的电路结构及工作原理，学会分析其实际应用电路的原理。

2）掌握直流-直流变换电路的电路结构及工作原理，学会分析其实际应用电路的原理。

3）能够针对电路的特性选择和设计电力电子器件的保护电路。

5.2　知识点 1：正弦脉宽调制逆变器

本项目中的网侧变流器是一个电压型逆变电路，采用了脉宽调制技术来进行控制，因此称为脉宽调制逆变电路。因逆变输出为正弦波形，所以又称为正弦脉宽调制逆变电路。对应这样的变频器一般被称为正弦脉宽调制变频器，为理解并能够分析风力发电机变流器整体的工作原理及特性，本节将对正弦脉宽调制逆变器进行介绍。

PWM（Pulse Width Modulation）即脉冲宽度调制技术，其主要原理是通过对一系列脉冲的宽度进行调制，来等效地获得所需要的输出波形（含形状和幅值）。PWM 控制技术在逆变电路中应用最广，正是有赖于其在逆变电路中的应用，才确定了它在电力电子技术中的重要地位。

5.2.1　PWM 控制的基本原理

在采样控制理论中有一个重要的结论：冲量相等而形状不同的窄脉冲加在具有惯性的环节上时，其效果基本相同。冲量即指窄脉冲的面积。这里所说的效果基本相同，是指环节中输出响应波形基本相同。如果把各输出波形用傅里叶变换分析，则其低频段非常接近，仅在高频段略有

5-2　PWM 控制的基本原理

差异。例如图 5-4a、b 和 c 所示的三个窄脉冲形状不同，但它们的面积（即冲量）都等于 1。

分别将如图 5-4 所示的电压窄脉冲加在一阶惯性环节（$R-L$ 电路）上，如图 5-5a 所示。其输出电流 $i(t)$ 对应不同窄脉冲时的响应波形如图 5-5b 所示。从波形可以看出，在 $i(t)$ 的上升段，$i(t)$ 的形状也略有不同，但其下降段则几乎完全相同。脉冲越窄，各 $i(t)$ 响应波形的差异也越小。如果周期性地施加上述脉冲，则响应 $i(t)$ 也是周期性的。将傅里叶级数分解后可看出，各 $i(t)$ 在低频段的特性将非常接近，仅在高频段有所不同。

上述原理可以称之为面积等效原理，它是 PWM 控制技术的重要理论

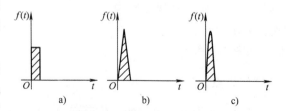

图 5-4　形状不同而冲量相同的各种窄脉冲

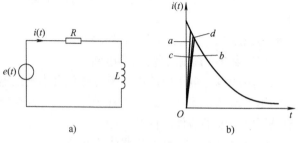

图 5-5　冲量相同的各种窄脉冲的响应波形
a）$R-L$ 电路　b）响应波形

基础。下面分析如何用一系列等幅不等宽的矩形脉冲来代替一个正弦半波。

把图 5-6a 所示的正弦半波分成 N 等分，看成 N 个相连的脉冲序列，宽度相等，都等于

π/N，但幅值顶部是曲线，且幅值大小按正弦规律变化的。如果把上述脉冲序列利用相同数量的等幅而不等宽的矩形脉冲代替，使矩形脉冲的中点和相应正弦波部分的中点重合，且使矩形脉冲和相应的正弦波部分面积（冲量）相等，这就是PWM波形。对于正弦波的负半周，也可以用同样的方法得到PWM波形。脉冲的宽度按正弦规律变化而和正弦波等效的PWM波形，也称SPWM（Sinusoidal PWM）波形。

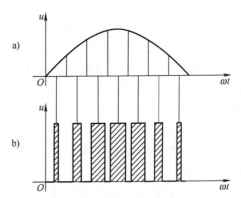

图5-6　用PWM波代替正弦半波

a）正弦半波　b）SPWM波形

PWM波形可分为等幅PWM波和不等幅PWM波两种，由直流电源产生的PWM波通常是等幅PWM波。本项目介绍的PWM逆变电路和直流斩波电路，其所用的PWM波都是由直流电源产生，由于直流电源电压幅值基本恒定，因此PWM波是等幅的。

5-3　PWM逆变电路的控制方法

5.2.2　PWM逆变电路及其控制方法

PWM逆变电路可分为电压型和电流型两种，目前使用的几乎都是电压型，图5-7所示为电压型单相桥式PWM逆变电路。本节主要讲述电压型PWM逆变电路的控制方法。

1. 计算法

根据逆变电路的正弦波输出频率、幅值和半个周期内的脉冲数，将PWM波形中各脉冲的宽度和间隔准确计算出来，按照计算结果控制逆变电路中各开关器件的通断，就可以得到所需要的PWM波形，这种方法称为计算法。

计算法是很繁琐的，当需要输出的正弦波的频率、幅值或相位变化时，结果都要变化，需要重新计算，不易实现，较少采用。

图5-7　单相桥式PWM逆变电路

2. 调制法

调制法就是把希望输出的波形作为调制信号，把接受调制的信号作为载波，通过对信号波的调制得到所期望的PWM波形。通常采用等腰三角波或锯齿波作为载波，其中等腰三角波应用最多。

PWM脉宽调制的方法很多，根据调制脉冲的极性可分为单极性和双极性；由载波信号和参考信号（或控制波信号）的频率关系可分为同步调制和异步调制。

（1）单极性PWM控制方式

在单极性脉宽调制中，对图5-7所示的电路而言，当调制信号 u_r 在正半波时，载波信号 u_c 为正极性的三角波，当调制信号 u_r 在负半波时，载波信号 u_c 为负极性的三角波，波形如图5-8所示，在 u_r 和 u_c 的交点时刻控制IGBT的通断。电路中对各IGBT的控制规律如下：

在 u_r 正半周，保持 VT_1 一直导通，VT_4 交替通断。当 $u_r > u_c$ 时，使 VT_4 导通，负载电压 $u_o = U_d$。当 $u_r < u_c$ 时，使 VT_4 关断，由于电感负载中电流不能突变，负载电流将通过 VD_3 续流，负载电压 $u_o = 0$。图 5-8 中虚线 u_{of} 表示 u_o 的基波分量。

（2）双极性 PWM 控制方式（单相桥逆变）

如图 5-9 所示，在双极性脉宽调制中，在 u_r 半个周期内，三角波载波 u_c 有正有负，所得 PWM 波也有正有负。电路中对各 IGBT 的控制规律如下：

在 u_r 正负半周，对各开关器件的控制规律与单极性控制方式相同，仍在调制信号 u_r 和载波信号 u_c 的交点处控制器件通断。当 $u_r > u_c$ 时，使 VT_1 和 VT_4 导通，VT_2 和 VT_3 关断，此时 $u_o = U_d$。当 $u_r < u_c$ 时，使 VT_2 和 VT_3 导通，VT_1 和 VT_4 关断，此时 $u_o = -U_d$。

对于单相桥式逆变电路既可采取单极性调制，也可采用双极性调制。

（3）双极性 PWM 控制方式（三相桥逆变）

对于三相桥式逆变电路的双极型 PWM 控制方式，U、V、W 三相

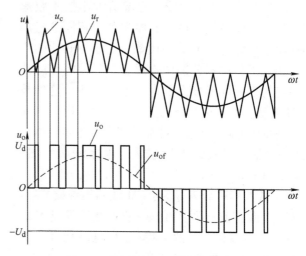

图 5-8　单极性 PWM 控制方式波形

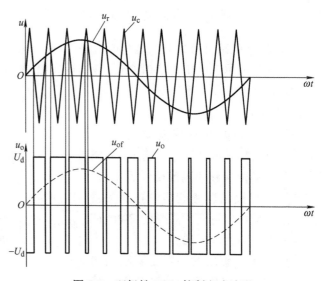

图 5-9　双极性 PWM 控制方式波形

PWM 控制通常共用一个三角波载波信号 u_c，三相的调制信号 u_{rU}、u_{rV} 和 u_{rW} 依次相差 120°，三相桥式 PWM 型逆变电路如图 5-10 所示。下面以 U 相为例介绍其控制规律。

当 $u_{rU} > u_c$ 时，给 VT_1 导通信号，给 VT_4 关断信号，$u_{UN'} = U_d/2$。当 $u_{rU} < u_c$ 时，给 VT_4 导通信号，给 VT_1 关断信号，$u_{UN'} = -U_d/2$。VT_1 和 VT_4 的驱动信号始终是互补的。当给 VT_1（VT_4）加导通信号时，可能是 VT_1（VT_4）导通，也可能是 VD_1（VD_4）导通，这要由阻感负载中电流的方向来决定。u_{UV}、$u_{VN'}$ 和 $u_{WN'}$ 的 PWM 波形只有 $\pm U_d/2$ 两种电平，波形如图 5-11 所示。

同一相上下两臂的驱动信号互补，为防止上下臂直通造成短路，留一小段上下臂都施加关断信号的死区时间。死区时间的长短主要由器件关断时间决定。死区时间会给输出 PWM 波带来影响，使其稍稍偏离正弦波。

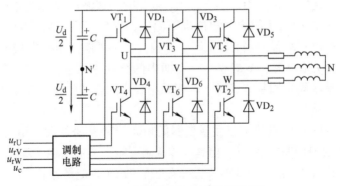

图 5-10　三相桥式 PWM 型逆变电路

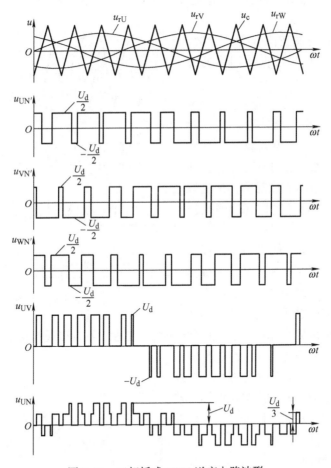

图 5-11　三相桥式 PWM 逆变电路波形

3. 异步调制和同步调制

在 PWM 逆变电路中，载波频率 f_c 与调制信号频率 f_r 之比 $N=f_c/f_r$ 称为载波比，根据载波和信号波是否同步及载波比的变化情况，PWM 调制方式可分为异步调制和同步调制两种。

（1）异步调制

载波信号和调制信号不保持同步的调制方式称为异步调制。

在异步调制中，通常保持 f_c 固定不变，当 f_r 变化时，载波比 N 是变化的。在信号波的半周期内，PWM 波的脉冲个数不固定，相位也不固定，正负半周期的脉冲不对称，半周期内前后 1/4 周期的脉冲也不对称。当 f_r 较低时，N 较大，一周期内脉冲数较多，脉冲不对称的不利影响都较小。当 f_r 增高时，N 减小，一周期内的脉冲数减少，PWM 脉冲不对称的影响就变大。因此，在采用异步调制方式时，希望采用较高的载波频率，以使在信号波频率较高时仍能保持较大的载波比。

PWM 采用异步调制的优点是可以使逆变器低频运行时 N 值加大。相应地减小谐波含量，以减轻电动机的谐波损耗和转矩脉动，但是异步调制可能使 N 值出现非整数，相位可能连续漂移，且正、负半波不对称。相应的偶次谐波问题变得突出了。但是如果器件开关频率能满足要求，使得 N 值足够大，这个问题就不很突出了。采用 IGBT 作为主开关器件的变频器，已有采用全速度范围内异步调制方案的机种，这克服了下述的分段同步调制的关键弱点。

（2）同步调制

在调制过程中保持载波比 N 等于常数，并在变频时使载波和信号波保持同步的方式称为同步调制。

基本同步调制方式为 f_r 变化时 N 不变，信号波一周期内输出脉冲数固定。对于三相电路，共用一个三角波载波，且取 N 为 3 的整数倍，使三相输出对称。为使一相的 PWM 波正负半周镜像对称，N 应取奇数。当 $N=9$ 时的同步调制三相 PWM 波形如图 5-12 所示。

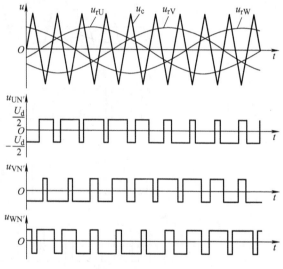

图 5-12　$N=9$ 时同步调制三相 PWM 波形

PWM 采用同步调制的优点是可以保证输出波形的对称性。对于三相系统，为保持三相之间对称、互差 120°相位角，N 应取 3 的整数倍；为保证双极性调制时每相波形的正、负半波对称，则该倍数应取奇数。由于波形的对称性，不会出现偶次谐波问题。但是，受开关器件允许的开关频率的限制，保持 N 值不变，在逆变器低频运行时，N 值会过小，导致谐波含量变大，使电动机的谐波损耗增加，转矩脉动相对加剧，为了克服上述缺点，可以采用分段同步调制的方法。

（3）分段同步调制

分段同步调制的方式是把 f_r 范围划分成若干个频段，每个频段内都保持载波比 N 为恒定，不同频段的载波比不同，如图 5-13 所示。

在 f_r 高的频段采用较低的载波比，以使 f_c 不致过高，将其限制在功率开关器件允许的范围内。在 f_r 低的频段采用较高的载波比，

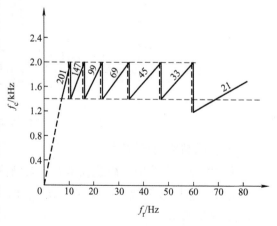

图 5-13　分段同步调制

以使 f_c 不致过低而对负载产生不利影响。为了防止 f_c 在切换点附近来回跳动，在各频率切换点采用了滞后切换的方法。

有的装置在低频输出时采用异步调制方式，而在高频输出时切换到同步调制方式，这样可以把两者的优点结合起来，与分段同步方式的效果接近。

5.3 知识点2：直流–直流变换电路

5-4 直流斩波电路的基本原理

直流斩波电路（DC Chopper）的功能是将直流电变为另一固定电压或可调电压的直流电，也称为直接直流–直流变换器（DC‑DC Converter）。

直流斩波电路的种类较多，包括6种基本斩波电路，分别为降压斩波电路、升压斩波电路、升降压斩波电路、Cuk斩波电路、Sepic斩波电路和Zeta斩波电路，其中前两种是最基本的电路。

根据对输出电压平均值进行调制的方式不同，直流电压变换电路的控制方式主要有三种，分别为：

（1）脉宽调制（PWM）工作方式

即保持开关周期 T 不变（$f = 1/T$），调节开关导通时间 t_{on}。在这种调压方式中，输出电压波形的周期是不变的，因此输出谐波的频率也不变，这使得滤波器的设计较容易。

（2）脉冲频率调制（PFM）工作方式

即保持开关导通时间 t_{on} 不变，改变开关周期 T。在这种调压方式中，由于输出电压波形的周期是变化的，因此输出谐波的频率也是变化的，这使得滤波器的设计比较困难，输出谐波干扰严重，一般很少采用。

（3）混合调制控制方式

t_{on} 和 T 都可调，使占空比改变。

普遍采用的是脉宽调制控制方式。因为脉冲频率调制控制方式容易产生谐波干扰，而且滤波器设计也比较困难。

风力发电机变流器中的直流环节就是升压斩波电路，下面首先介绍升压斩波电路。

5.3.1 升压斩波电路

升压斩波电路用于将直流电源电压变换为高于其值的直流电压，实现能量从低压侧向高压侧负载的传递，又称Boost电路或升压变换电路。

5-5 升压斩波电路

1. 升压斩波电路的基本原理

升压斩波电路（Boost Chopper）的原理图及工作波形如图5-14所示。该电路中使用的是一种全控型器件IGBT。

在分析升压斩波电路的基本原理时，首先假设电路中电感 L 值、电容 C 值都很大。当全控型器件VT通时，电源 E 向电感 L 充电，充电电流恒为 I_1，同时电容 C 的电压向负载供电，因 C 值很大，输出电压 U_o 为恒值，记为 U_o。设VT导通的时间为 t_{on}，此阶段 L 上积蓄的能量为 EI_1t_{on}。

当VT关断时，E 和 L 共同向 C 充电并向负载 R 供电。设VT关断的时间为 t_{off}，则此期间电感 L 释放能量为 $(U_o - E)I_1t_{off}$。

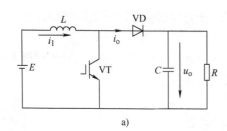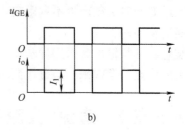

图 5-14　升压斩波电路及其工作波形

a) 升压斩波电路原理图　b) 升压斩波电路工作波形

稳态时，一个周期 T 中 L 积蓄能量与释放能量相等，得

$$EI_1 t_{on} = (U_o - E) I_1 t_{off} \tag{5-1}$$

化简得

$$U_o = \frac{t_{on} + t_{off}}{t_{off}} E = \frac{T}{t_{off}} E \tag{5-2}$$

由上式可知输出电压高于电源电压，故称升压斩波电路，也称之为 boost 变换器。

升压斩波电路之所以能使输出电压高于电源电压，关键有两个原因：一是 L 储能之后具有使电压泵升的作用，二是电容 C 可将输出电压保持住。

2. 升压斩波电路的典型应用

升压斩波电路除运用在本项目中的风力发电机变流器中外，还用在：直流电动机传动、单相功率因数校正（Power Factor Correction，PFC）电路和其他交-直流电源中。例如直流电动机传动电路如图 5-15a 所示。

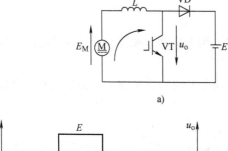

a)

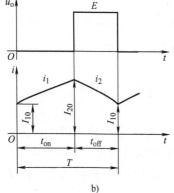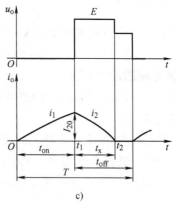

b)　　　　　　　　　　　c)

图 5-15　用于直流电动机回馈能量的升压斩波电路及其波形

a) 电路图　b) 电流连续时　c) 电流断续时

在直流电动机传动系统中，升压斩波电路通常用于直流电动机再生制动时，把电能回馈给直流电源，原理如图 5-15a 所示。在电路中由于实际 L 值不可能为无穷大，因此有电动机电枢电流连续和断续两种工作状态，对应的工作波形分别如图 5-15b 和 c 所示。

5.3.2 降压斩波电路

降压斩波电路（Buck Chopper）的原理图工作波形如图 5-16 所示。此电路使用一个全控型器件 VT，图中为 IGBT（若采用晶闸管，需设置使晶闸管关断的辅助电路），并设置了续流二极管 VD，在 VT 关断时给负载中电感电流提供通道。降压斩波电路的典型用途之一是拖动直流电动机，也可带蓄电池负载，两种情况下负载中均会出现反电动势，如图 5-16a 中的 E_M 所示。

1. 工作过程

由图 5-16b 中 VT 的栅极电压波形可知，当 $t = 0$ 时刻驱动 VT 导通，电源 E 向负载供电，负载电压 $u_o = E$，负载电流 i_o 按指数曲线上升。

当 $t = t_1$ 时控制 VT 关断，二极管 VD 续流，负载电压 u_o 近似为零，负载电流呈指数曲线下降，通常串接较大电感 L 使负载电流连续且使其脉动小。

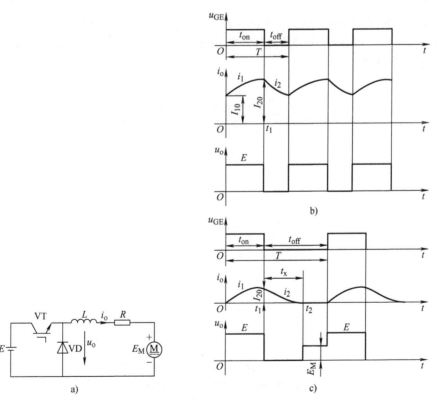

图 5-16　降压斩波电路的原理图及波形

a）电路图　b）电流连续时的波形　c）电流断续时的波形

2. 数量关系

此电路的基本数量关系如下。

（1）电流连续时

负载电压的平均值为

$$U_{\mathrm{o}} = \frac{t_{\mathrm{on}}}{t_{\mathrm{on}} + t_{\mathrm{off}}} E = \frac{t_{\mathrm{on}}}{T} E = \alpha E \tag{5-3}$$

式中，t_{on} 为 VT 处于通态的时间；t_{off} 为 VT 处于断态的时间；T 为开关周期；α 为导通占空比，简称占空比或导通比。

负载电流平均值为

$$I_{\mathrm{o}} = \frac{U_{\mathrm{o}} - E_{\mathrm{M}}}{R} \tag{5-4}$$

从式(5-3) 可以看出，输出电压 U_{o} 最大为 E，减小 α，U_{o} 随之减小，所以该电路为降压斩波电路，也称为 Buck 变换器。

（2）电流断续时

负载电压 u_{o} 平均值会被抬高，但一般不希望出现电流断续的情况。

5.3.3 升降压斩波电路和 Cuk 斩波电路

1. 升降压斩波电路

升降压斩波电路（Boost-Buck Chopper）的原理如图 5-17a 所示。设电路中电感 L 值很大，电容 C 值也很大，使电感电流 i_{L} 和电容电压（即负载电压 u_{o}）基本为恒值。

5-6 升降
压斩波电路

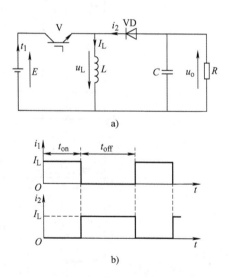

图 5-17　升降压斩波电路的原理及波形
a）电路图　b）VT 导通时的等效电路

该电路的工作原理为：当 VT 导通时，电源 E 经 VT 向 L 供电使其储能，此时电流为 i_1。同时，C 维持输出电压恒定并向负载 R 供电。

当 VT 断开时，L 的能量向负载释放，电流为 i_2。负载电压极性为上负下正，与电源电压极性相反，该电路也称作反极性斩波电路，稳态时，一个周期 T 内电感 L 两端电压 u_{L} 对

时间的积分为零，即

$$\int_0^T u_L dt = 0 \qquad (5\text{-}5)$$

当 VT 处于通态期间，$u_L = E$；而当 VT 处于断态期间，$u_L = -u_o$，于是

$$E t_{on} = U_o t_{off} \qquad (5\text{-}6)$$

所以输出电压为

$$U_o = \frac{t_{on}}{t_{off}} E = \frac{t_{on}}{T - t_{on}} E = \frac{\alpha}{1 - \alpha} E \qquad (5\text{-}7)$$

改变 α，输出电压既可以比电源电压高，也可以比电源电压低。当 $0 < \alpha < 1/2$ 时为降压，当 $1/2 < \alpha < 1$ 时为升压，因此称作升降压斩波电路，或称之为 buck-boost 变换器。

2. Cuk 斩波电路

图 5-18 所示为 Cuk 斩波电路的原理图及其等效电路。

当 VT 处于通态时，E—L_1—VT 回路和 R—L_2—C—VT 回路分别流过电流。当 VT 处于断态时，E—L_1—C—VD 回路和 R—L_2—VD 回路分别流过电流。输出电压的极性与电源电压极性相反；等效电路如图 5-18b 所示，相当于开关 S 在 A、B 两点之间交替切换。

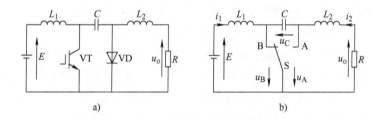

图 5-18　Cuk 斩波电路及其等效电路

a) Cuk 斩波电路　b) 等效电路

稳态时电容 C 的电流在一周期内的平均值应为零，也就是其对时间的积分为零，即

$$\int_0^T i_C dt = 0 \qquad (5\text{-}8)$$

在图 5-18b 的等效电路中，开关 S 合向 B 点时间是 VT 处于通态的时间 t_{on}，电容电流和时间的乘积为 $I_2 t_{on}$。开关 S 合向 A 点的时间为 VT 处于断态的时间 t_{off}，电容电流和时间的乘积为 $I_1 t_{off}$。由此可得

$$I_2 t_{on} = I_1 t_{off} \qquad (5\text{-}9)$$

从而可得

$$\frac{I_2}{I_1} = \frac{t_{off}}{t_{on}} = \frac{T - t_{on}}{t_{on}} = \frac{1 - \alpha}{\alpha} \qquad (5\text{-}10)$$

由 L_1 和 L_2 的电压平均值为零，可得出输出电压 U_o 与电源电压 E 的关系为

$$U_o = \frac{t_{on}}{t_{off}} E = \frac{t_{on}}{T - t_{on}} E = \frac{\alpha}{1 - \alpha} E \qquad (5\text{-}11)$$

与升降压斩波电路相比，Cuk 斩波电路有一个明显的优点，其输入电源电流和输出负载电流都是连续的，且脉动很小，有利于对输入、输出进行滤波。

5.4 扩展知识点：电力电子器件的保护

较之电工产品，电力电子器件承受过电压、过电流的能力要弱得多，极短时间的过电压和过电流就会导致器件永久性的损坏。因此电力电子电路中过电压和过电流的保护装置是必不可少的，有时还要采取多重的保护措施。

5-7 电力电子器件的过电压保护

5.4.1 电力电子器件的过电压保护

1. 过电压的产生

首先讨论电源侧过电压。电力电子设备一般都经变压器与交流电网连接，电源变压器的绕组与绕组、绕组与地之间都存在着分布电容。变压器一般为降压型，即电源电压 u_1 高于变压器次级电压 u_2。电源开关断开时，初、次级绕组均无电压，绕组间分布电容电压也为 0。当电源合闸时，由于电容两端电压不能突变，电源电压通过电容加在变压器次级绕组上，使得变压器次级电压超出正常值，它所连接的电力电子设备将受到过电压的冲击。如图 5-19 所示。

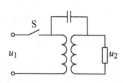

图 5-19 交流侧过电压

在进行电源拉闸断电时，也会造成过电压。在通电的状态将电源开关断开将使激磁电流从一定的数值迅速下降到 0。由于激磁电感的作用，电流的剧烈变化将产生较大的感应电压。因为电压为 $L\mathrm{d}i/\mathrm{d}t$，在电感一定的情况下，电流的变化率越大，产生的过电压也越大。这个电压的大小与拉闸瞬间电流的数值有关。在正弦电流的最大值时断开电源，产生的 $\mathrm{d}i/\mathrm{d}t$ 最大，过电压也就越大。可见，合闸时出现的过电压和拉闸时出现的过电压其产生机理是完全不同的。

变压器的负载侧也会出现过电压。电力电子设备的负载电路一般都为电感性，如果在电流较大时突然切除负载，电路中会出现过电压，熔断器的熔断也会产生过电压。另外电力电子器件的换相也会使电流迅速变化，从而产生过电压。

上述过电压大都发生在电路正常工作的状态，一般叫作操作过电压。除此之外，雷电和其他电磁感应源也会在电力电子设备中感应出过电压，这类过电压发生的时间和幅度的大小都是没有规律的，是难以预测的。

2. 过电压保护措施

（1）阻容保护

过电压的幅度一般都很大，但是其作用时间一般都很短暂，即过电压的能量并不是很大。利用电容两端的电压不能突变这一特点，将电容并联在保护对象的两端，可以达到过电压保护的目的，这种保护方式叫作阻容保护。起保护作用的电容一般都与电阻串联，这样可以在过电压时给电容充放电的过程中，让电阻消耗过电压的能量，还可以限制过电压时产生的瞬间电流。并且电阻的接入还能起到阻尼作用，防止电容和电路中电感所形成的寄生振荡。图 5-20 所示为电源侧阻容保护原理图。图 5-20a 为单相阻容保护电路，图 5-20b、c 为三相阻容保护电路，RC 网络可接成星形，如图 5-20b 所示；也可以接成三角形，如图 5-20c 所示。电容容量越大，对过电压的吸收作用越明显。

在图 5-20 中，图 5-20a 为单相阻容保护，阻容网络直接跨接在电源端，吸收电源过电压。图 5-20b 是接线形式为星形的三相阻容保护电路，平时电容承受电源相电压。图 5-20c 为接线形式为三角形的三相阻容保护电路，平时电容承受电源线电压。显然，三角形接线方式电容的耐压要为星形接线的 $\sqrt{3}$ 倍。但是无论哪种接线，对于同一电路，过电压的能量是一样的，电容的储能也应该相同，所以星形接线的电容容量应为三角形的 $\sqrt{3}$ 倍。也就是说两种接线方式电容容量和耐压的乘积是相同的。

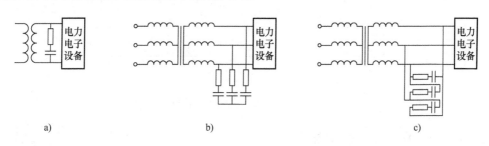

图 5-20　电源侧阻容保护

a) 单相阻容保护电路　b) 星形三相阻容保护电路　c) 三角形三相阻容保护电路

（2）整流式阻容保护

阻容保护电路的 RC 直接接于线路之间，平时各支路中就有电流流动，电流流过电阻必然要造成能量的损耗并使电阻发热。为克服这些缺点可采用整流式阻容 RC 保护电路，整流式阻容 RC 保护电路如图 5-21 所示。三相交流电经二极管整流桥整流变为脉动直流电，经 R_1 给 C 充电。电路正常工作无过电压时，电容两端保持交流电的峰值电压，而后整流桥仅给电容回路提供微弱的电流，以补充电容放电所损失的电荷。由于与 C 并联的 R_2 阻值很大，电容的放电非常慢，因此整流桥输出的电流也非常小。一旦出现过电压，整流桥的输出电压增

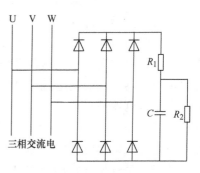

图 5-21　整流式阻容保护电路

大，过电压的能量被电容吸收，电容的容量足够大，可以保证此时电容电压的数值在允许范围之内，从而也使交流电压不超过规定值。过电压消失后，电容经 R_2 放电使两端电压恢复到交流电正常时的数值。由此可以看出，R_2 越大整个电路的功耗越小，但过电压过后电容电压恢复到正常值的时间也越长，因此 R_2 大小受到两次过电压时间最小间隔的限制。

（3）非线性元件保护

常用的非线性保护元件有压敏电阻和硒堆。它们的共同特点是其两端所加电压的绝对值小于一定数值时元件的电流很小，外加电压一旦上升到某一定的数值，就会发生类似于稳压管的击穿现象。元件的电流会迅速增大而元件两端的电压保持基本不变，这一电压叫作击穿电压。压敏电阻的伏安特性如图 5-22 所示。利用这一特性，将非线性保护元件并联在欲保护的电路的两端，就会将此处的电压限制在元件击穿电压的范围之内。

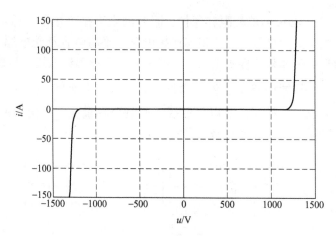

图 5-22　压敏电阻的伏安特性

5.4.2　电力电子器件的过电流保护

电力电子电路中的电流瞬时值超过设计的最大允许值，即为过电流。过电流有过载和短路两种情况。常用的过电流保护措施如图 5-23 所示。一台电力电子设备可选用其中的几种保护措施。针对某种电力电子器件，可能有些保护措施是有效的而另一些是无效的或不合适的，在选用时应特别注意。

5-8　电力电子器件
的过电流保护

交流断路器保护是通过电流互感器获取交流回路的电流值，然后来控制交流电流继电器。当交流电流超过整定值时，过流继电器动作使得与交流电源连接的交流断路器断开，切除故障电流。应当注意过流继电器的整定值一般要小于电力电子器件所允许的最大电流瞬时

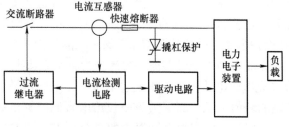

图 5-23　过电流保护

值，否则如果电流达到了器件的最大电流时过流继电器才动作，由于器件耐受过电流的时间极短，在继电器和断路器动作期间电力电子器件可能就已经损坏。

来自电流互感器的信号还可作用于驱动电路。当电流超过整定值时，将所有驱动信号的输出封锁，全控型器件会由于得不到驱动信号而立即阻断，过电流随之消失；半控型器件晶闸管在封锁住触发脉冲后，未导通的晶闸管不再导通，而已导通的晶闸管由于电感的储能作用不会立即关断，但经一定的时间后，电流衰减到 0，器件关断。这种保护方式由电子电路来实现，又叫作电子保护。与断路器保护类似，电子保护的电流整定值一般也应该小于器件所能承受的电流最大值。

快速熔断器保护一般作为最后一级保护措施，与其他保护措施配合使用。根据电路的不同要求，快速熔断器可以接在交流电源侧（三相电源的每一相串接一个快速熔断器），也可以接在负载侧，还可在电路中每一个电力电子器件都与一个快速熔断器串联。接法不同，保护效果也有差异。熔断器保护分为可以对过载和短路过电流进行的"全保护"和仅对短路电流起作用的短路保护两种类型。

撬杠保护多应用于大型的电力电子设备，电路中电流检测、电子保护都是必须的，同时还要在交流电源侧加一个大容量的晶闸管。当检测到的电流信号超过整定值时做以下操作：触发保护用的晶闸管，用于旁路短路电流，晶闸管支路中可接一个小电感用以限制 di/dt；驱动电路开通主电路中的所有电力电子器件，以分散短路能量，让所有器件分担短路电流；同时使交流断路器断开，切断短路能量的来源。经一段时间的衰减，短路能量消失，起到保护作用。

5.5 任务1：升压式直流斩波电路的建模与仿真

5.5.1 任务目的

1）通过仿真实验熟悉升压式直流斩波电路的电路结构及工作原理。

2）根据仿真电路模型的实验结果观察电路的实际运行状态，加深对升压式直流斩波电路的理解。

5.5.2 相关原理

在本项目的5.3.1中详细介绍了升压斩波电路（Boost Chopper）的电路结构及其工作原理，在运用 MATLAB 进行建模仿真前，要熟悉升压直流斩波电路的电路结构、工作原理及电路的输出特性。

5.5.3 任务内容与步骤

1. 元件提取

搭建模型所需要的元件，其提取路径见项目1中任务2的表1-8。

2. 仿真模型建立

在 MATLAB 新建一个 Model，命名为 dianlu51，同时建立模型如图 5-24 所示。

3. 模型参数设置

（1）元件参数设置

设置直流电源电压为 110V；电感值为 0.015mH，电容值为 0.003F，电阻值为 10Ω，脉冲发生器脉冲周期为 0.001s，幅值为 1V，通过设置脉冲的占空比来观察输出电压波形的变化。

（2）仿真参数设置

打开仿真参数窗口，选择"ode23tb"算法，相对误差设置为"1e-03"，开始仿真时间设置为 0s，停止仿真时间设置为 1s。

4. 仿真结果与分析

打开脉冲发生器窗口，设置脉冲占空比分别为 30%、50%、70%。通过示波器可以得出，在不同的占空比下负载的电压值，其波形图如图 5-25 ~ 图 5-27 所示。从仿真波形可以看出，选择的参数已能满足要求，在脉冲占空比分别为 30%、50%、70% 时所输出的电压和公式计算出来的电压值相符。

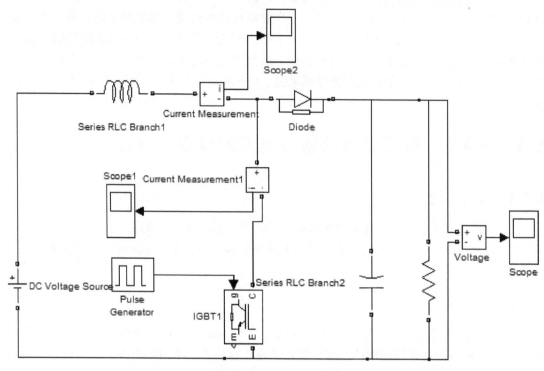

图 5-24　升压斩波电路（Boost Chopper）仿真模型

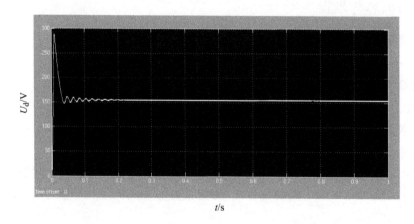

t/s

图 5-25　触发脉冲占空比为 30% 时负载电压波形

5.5.4　任务总结

对于升压式直流斩波电路，要输出电压高于输入电压应满足两个假设条件，即电路中电感 L 值很大，电容 C 值也很大。只有在上述条件下，L 在储能之后才具有使电压上升的作用，C 在 L 储能期间才能维持住电压不变。

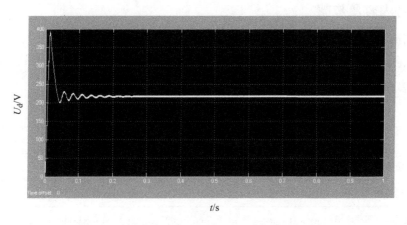

图 5-26　触发脉冲占空比为 50% 时负载电压波形

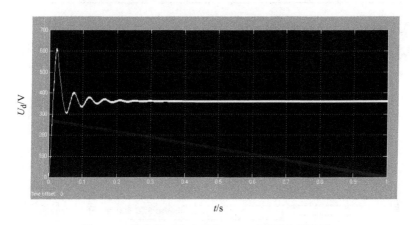

图 5-27　触发脉冲占空比为 70% 时负载电压波形

5.6　任务 2：PWM 逆变电路的建模与仿真

5.6.1　任务目的

1）通过仿真实验熟悉单相相桥式 PWM 逆变电路的电路结构及工作原理。

2）根据仿真电路模型的实验结果，观察电路的实际运行状态，加深对 PWM 控制原理的理解。

5.6.2　相关原理

在本项目的 5.2.2 中详细介绍了单相相桥式 PWM 逆变电路的电路结构，并分析了在单极性控制方式下电路的工作过程。在运用 MATLAB 进行建模仿真前，要熟悉单相桥式 PWM 逆变电路的电路结构、单极性控制方式下电路的工作过程及电路的输出特性。

5.6.3 任务内容及步骤

1. 元件提取

搭建模型所需要的主要元件，其提取路径见项目1中任务2的表1-8，新增其他元件的提取路径见表5-1。

表5-1 搭建模型所需元件的提取路径

序号	元件	路径
1	三角波 Repeating Sequence	Simulink/Sources/Repeating Sequence
2	与运算逻辑模块 Product	Simulink/Commonly Used Blocks/Product
3	或运算逻辑模块 Relational Operator	Simulink/Commonly Used Blocks/Relational Operator
4	非运算逻辑模块 Logical Operator	Simulink/Commonly Used Blocks/Logical Operator

2. 仿真模型建立

在 MATLAB 新建一个 Model，命名为 dianlu52，同时建立模型如图 5-28 所示。

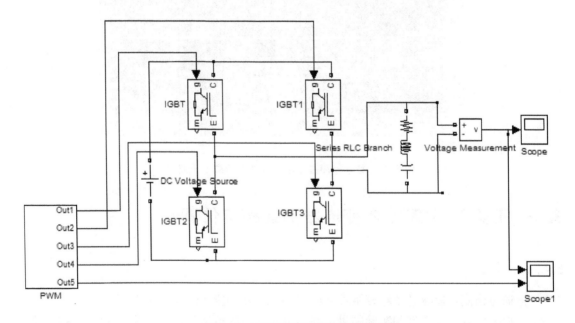

图 5-28 PWM 逆变电路仿真模型

图 5-28 中的 PWM 模块是单极性 SPWM 信号的一个封装模块，其方法是在 Simulink 中选中"SPWM 产生电路"，然后右键选择"Create Subsystem"将其放入到一个"Subsystem"（子系统）中，配置好其输入/输出引脚，然后右击该模块，选择"Mask Subsystem"对其进行封装，封装后的模块名取为"PWM"，其内部结构如图 5-29 所示。

3. 参数设置

电路中，直流电压源（DC Voltage Source）值为 100V，RLC 模块中将电阻 R 设为 10Ω，

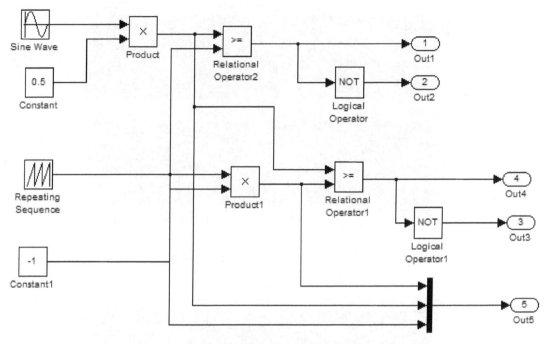

图 5-29　单极性 SPWM 信号仿真模型

电感 L 设为 1mH，电容 C 设为 "inf"。基波频率设为 50Hz，载波频率设为基波频率的 10 倍，即为 500Hz。仿真时，选择 "ode23tb" 算法，相对误差设置为 "1e-03"，开始仿真时间设置为 0s，停止仿真时间设置为 1s。

4. 仿真结果与分析

通过改变基波的幅值，即改变调制深度 m（正弦波调制信号与三角波载波信号的幅值之比）来观察输出电压波形的变化。从图 5-30、图 5-31 及图 5-32 的波形中可以看出，调制深度 m 的值越大，输出交流电压的中心部分越宽，越接近于正弦波。

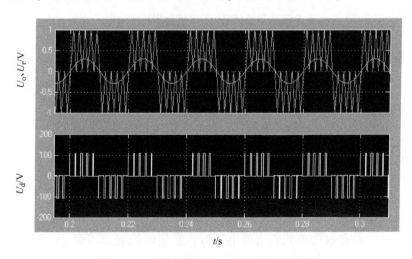

图 5-30　基波幅值为 0.3 时输出电压波形

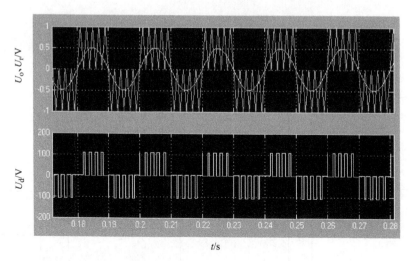

图 5-31　基波幅值为 0.5 时输出电压波形

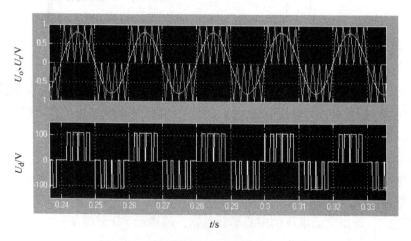

图 5-32　基波幅值为 0.8 时输出电压波形

5.6.4　任务总结

在不经过滤波且频率相同的情况下输出波质量中单极性调制要好于双极性调制，因此在单相全桥逆变器应用中，单极倍频 SPWM 比双极性 SPWM 优越。

5.7　练习题与思考题

一、填空题

1. 直流斩波电路中最基本的两种电路是_____和_____。

2. 直流斩波电路在改变负载的直流电压时，常用的控制方式有_____、_____、_____三种。

3. 在电力晶闸管电路中，常用的过电压保护措施有_____、_____、_____、

_____和_____等几种。

4. 在电力晶闸管电路中，常用的过电流保护有 _____、_____、_____、_____和_____等几种。

5. PWM逆变电路的控制方法有_____、_____、_____三种。其中调制法又可分为_____和_____两种。

6. 一般操作引起的过电压都是瞬时尖峰电压，经常使用的保护方法是_____。而对于能量较大的过电压，还需要设置非线性电阻保护，目前常用的方法有_____和_____。

7. SPWM变频电路的基本原理是：对逆变电路中开关器件的通断进行有规律的调制，使输出端得到_____脉冲列来等效于正弦波。

8. 面积等效原理指的是_____相等而_____不同的窄脉冲加在具有惯性的环节上时，其效果基本相同。

9. 载波比（又称频率比）K是PWM主要参数。设正弦调制波的频率为f_r，三角波的频率为f_c，则载波比表达式为$K = $_____。

二、选择题

1. 直流斩波电路是一种（　　）变换电路。

A. AC – AC   B. DC – AC

C. DC – DC   D. AC – DC

2. 降压斩波电路中，已知电源电压$U_d = 16V$，负载电压$U_o = 12V$，斩波周期$T = 4ms$，则开通时间$T_{on} = $（　　）。

A. 1ms   B. 2ms

C. 3ms   D. 4ms

3. 下面哪种功能不属于变流的功能（　　）。

A. 有源逆变   B. 交流调压

C. 变压器降压   D. 直流斩波

4. 若增大SPWM逆变器的输出电压基波频率，可采用的控制方法是（　　）。

A. 增大三角波幅度   B. 增大三角波频率

C. 增大正弦调制波频率   D. 增大正弦调制波幅度

5. 关于单相桥式PWM逆变电路，下面说法正确的是（　　）。

A. 在一个周期内单极性调制时有一个电平，双极性有两个电平

B. 在一个周期内单极性调制时有两个电平，双极性有三个电平

C. 在一个周期内单极性调制时有三个电平，双极性有两个电平

D. 在一个周期内单极性调制时有两个电平，双极性有一个电平

6. 晶闸管固定脉宽斩波电路，一般采用的换流方式是（　　）。

A. 电网电压换流   B. 负载电压换流

C. 器件换流   D. LC谐振换流

7. 脉冲频率调制（定宽调频）是斩波器的一种（　　）。

A. 时间比控制方式   B. 瞬时值控制

C. 移相控制方式   D. 模糊控制

8. 电流型逆变器中间直流环节贮能元件是（ ）。

A. 电容   B. 电感

C. 蓄电池   D. 电动机

9. 压敏电阻在晶闸管整流电路中主要是用来（ ）。

A. 分流   B. 降压

C. 过电压保护   D. 过电流保护

10. 快速熔断器熔体额定电流的选择是电流的（ ）。

A. 平均值   B. 有效值

C. 最大值   D. 瞬时值

11. 逆变电路是一种（ ）变换电路。

A. AC – AC   B. DC – AC

C. DC – DC   D. AC – DC

12. 将直流电能转换为交流电能供给负载的变流器是（ ）。

A. 有源逆变器   B. A – D 变换器

C. D – A 变换器   D. 无源逆变器

13. 对于升降压直流斩波器，当其输出电压小于其电源电压时，有（ ）。

A. α 无法确定   B. $0.5 < \alpha < 1$

C. $0 < \alpha < 0.5$ D. 以上说法均是错误的

14. 在以下各种过流保护方法中，动作速度排在第一位的是（ ）。

A. 快速熔断器过流保护   B. 过流继电器保护

C. 快速开关过流保护   D. 反馈控制过流保护

15. 电流型三相桥式逆变电路，120°导通型，则在任一时刻开关管导通的个数是不同相的上、下桥臂（ ）。

A. 各一只   B. 各二只

C. 共三只   D. 共四只

三、问答题

1. 试说明 PWM 控制的基本原理。

2. PWM 逆变电路的控制方式有哪些？

3. 单极性和双极性 PWM 调制有什么区别？

4. SPWM 逆变电路的调制方式有哪些，比较同步调制和异步调制的优缺点。

5. 简述直流斩波电路的分类？

6. 简述斩波电路的几种控制方式。

7. 电力电子器件产生过电压的原因有哪些，可以采取的保护措施有哪些？

8. 电力电子器件产生过电流的原因有哪些，可以采取哪些措施来进行保护？

四、计算题

1. 在升压斩波电路中，已知 $U_d = 50\text{V}$，L 值和 C 值较大，$R = 20\Omega$，若采用脉宽调制方式，当 $T_s = 40\mu\text{s}$，$t_{on} = 20\mu\text{s}$ 时，计算输出电压平均值 U_o 和输出电流平均值。

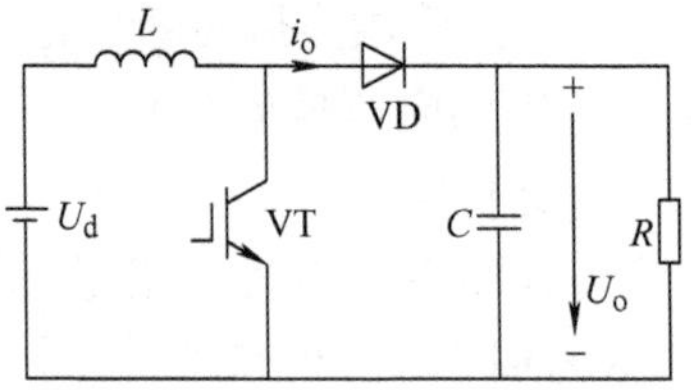

图 5-33　计算题第 1 题电路图

2. 有一开关频率为 50kHz 的 Cuk 斩波电路，假设输出端电容足够大，使输出电压保持恒定，并且元件的功率损耗可忽略，若输入电压 $E = 10V$，输出电压 U_o 调节为 5V 不变。试求：

（1）占空比。

（2）电容器 C 两端的电压 Uc。

（3）开关管的导通时间和关断时间。

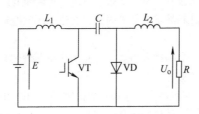

图 5-34　计算题第 2 题电路图

参 考 文 献

[1] 王兆安, 刘进军. 电力电子技术 [M]. 5版. 北京: 机械工业出版社, 2009.

[2] 王兆安, 张明勋. 电力电子设备设计和应用手册 [M]. 3版. 北京: 机械工业出版社, 2009.

[3] 周渊深, 宋永英. 电力电子技术 [M]. 3版. 北京: 机械工业出版社, 2016.

[4] 龚素文, 李图平. 电力电子技术 [M]. 2版. 北京: 北京理工大学出版社, 2014.

[5] 黄辉, 姜学东, 邱瑞昌. 三相异步电动机的三相交流调压软起动及节能控制的研究 [J]. 机车电传动, 2005 (4): 10-15.

[6] 李宇飞, 王跃, 吴金龙, 等. 一种分布式发电并网变流器测试装置设计方案及实现 [J]. 电工技术学报, 2015 (3): 121-128.

[7] 屈稳太, 诸静. 大功率 IGBT 高频逆变电焊机的研究 [J]. 电力电子技术, 2001 (2): 31-41.

[8] 余勇, 陈小刚, 张显立, 等. 风机变流器中 IGBT 驱动窄脉冲的影响与限制 [J]. 电力电子技术, 2013 (5): 45-47.

[9] 于红理, 李仲家, 周涛, 等. 双馈风力发电机变流器控制系统设计优化仿真研究 [J]. 风能, 2014 (4): 104-110.

[10] 史雪明, 任艳霞, 白锡彬, 等. SS_{3B} 型电力机车辅助变流器研究与设计 [J]. 电气技术, 2007 (9): 19-21.

[11] 黄金龙. 数字脉冲 MIG 弧焊逆变电源的研制 [D]. 济南: 山东大学, 2007.